BIG BOOK OF SUDOKU MEDIUM TO HARD

1000+ Puzzles
To Boost Your Brainpower
(With Solutions)

ACTIVE BRAIN

TABLE OF CONTENT

INTRODUCTION

Sudoku is probably the first kind of logical puzzle you thought of when you would like to exercise your mind at home. Every Sudoku has a unique solution that you can use your logical skill to reach. It's become wildly popular with people of all ages, especially for adults to ***relax, reduce stresses, improve brain health and support preventing Alzheimer's disease***.

This book is a great gift for Sudoku lovers:

- 1000+ new Sudoku puzzles in **Medium to Hard level,** smart, addictive, and good for the brain with 6 puzzles per page, **bigger print** than in most newspapers and magazines.
- Solutions at the end of the book.
- 8.5 x 11 inch.

Rules: Enter numbers into the blank spaces so that each row, column, and 3x3 box contains the numbers 1 to 9 without repeats. It's all about the process of math logic and elimination.

Discover large print Sudoku puzzles books with **one puzzle per full page**:

1. Easy to Hard Puzzles:
   https://www.amazon.com/dp/B08RQSLLQ5
2. Medium to Hard Puzzles:
   https://www.amazon.com/dp/B08RQSLLPY

Keep your brain young and active!

SUDOKU - 1

Intermediate

1	9			8	6		3	5
8	5			4	3		2	
3	2		5		1			
4			6			1		2
5		3	7				8	4
		9	8	5	4		6	7
7	3	5		6	8			9
		2	1		7		4	3
9	4	1		2	5	6	7	

SUDOKU - 2

Intermediate

		9	5	6	1		2	
5	3	2	9	4			8	
6	7	1	8		3		9	4
4		7	3	8	5			1
9			4	7	6	2		3
		5				7		
	8	6						5
7	5				8	6	3	9
		3	6		4	8		

SUDOKU - 3

Intermediate

2		8				9	1	6
1				6		3	2	5
3		6	2			8		7
4			1	9		6		
		1	4		6	2	7	3
7		5		8	2	4		
		9	5	4		7	8	2
		3	9		1	5	6	4
5	4	7	6					9

SUDOKU - 4

Intermediate

	6	4	3	5	7		9	
	8		1	4	6		3	
3	5	7		2			6	4
			6				4	2
5			9	8		3	1	
		1	7	3	2	5	8	6
8		5	4		3		2	
9	4				1	8	7	3
6		3	2		8	4		

SUDOKU - 5

Intermediate

8	1		7	9			4	2
	9	2	5	3	1		8	
7	3		4	8	2			9
3	6		8	7	5	2		
9		4	6			8		1
2	5		9	1			3	
	4	3	2		8	9	7	
		9	1		7	4		3
	2	7	3		9	1		8

SUDOKU - 6

Intermediate

			5	1	2			
9	8		6	7			2	
1	2				8	6	5	
		2	1	8			3	5
4		9	2			7	6	8
		3		4	6	2	1	9
	4	6			3		9	2
2				6	1	5	7	
5	3	1		2	7	8		6

SUDOKU - 7

Intermediate

		5	4	3	9		1	8
9	8	1	7			3	5	
2		4	1	5	8	9	6	7
3		8	9					2
6	1			8		7	3	
	7						8	
1		6	8	4			9	3
8		7	3				2	6
5	4		6	9	2	8	7	

SUDOKU - 8

Intermediate

	7	3	6		8			4
5			4	3			2	
	1	4		5	9	7	3	
4	6	1	7		3	8	9	5
7		5	9	8	4	2	1	6
	2	8	5			3		
	9		8		5	4		
						5	8	
8	5	6		4			7	9

SUDOKU - 9

Intermediate

8	5	9		7	4	6		1
	1			6	5	4		8
	6	3		8		7	5	
1				5	9			
9			8	2		1	6	4
6	3			1	7	5	9	2
5		6	1			9		
3	4		5		8			
2		1	7	3	6	8		5

SUDOKU - 10

Intermediate

				1		9	2	6
8		6	5				3	7
9						8	4	5
1	3	7	2	8			9	
4				7	1	2		3
		2	9	3	4		1	8
2		8	4	5		3		1
5			3	6	2		8	9
3	6		1					2

SUDOKU - 11

Intermediate

		9	8			6		2
			3		9	4		
		7	6		5	3	8	
7	4	5			3	9		6
	6	3	5					1
		8		6		7	5	
	7		4		6	2	9	
	3	4	9		2	5	6	
9		6	7		8	1	3	4

SUDOKU - 12

Intermediate

9	4	5		1		8		
		3	9	2		5		6
	8	6	5		4			
1				7	5			
4	9	7		8	1	3	6	5
5	3			4	9	1	7	
	7	1		9				8
				5	3	9		
8	5	9	1			2	3	

SUDOKU - 13

Intermediate

8		4	5	6			3	1
7		6	9	3			2	
	2	5	8			4		
9			2	1	5	3	7	
			4	8	3	1	6	
4	3	1		9	6		8	
	4	7		5	9	2		8
		3	6			9		
2	8			4			5	3

SUDOKU - 14

Intermediate

9	3		1		5			8
	8	1	7	3	2	5		
6	2		8	9				
3	7	2	9	5				4
	5		4	7			3	2
		9	6	2		7	1	5
2		3		8	7	1		
	9	4						7
					9	6		3

SUDOKU - 15

Intermediate

2		1	9			6	8	5
7	6	5	2		4	3		
		8	5		1	7		2
6	5	9	3	1				8
3	7		6		8	1	2	
8	1			4	9		3	6
1		7		2			6	
	2	6		3	7			4
		3	1					7

SUDOKU - 16

Intermediate

2	1	3	6		7			5
	8			2				
	5		8		9	2		7
		4	2			8	6	3
5	6	1	9	3	8	7	2	4
	2	8		6		5		1
1	7	9		8	5	6		2
8				7	6	3	5	9
6	3	5						

SUDOKU - 17

Intermediate

4			7		5			8
3		8				4		5
9	6	5	8	2		7		3
8	4		2		6		3	9
5		3	9	8		6		
6	9			7			8	
1	3	4	6	9			5	
	5		3		7	8	4	
7	8		5	4		3		

SUDOKU - 18

Intermediate

	7		1	3	2	6		4
6	3	2	8		4	7		
			9	6	7		3	
4	9				8	5	2	7
7			3	2	5			9
1	2		4	7		3	8	6
2		7	5		3	4		
9			7				6	3
3	4	1				9		5

SUDOKU - 19

Intermediate

	3		4	2	9		1	6
6		4		3	1	2	5	
2	8	1	5				3	9
	1		2	5	4			3
4	5	2	6		3	9		1
	7		9	1	8	5		2
	4		3	8	2			5
	2	5	7	4			9	8
	6		1	9	5	7	2	

SUDOKU - 20

Intermediate

		2	7			5	9	
9	7		4		5			6
3	5	1		9	6	7	8	4
6		5	9			8		1
7		4		6		9	5	2
1		9	5	4	8			7
5		6		7	2		1	
	1		6		4	2	7	
2		7			9			5

SUDOKU - 21

Intermediate

9		8	7			4		1
4	5	2	1		6	3	7	9
3	7	1	9	5		2		
1		3		4		5	2	
	8	5	3					4
2		6			9	1	3	
	1	9	8	3		7	4	2
					1	8		3
8		4		9		6	1	5

SUDOKU - 22

Intermediate

1		4	7		3	8		6
	2	3	1	4	8		5	7
5						3		4
2	1			9	4	6		8
	7		5	1			3	
4		6	8	7				1
	4			2			8	9
7	6			3		2	4	5
9	5	2	4	8		1		

SUDOKU - 23

Intermediate

			4	5	8		1	
1	8			9	2	6	7	4
9	4			6			8	5
	1	3		2	4	5	6	8
8		4				1	3	2
5	2	6	1	8		9	4	
2					9		5	
3	5		8	1	7	4		6
		8		3		7	9	

SUDOKU - 24

Intermediate

3	4	6		7	9	1	8	2
7	9	8		3	1			
2	5		8	4	6		9	
	7						1	5
1			5	7				9
8		5	1		2	4	7	
9		3			4		6	
			3		5	9		8
5	1	2		6		3	4	7

SUDOKU - 25

Intermediate

4	8		1	9	7	2	6	
	1				3		8	
6	3			5		1	9	4
8				1				9
1		2	5	3	4		7	
	6	3	7		9	4	2	
7		6	9		5		1	8
9	2				1	6	5	7
	5		6	7	8	9		

SUDOKU - 26

Intermediate

		9	4	8	3			
8				6	1		3	7
3	6	4	7		2		1	9
6		3			8	7		
	7		6	3	9	2		
	8		1	7	4		9	
1	4					5	2	3
	5	8	3	1	6		7	4
9					5	1	6	8

SUDOKU - 27

Intermediate

7	6	2		8	4	5	9	
1	3		5		2		8	
4		8			6	2	7	3
		1		5	8			9
		6	7	2	3	1	5	
			6		1	3		
6		3	8				2	5
2	7	5		6			3	4
		4	2	3	5	6		

SUDOKU - 28

Intermediate

			8	3	9			
			1	4				3
9		8			7	4	5	1
7		3	4			8	1	
4	2		7	5		3	6	
8	9		3	1	6			2
3	5	9			1	2	7	4
1	8	7		2	4	5		
2		6		7				

SUDOKU - 29

Intermediate

	2	3	5	7	1	8		9
	7	4		9		6		5
9	5						1	3
5			1					8
2		7	4	8	3			
		1	9	5	7	2		6
3	9	6	7	4		1	8	2
7				3		5	6	4
	4	5	6	1				

SUDOKU - 30

Intermediate

3	8	7	6				2	4
6		1	9	7	4			3
5		9		8	2	6	7	1
	3			4		7		6
	5							
7	6	4	8	3			5	
2			1		8	3		
8	9	5	4		3	2		7
		3	5	2		8		9

SUDOKU - 31

Intermediate

		5		1		9	4	7
	9	7			5			
2		1	6	9	7		5	8
1		4		8		6		
9		8		7		2	3	
			2	4				1
3	7	2	1	5	9			6
5	8	6	3		4	7	1	9
4	1			6	8	5	2	3

SUDOKU - 32

Intermediate

	4	9	1	6	7	2	3	5
	3	6				7		9
7	2	5	9	3			6	4
	6				5	4		1
				9		6		
		1		4	6	9	7	
6	1	4					9	
3	7		5	1	9	8		6
5		8				3		2

SUDOKU - 33

Intermediate

	5	8	3	4	7	6		
4	6	1	2	5	8		3	
3					9	4		8
		5		8	3	2	7	6
	2		5	1			4	3
	8	3	4	7	2			5
			6			5	2	
	3	4		2		7	6	9
	1		7	9		3		

SUDOKU - 34

Intermediate

	9	8			1			2
	2		7		5			
				3	2	7	6	9
	4	6	5		9	2	7	3
3			6	2	8	4		
2	5	9	3	7				8
1		5	9		6			7
4	8	2	1	5	7	9	3	6
9				8	3		4	

SUDOKU - 35

Intermediate

4	7	2			9		6	3
6	3	9	7			2	8	5
1	5		6		3	9	4	7
			2		8	7	1	
7	8		9		1		3	
2	4	1	3	6		5	9	8
		7		3		4		9
5				9	2			
		6	4		5		2	

SUDOKU - 36

Intermediate

3	6			8	7		9	5
5	1	2			3		8	6
		7		5			4	3
1	8	3	9	2	4			7
6	2		3			9		4
		9	1	6	5		3	2
9	5	1			6	3	2	
		8	5		2	6	7	
2	7		8	3	9		5	

SUDOKU - 37
Intermediate

8	2			7	5	1		3
	9		4	3		6		
			9	1	2			5
9	3			8				4
6			3			9	5	8
7	4	8	5	2	9	3	6	1
		6	7	5	1	2		9
1	5						8	7
2		3	8		4			6

SUDOKU - 38
Intermediate

	1	5		3			9	8
			2	1	6	5		3
	6	7					1	
	5	6		7		3	8	2
9	8		4		3			1
7		1	6		2	9		5
5	7	8	9			4	3	
6	2		3		8	1		7
1	4				7		2	

SUDOKU - 39
Intermediate

5	7	1	4		6	2	3	9
4			9	2		1	7	
8	2		1		7		6	
6						7	8	2
	3	8	7	6		5		
	1		8	5				
1	5	7	6		8	9	2	3
			5	7			1	4
			2		9	6	5	7

SUDOKU - 40
Intermediate

9	1			2	6		7	
2		7					6	
	5	6	7		3	9	2	1
6		1	5	9	4	7		
3	7	4	2	8	1		5	9
5	8	9				1		2
4				1	5			
	9				8	4		5
	3	5	4		2	8		6

SUDOKU - 41
Intermediate

			2		3	4	8	5
8		2		1	4	3	7	9
			8		7		1	
7			5	6		2	3	
2	9		4		1	8	5	
3	1		7	8	2		4	6
5			9	7		1	6	4
4	8	7	1	2	6			3
1			3		5		2	

SUDOKU - 42
Intermediate

9	7	6	8	1	4	2		
5		3				8	4	1
4	8	1		5	2			7
6		8			3			
		9	1	4		7	6	8
7	4	5	2	6		9	1	3
1				2		3	8	6
8		2	4	3	6			
	6							2

SUDOKU - 43

Intermediate

8		4	1	5				6
2		1			9		3	
	5	3	4		2	7		8
6		2	3		5	8	7	
	8			1	7	6	4	9
			6		8			3
			5		6	1	9	7
1	2	6		7	4	3	8	5
5	9	7	8				6	

SUDOKU - 44

Intermediate

			2	9	3		4	
3	9	5		4				1
			1	5				8
	1	6	5			4	7	
4	8	9	7			1		5
			4	1		2	8	9
1	2	4	8		5	9	3	7
		8		7	4	6	1	2
9	6	7	3	2	1			4

SUDOKU - 45

Intermediate

	9	5			3		8	
		8	2	6	7	1		5
6		1	8	9		2	4	3
	2	4	6	3				
	8	7		2		5	6	1
9	1		5					
8	6			5	9		1	7
		9			2		3	8
	4			8	6	9	5	2

SUDOKU - 46

Intermediate

7	2			1		6		9
	8		6	2	4	7		5
1	6	5		7	8		2	
		3	5	4	7	2	9	
		8						
	7				3		5	
8	3	7		5		9	4	1
4	9		7	8	1	5	3	2
2		1		3			7	

SUDOKU - 47

Intermediate

6	9	1		7		3		2
2				3		4		
5	4		6	2	8	9	1	
4				9	7			
9	3	8	2				7	4
7	1	5		4				3
8	6		7		3	5	4	
3	7		5				2	
	5	4	9	6	2	7	3	8

SUDOKU - 48

Intermediate

6	1		8			3		7
2		4	5		7		6	
3		7	6		1	4		8
		3	7				1	
1	2		4	8	5	7	3	
	6	8			3	2	4	
4	3	6			8	5		2
		2	3	9	6		7	4
9						6		

SUDOKU - 49
Intermediate

7	5	9		6	4	2		3
		2	3	5	1	7		
	3		7		9		5	6
		6				1		
5	9		1	3	6	8	2	
8		1	2		5		6	7
2		5	6			9	3	1
			5		3		7	2
6			9		2		4	

SUDOKU - 50
Intermediate

		2		1	9	6	5	
3	5	4		6	7		9	
	9	1		4	5			8
1			9				4	7
4	6	9			8			
2	8			3	1	5	6	9
	4	6	1					
		8	6	9	4	3	7	1
9					2	4		6

SUDOKU - 51
Intermediate

6						9	2	
		2		1	3	6	5	
5	7		6	2	9	3	8	
1	8	6		3			7	9
4		7	9	6	5			
9		3	8			2	4	
7	6		1				3	
2	1		3	4	6	7		
3	4	9	7	5	8	1	6	

SUDOKU - 52
Intermediate

2		9		7	6	3		4
		1	8	5	2	6		
		5	9		3	8	1	
4		6				1		
1	3	7	4		9	5	2	6
9	5	8	6		1		4	3
		4				2	6	8
		3	2		8		7	
8			5		4	9	3	

SUDOKU - 53
Intermediate

9	2		1				6	
1				9		5	8	4
		6	7	3	4		9	1
	7	1	4	2		9	5	6
5	9	8	3			1		2
	4	2	9	5	1	8	3	7
	1	3					7	
7	8		2				1	9
		9		1		3	2	

SUDOKU - 54
Intermediate

6	7		9			5	8	
4	5		2	3	8	9		7
9	8						2	1
	4			5		6		
3					1	7	9	
2			6	4	3			8
	2	6	1	9	7		4	
7	3			8	5			
5	1		3	6	2		7	9

SUDOKU - 55
Intermediate

		7	9			4		2
9		4	2	8	7	6		
		2	6	4	1	7	9	3
3	6			5	2			
	7		1			3	2	
	2	1		7		8		4
1				2	6	5		
2	4	5	8			1	7	6
7	8	6	5	1	4			9

SUDOKU - 56
Intermediate

4						2		3
			6				9	
1		9	2				6	
7			5	4		9	8	
5	9	2	1	7	8	3	4	6
	4	8	9	2	3	1	7	
9			7	1	2		3	8
				8	9	7	5	1
8		1		6	5			9

SUDOKU - 57
Intermediate

3		5	9	2				8
9		4	6			2	5	
8					5	6	9	
6	5	8	2	1				
7		9	4	5	6	8	1	
	4	2	8	7	3	5	6	
4							2	5
		1	5		4		7	6
5		6	7	3	2	1	8	4

SUDOKU - 58
Intermediate

2	7	1	5	9	6	8		
3			2	8	4	6	7	1
	8	4	1	7	3	9	5	
7	3						4	
9	4		3	1			2	5
5	1	2		4	7			8
8		3			1		9	
	6	9	8			2		7
	2					5		3

SUDOKU - 59
Intermediate

8	6		4					
	9		2	1	5	4	8	6
4	1	5	8	7	6		3	2
				8			6	
		8	1				5	4
	3	6			7	8	9	1
6	4	3	7	5		1		9
7	8		6		1	5	4	3
5	2	1	3	9	4	6	7	

SUDOKU - 60
Intermediate

3			6	2	9		7	8
5		8	7	3		6	9	
6	9				5		2	1
	3	5	2	4	6	1	8	
8	7	2	1				4	6
	4		9		8	2	3	
			8	1				
7	8	3	5	6	2			9
	5	1	3	9	7		6	

SUDOKU - 61
Intermediate

6	2	3		4	7	5	1	9
1			3				2	
7			1		2	8	3	
2	7		4	9	6	1		
9		1	2	3	5	7	8	
		6	7		8			2
		2		7	1			
8	1	7			3	9		
3	6	9						1

SUDOKU - 62
Intermediate

2			8			7		3
6	9				7			
8	3	7	2	6	5	4		9
	6	2	5	7		3		
7		5		3	9			1
	4	9		2				7
9	2		7			1	8	4
	7		4	1	2			6
4			9	8		5		2

SUDOKU - 63
Intermediate

	1				5		7	8
		6	2			1		
	5	7	8	1	9	2	3	6
				2	7			
1					8	3	4	7
	7		5			6		2
9		4	1	5		7		
7			9			5	6	1
5	8	1		3	6	4		9

SUDOKU - 64
Intermediate

5			7		4	6	2	
6	3	4			2	1	7	9
2	9	7	3		6			
					1	4	5	7
1		9		5				6
	7	5	8		3	9		2
7		1		3		2		
	6		1	7		5	3	
		3	2	4	8		6	1

SUDOKU - 65
Intermediate

4	7		6		5	3		1
	9	5	8	3	1	4		7
			7	9	4	8		5
2	3	4						
9	1	7			6	2	4	8
5		6			2		7	3
7	4	2		1	3		8	
			2	6	9			4
			4	7			3	2

SUDOKU - 66
Intermediate

		8	6	9		2	4	7
	2	3		7	4			9
9		4	2		1	6		
8	3			6	9			2
1	6						3	5
4	9	2			7	8	6	
	5				8	3	9	6
3				1	6	5		8
	8	6		3	5			4

SUDOKU - 67
Intermediate

	2	3			5		1	7
	6		1	4	8	3	2	
			7	2				
6			5		7	8	3	4
7	3	4	2			6		
9	5	8	4	3		1	7	
3		5	6		4	2		
4	7							3
	8	1	3	5			4	6

SUDOKU - 68
Intermediate

2	7		9					5
							4	3
	4		2	6	5			7
4	9	5	3		1	7	8	
	6	2	5	8				4
	8		4				5	2
					2	5	3	
5	3		6	9	8	4	2	1
	2		1	5	3	6	7	9

SUDOKU - 69
Intermediate

		5		8				6
	8	3	5	4			1	
	1		3	7	6	5	8	
3	6	1		9			5	2
4	5		6	2	3		9	1
	7	9				4		
	9		7	1	4	2	3	
1	2	7	9	3	5			8
5			2		8		7	

SUDOKU - 70
Intermediate

	6			2	1	3		9
1			3	4	6	7	8	
			7		9			
	4	1		8	3	9		
		8		7	5			
9	7	5	6	1		8	2	3
5	1	6	4	3		2	9	
		3		6	2	5	4	7
			5					1

SUDOKU - 71
Intermediate

1		7	6	2	3	8		5
9		8		1			3	
5	2	3	9	4		7		
				5	7			9
7	9	4				3	5	
	8	5	3	9		1	7	2
	7			3	6	5		
2	3		5				4	
	5				2	9	8	3

SUDOKU - 72
Intermediate

8	2	7				4	5	6
9	1		4			3		
			5	8	7			
2		1	6	4	5	8		7
5		3	7	9				
		4		1		5	6	9
6		9	8			7	1	3
	7	2	3			9		5
3	5		9	7	1	6		

SUDOKU - 73

Intermediate

		5	3		9	2		
2			4	7		3	9	5
	9		6	5		7	8	
6	4	8	7		5	9		2
5	2	9				4		7
1	3			2				8
		3	5	4				9
9	1			6	8	5	7	3
7	5	2	1		3	8	4	

SUDOKU - 74

Intermediate

5	8		1					3
1	3	6	4		5	9		
4	7		6	3	2		5	8
		7		1				
	4		2					5
2		1		4		8	7	
8					3	4	9	
7	1		9	6	4	5		
9	2		8	5	1		3	

SUDOKU - 75

Intermediate

	1					7	2	5
4	6	7		8		1		
9	5			1	7		8	
		8	7	3		9		1
	4	1	8		9	2		
7	9	6	2	4			5	3
6	3		1	9		5	7	
			6		5			
1		5	4		3	6		

SUDOKU - 76

Intermediate

3		6		9	5			
			4			7	3	6
7		2	6	8	3	1	5	
6			2	5	4	8		
5	9	1			6	2	7	
8	2		9					
	6		5			9	1	3
	3			6	7		8	
			3	2	9		4	7

SUDOKU - 77

Intermediate

	3		9	2		5	6	4
4	6	2	7		1	8	9	
	5	9		3			2	
2				1	5		7	
5	7		2	4	3		1	6
		6	8	7	9			
9		3			4	1	8	
7	8				2			5
6		5			7		3	9

SUDOKU - 78

Intermediate

3	2			4		9	5	6
6		5		7		8	1	
	8	9	2				4	7
8	9		4	3		7	6	
	6	3			2	5	9	4
5			6	9		2	8	
				6		1		
			7	8	1	4	2	
4		1	9	2	3	6		

SUDOKU - 79

Intermediate

4	6	3	2		9	8		1
5	8	1	7		6			2
	9	2	3	1		6		
2		5	6		1		3	7
	7		4			1		5
	1	6		3	7	2	4	
6					3		1	9
1		4	9	6	5	7	8	
		9	1			5	2	6

SUDOKU - 80

Intermediate

2			9	6	8	4		5
8	3	9	1		4			6
		4		7	3		1	8
4						1		7
9	1	3				5		2
7	5	6		1	2		8	9
3	8	5	7	4			9	
			8			6		3
		2			1	8	7	4

SUDOKU - 81

Intermediate

8		1	9	4	7		6	
	6	9	2	5				3
	7		3	6	8		4	1
3		5			9	1	2	4
	2	4		1	3			
			8		4			
7				8	2	3	5	9
1	9	8		3		6		2
2		3		9		4	1	8

SUDOKU - 82

Intermediate

	4			8	7	2	1	3
		5				9		4
		8	9	1				
8		9		6	5		3	
		2	8			5	9	7
3	5	4	7		1	8		2
	8		1	2		7	4	9
	2	1	4	7	9	3		
						1		6

SUDOKU - 83

Intermediate

		7				5		2
8	3	2		5		9		6
5		4		9	3		1	8
		5		7	1	4		3
7				3				
3	2				6		7	5
	7	9		1		6		4
	5	6	4	2	8			7
4	8	3	7	6	9	2		

SUDOKU - 84

Intermediate

	9	7		3	8	5		1
4	5	1	7		9	6	8	
	2	3		1	6	7	4	9
		5	2		7		6	4
		4				3	1	2
9	6	2	1	4	3		5	
		9			2		7	8
3	4				1	2	9	
					4		3	6

SUDOKU - 85

Intermediate

	5	4		8	1	9	7	
9		6		5	7			
3	7		9	2		5	1	
		2	4				9	5
				1		2	3	4
		3		7		1	6	
8	2	1	7		6	3	5	9
7	6	9	5	3		4		1
					8		2	7

SUDOKU - 86

Intermediate

2	3	4			7		1	8
	9		8	4	1			
	7	8	5	3	2		9	6
	1	5		2	9			3
9	4			1	3	8	2	
	2			8	5			9
7	5	2		9	6	3		4
	6		3	7			5	
3		9			4		6	

SUDOKU - 87

Intermediate

7	2	5	6			9	8	3
6				3		7	5	1
	1	9		7	5		4	2
	9	3	4			2		
			9	8	7	1		5
	5	7				8	9	
9				2		4	6	
5		4		9			2	
		6	7	4	8	5	1	9

SUDOKU - 88

Intermediate

	2	9		7				3
	7	3	6	5	4	2	9	
4				3	2	6		8
	6		2	4	9	7	3	5
3	4	7		6			8	2
5			7			1	6	4
2	8	4			7	3		6
9			3	2	8			
	3	5	4	1	6			

SUDOKU - 89

Intermediate

	6					9		5
5		7	3	4	9		6	2
4	8	9				7	3	1
6	7		1		4		9	3
			8		3	1		
	2	3	9	7	5	4	8	6
	3	6	4	1		2	5	9
7	5	4		9				8
	9				8	6	7	

SUDOKU - 90

Intermediate

	8	1	6	9			5	2
			7	5		1		
3		5				6	9	
	3		2	7	6	9	4	1
	1	9		4		7	3	6
4	7	6	3	1	9			8
	5			3				9
6	9		5				7	3
						4	1	5

SUDOKU - 91
Intermediate

9			1		7	2	6	5
7	2	5	9		6	1		
6	1				2	8	7	9
		9		7	5	4		8
	4						1	2
3		2			4	7		6
2				4		9		
4	9		7	2				1
	7	1		9		3	2	4

SUDOKU - 92
Intermediate

	7	6	3	5	8	2		1
3	8	4		2	1	6		
1	5		7	4	6	3	9	
	3	8		1	4	7	2	9
7		1		9	3			6
2			5		7			3
4	2	3					6	5
6			1	3	2	8		
8	1	7	4	6			3	2

SUDOKU - 93
Intermediate

			2	6				4
6			5			2	3	
	4		3	7	8	5		6
5		4		8	3		2	1
	2	7		5	4	3		8
			1					9
9	7	2	8				4	5
	1	3	4	9	5		7	2
4	5	6			2	8		

SUDOKU - 94
Intermediate

	4	1		5		2		7
5	8	7	2		1	9		
6		2	7	9	4		1	5
1			8	7		6	5	
	6		1	3	9	7	8	
		8				1	3	
	1		4			5	7	6
3	5	6	9	1		4	2	
7	2	4	6	8	5			

SUDOKU - 95
Intermediate

	1		9		3		4	
2	8			7	4			1
	4	5	8		1		9	7
		6	1		9	4	7	
4	3	1		5	7			
7				4	6	5	1	
9	5	4	7	3	8	1		
8	7	3				9	5	
	6		4			7		8

SUDOKU - 96
Intermediate

7	5			8	4		9	1
4		8	5	2	9	6		
	9		3	1	7	8	5	4
8	6		9	7	1		2	3
	7	1		5	2			8
2					3	7		5
5		6	7		8	1		9
1	8	4			5	3	7	6
9								

SUDOKU - 97

Intermediate

	9	8			3	6		2
			9	2	6			8
2	3				8	4	9	5
6	5		3	8	7	1		4
8	1			4	5			9
3	7		1	9	2			6
4	8			7	9		6	1
	2	7		6		9		
		1	5		4			

SUDOKU - 98

Intermediate

7	8	6		3		1	5	4
						2		9
	3							
1	6	2		4	8		9	
	7	3	9	5	2	6		1
9			1				8	2
3		1		7		9		6
5	9		6		1	4		3
6	2	7		9		5	1	8

SUDOKU - 99

Intermediate

		8		7			6	
7	6	5			2	4		1
1		3						7
2		7		5		6		4
5	8		4					9
	3	1	2			5	7	
	1	4	7		5	2	9	
8		9	6	2	4	7	1	3
6			9		3		4	

SUDOKU - 100

Intermediate

3				2	5		4	
8		4	7		6		3	
5	6	9		4	8	2	1	7
2	5			8			9	6
9		1		5		7	8	3
			1	3			5	2
		5	2	9	3		6	4
4		2	8					9
6		8	5	7			2	1

SUDOKU - 101

Intermediate

		2		7	6	5		3
5	7		4				8	6
		1			5	7		4
			5	8			3	
1		5	9				6	
9	8		6	3		4	5	1
7	1	9	2	5			4	
3			7		8	1	2	9
6	2	8	1	9			7	5

SUDOKU - 102

Intermediate

9	2		5			3	4	
8	1	5					9	
		4		8		5	6	1
		8	2	5	1		3	7
1		2		6	3			9
6			4	9	8		2	5
			8	7	6		5	3
	8	9					7	6
5	6	7	3		9	8		

SUDOKU - 103

Intermediate

			5		2	4	9	1
	2	7	4			5	8	3
9			1	8	3		7	2
		8	7		5	1	2	6
			9	3		8	4	
	4	1				3		
5	3	9		1				
	1	2	6	5	7			8
8		6		9	4	2	1	

SUDOKU - 104

Intermediate

9	6	3		7			8	1
7		4	8		1			3
1		8				7	5	4
4	7	5		8	2		1	
	3		5					8
		6	7	4		5	2	
		1		5	7	9	4	
3	4		2	9				5
5		2	1		4	8	3	

SUDOKU - 105

Intermediate

	3				1		7	
4	1	7	3			6		
8	5	9		7	6	4	3	1
2	9	6	7		3			5
	4	3					2	7
	8	5		2	4	9		3
	6		8		2			
9	2		5	1	7	3	8	6
5	7						1	

SUDOKU - 106

Intermediate

	5	8	9	6	1	3		7
		6	8	5	3	2		
1			7			6	8	5
		2		1			7	
5	1				7			8
4	8	7				1		6
6	7					8		2
8	9	4	2	7		5		
	2	5	1			7		4

SUDOKU - 107

Intermediate

	1	3			2	5	9	7
		8		5	7		1	
7					1	3	8	
9	8		1	3	5			4
	4		8	2	6		5	
	5		4		9		2	
			5		8	7	3	
8	3	9	7	1				
5			2	6	3	8	4	

SUDOKU - 108

Intermediate

8				7		1	3	
7	2		4	8	1	9	6	5
9	1			5	6		8	7
4	5	6		2	3	7		9
	9	2	5	6		3	4	
	7		1		9	6		
2	4	9		3	8			1
5			2					6
	8	1			5			3

SUDOKU - 109
Intermediate

1	7		5	4			9	6
	9	3	8					
8			9	1	6	7	3	2
5	6	8	3			9	1	
		1		8		3	7	
3	4				5		6	8
		6	7	5	8	1		9
2	1	5	4		9		8	7
	8	9				5		

SUDOKU - 110
Intermediate

	4	9	6		3	5	7	1
5	7	3	4	9	1		6	
	6	1		5	2	9		4
7		6	1	3		4		2
	3					1	5	
9				4	6	3	8	7
		5				7		
1	8	7	9	2	5		4	
		4	3	1				5

SUDOKU - 111
Intermediate

		4	7	3		9	5	
9			6	5	4	2		3
3		6	9		2	4		8
			5			6	2	9
				2	7		8	1
		5	8		9	7		4
7	9		2	8	6	3	4	
5		2	1		3	8	6	7
6		8	4			1	9	2

SUDOKU - 112
Intermediate

7			9		1	4	5	
4	5	2	3	7		1		
3	1		5		8			
	9	7			2	3	1	4
			7	1	9	2		
2		1		5	3	7		9
8	7	3					2	
	4	6		8	5	9	3	7
9	2	5		3	7	8	4	

SUDOKU - 113
Intermediate

6	1	5			8	3		4
2	8							5
		3	5	9		1	8	2
8				5			4	
1	5	2		6	4			8
3	9	4	2			6	5	1
			8	3		4		
		8		4	1	5	2	
5	4		6		2			9

SUDOKU - 114
Intermediate

		8	7	1			6	2
			4	9	6	7		
6		7	2		5	4		1
	6		5		4		1	
1				7	8	3	9	4
8	7	4	1					6
3	2	6	9	5	7	1	4	8
7		9	8				5	3
		5	3		1	2		9

SUDOKU - 115

Intermediate

3			4	7		1	9	2
	9				1			
5	2		9	3	8	6		
4	6	5		9	3			1
			8	1		5		6
2				5	6	4	3	9
	4	2			9	7		
	5	9	3			2		
	7	3	1	4	2		8	5

SUDOKU - 116

Intermediate

	5	1	3	6	7	9	8	
	7			9		5	3	
8	3	9	2		5	7		6
5	1	7	8		4	2		9
3	6	8	5	2			4	
		4	7	1			5	3
6			9	7			2	1
1	9	3	4	5		6		
		2		8	1		9	5

SUDOKU - 117

Intermediate

7		4	1		5		2	8
	5	3		4				9
2	8	6						
4	2	5		1	3	8	9	
3		7		9	8	4	5	6
9	6	8		5			1	
	7	1	4		6	9		2
	4		9	3				5
6	3		5	2	7			

SUDOKU - 118

Intermediate

		7	9			3	5	
	9	1		5	3	2	4	
3	5				4	8	7	
6	3	9	8	7	2	5		4
4			1	3	9	6	8	2
1			6			9	3	7
	6	4		9	1	7		8
	8	3	4	2			6	
		2	5		8	4		

SUDOKU - 119

Intermediate

3		2	4	5		6	9	7
7	5	9	1				8	3
		6			9	2		1
2	6		8		3	5		
1	9	3				8	7	
8		5		9	1			2
	3	4	5	1		9	2	8
5		1	9				3	
	7	8	6		2	1	4	5

SUDOKU - 120

Intermediate

	2		4		9	7	3	
3	6	7	8		1	4		5
		9		3	7		2	1
2	8			6				9
7		6		1	8	3		4
1	5	4	7	9	3	6	8	
4	7	5				9	6	3
					6	5	4	8
				4	5		1	7

SUDOKU - 121

Intermediate

3	8	1		7	5			6
		2		3	4		8	
4			2	6			7	
5	4		3		9			2
6	3			8		1	5	4
		8	5	4			9	3
			4	5	1	2		8
2	1	3			7	6	4	5
		4	6	2		9	1	

SUDOKU - 122

Intermediate

3	4	8	7		5			
6		9	2		4	7	5	
	2		1			4		8
4	9	6	3	2	8	5	1	7
1					7		2	
	7	5					3	9
8	3	2	6	7	1	9		
7		4	5		3	2	8	
	5			4	2	3	7	

SUDOKU - 123

Intermediate

1	2	6	8	3		5	9	
				6		7	3	
8	7		9		5	1	2	6
	6	9				8		1
7	1							3
3		8				9		2
	4	1	5	2	6		8	7
	8		4		3	6		5
6	3		7	1		2	4	

SUDOKU - 124

Intermediate

	5			6			8	2
3		9		1		6		
6	2	7	8	9	4	1		
9		6	4	3	1		2	
	1	2	7	8	9	3		6
		4	5		6		9	
7	6				8	2	3	9
			6	5			1	
1	4	3	9		2		6	

SUDOKU - 125

Intermediate

5				1		6	2	7
7	3	2	4	6		9	1	8
6	1	9			7	5		
1				5		2	8	3
	7				6	1		
	9	5	1		2	4		
		3	2	7		8	4	5
4		7			8			
8			6		4	7	9	2

SUDOKU - 126

Intermediate

2		9	8	5		1		4
1	5				4		2	8
	4	8	1					7
4		1	5	9	6		7	
7	2	3	4	8			5	6
	6	5			2	8	4	1
8	9	4		1		7		
3		6			9		8	5
	7		3		8	6		

SUDOKU - 127

Intermediate

5	9	6		3	2		4	
	7	2	5	1	4		3	9
3	1				9	8		2
2		3		7	5	1	9	
	5			8	6			4
		7			1	2	8	
6		5			7	4	1	
	2			4	8		6	3
	4	8	6		3	9		

SUDOKU - 128

Intermediate

9		3		8	1	2		
2		1	5	6			9	
4	5		9			8	1	
7	1				8		3	2
6		5	2	1			8	4
8	4		3	7		9	6	
1		6	8		4		7	
			7	5	6		2	8
			1		2	6		9

SUDOKU - 129

Intermediate

		4			1			7
	2	1	8	7	3	6		
		7				8	1	9
3		8		1			5	2
7	6	2			5		8	
4	1			8	2	7	6	3
2	4	3	7		6		9	8
	5				8	2		
	7	6	1	2			3	4

SUDOKU - 130

Intermediate

3		2	6		8			1
	4	5			1		7	6
			7	5	3	2	4	
4		8		7		9	1	2
2		6			9		5	7
7		1	8				6	
9	2	3		6	7	1		
1				3			2	
5	6	4		8		7		9

SUDOKU - 131

Intermediate

		3	1		8	7	5	2
1	7				5			8
6	8					9	3	1
2	3	9	8				4	
7				1		3	9	
5	1	4		9	3	2		
		7	5			6	1	3
	2	1	4	8	6	5		9
	5		3		1	8	2	

SUDOKU - 132

Intermediate

5	7	9		3			8	2
8	3						7	
4		1		8	9		3	6
6			9				4	
	5	4		2			6	8
9	8				3			1
		5	8		6	3	1	7
	9	8	3	4	1	6	2	
	6					8		4

SUDOKU - 133

Intermediate

6	2		5	4		7	8	1
	4				1			
	9	8	6				4	5
8	5	4	1	6	3	9	7	
2				5	4		3	8
3	1	9	7		2	4	5	
	3	1	2	7	6	8	9	4
	6						1	
			4				2	3

SUDOKU - 134

Intermediate

	2	8	7			3		
7	6		9		5	4	1	2
	4	9	2			7	6	8
	1		3		4	9		
8	7		6	2	9			
	3	4		1	7	2	5	6
3			4	9	8		2	
4		1	5	6	2	8	7	3
		6		7		5	4	9

SUDOKU - 135

Intermediate

6	1	3		9	2	8	5	4
2		4				1		3
			1	4		7		
	6	5				2	7	8
	9	2		7	8			5
4		7				3	1	
9		1	4	8	7	5	2	
7		6		3		4		1
5		8	6	2	1		3	7

SUDOKU - 136

Intermediate

4		6		7				
		2	5	6			4	7
5		7	3	4			6	9
8						3		
1	2	3	4		7		8	6
6	7	5			3	4	2	1
7	5	4		3	2			
3	6	1	7	8	4			2
2		8		1	5		3	4

SUDOKU - 137

Intermediate

8	2		1	5			4	3
	3		9	8	4	2	6	
4	7				3	8		
	6			9		3	7	4
3	9				1	5	8	
	8		4		2			
7	1	8		4	5		2	9
9	4	3	8	2	6	7	5	1
6		2	7				3	8

SUDOKU - 138

Intermediate

6		4				1		7
			4	2			8	3
8	3	5	9	7	1	6	2	4
	5			9	7	3		1
	7			3				
2	1	3	6		5	7	4	9
1			5	4		9		
	4			6			1	5
5	6	9	3	1	8	4	7	

SUDOKU - 139
Intermediate

7	3	1			2			4
9						2		
6		5		3	1	8	7	9
5	1		2	4	9	7	8	6
	9	7	6				4	1
4	6	8	1	7		5		2
1	7		8			4	3	
				1	4		2	7
3	4				7	1		

SUDOKU - 140
Intermediate

	4		8		1			7
	1	5		2		8	9	4
8	3	2	4		7	1		
	7		5	3	8	9	1	2
3	9		2	6		7	8	5
2		8			9		4	
4	6	9	1					
5	2	3				4	7	
	8		3		2		6	9

SUDOKU - 141
Intermediate

9	5	6	7	1		8		2
	1	8	6	2		9		7
	2		3	8				
1	7		4	5	6	3	2	
		3					9	
8		2		9	3	5	7	4
	3	1				2		9
				6		4	1	3
	8	4	9	3		7	5	6

SUDOKU - 142
Intermediate

7	1					4		6
	4	8			6	3		
	5		7	4			8	1
		9						5
1	3	5	9		2	6	7	
4			3	6	5	8	1	9
3		1	4	5			6	2
5	2		6	3	7	1		8
6				2		5		3

SUDOKU - 143
Intermediate

7	2	6				9	3	
8		4	6	2	3	5	1	7
5		3	8		7			
		9	4	1	6	8	7	
	7	1	2	8	5	4	6	
4			7		9	1		5
	3			4				
9	4	5	3	7				2
		7					5	

SUDOKU - 144
Intermediate

3	7	5	6	8				1
4	1	8	5	2		6	7	3
	2	6		1		4	5	8
5	6			4	2	3	1	7
8		7		3	1	5		
1	3			5		8	4	
6	5	3		7	8	9		4
		4	2	6	3			
				9			3	6

SUDOKU - 145
Intermediate

5		4	9					3
	2	3	4	8				6
7	9	8	3		5	2		4
	3			9		4	6	
	5	1	6	3	4	8	9	7
		9	7	5	8	3	2	
3			8			5		
4	8			1	3			
9	7	5	2	4	6	1		8

SUDOKU - 146
Intermediate

6	8	5				1		7
	3	7	6	1	5	9	8	
9			8			5		4
3		4	5	6			1	8
2		9	1	3	8	4	7	5
1	5	8		2				
	9	6						
8	1	2	7	4	6	3	5	9
				8			2	

SUDOKU - 147
Intermediate

7	9	2	8				5	6
5	8	3		1	7	2	4	9
1	4		9		2	8		
6	5	9	7	3	8			
		4	1	6				3
3			2	9		5		
2		5	4	8			7	
4		7	3	2		9	8	5
9				7	1			

SUDOKU - 148
Intermediate

9	6	5	3		2	7	1	
			6		1	3		
7		3		8	9	4		
8	2	7		5	4	6		1
3		9	1	6	8	2		7
		1	7					4
	9	6	2	1			4	3
	3	4		9				6
			4	3		5	2	9

SUDOKU - 149
Intermediate

		4	2	3	7			
2		6		1	8		5	7
9		8	4	6	5	2	3	1
		5		9	4		8	
	4			2	6		1	
	6	7	5	8	3			
4		1		5	9		7	2
		2						
7	5		6	4	2		9	8

SUDOKU - 150
Intermediate

	4						9	1
8		5		7	1			
	2	9				7	5	
4	8	2		5	6	9	3	
		1	4	3		8		
	7	3	2		8	1	4	5
				1		5	7	9
3	9	8				6		4
5	1	7	6	4	9	2	8	

SUDOKU - 151

Intermediate

1		5	7					8
6	2	4	3	8	9		5	7
	8	9		4		6		2
			9	7		8	2	1
5	9	8	1	6	2	7		
			4	3				9
9	1	6				2	7	
3	4				7	9		
8	5		2		4		1	

SUDOKU - 152

Intermediate

7		2	6					
6	8	5	2		9	3	7	1
9	4	3	5	7	1			
			3	5	7		2	6
3		7	1	6	2	4	8	9
2	6			9	8		5	3
8	3		7				1	
	7	4	8	3	6	5		2
	2					8		

SUDOKU - 153

Intermediate

4	1	5	2		9	3	7	8
9	3	7			8	4	6	2
8	6		4	7	3			1
1	7	8	9	5		2		6
			1	3			8	
		3	6			9		
		4	8	2		1	5	7
2		6			1		4	3
7	8		3	4				9

SUDOKU - 154

Intermediate

2		9	8	1	3	7	4	
					4	8	5	
6	4				2	3	1	9
8			2	3	9			5
						9	3	1
	3	4	1	6	5			8
7	8	1		2		5		3
		2	9			1	8	4
4	9	5	3	8	1	6	2	7

SUDOKU - 155

Intermediate

	2		3					
		1		7	6	9	5	
5		3		8			7	2
8	3	6			7	5	2	9
1		5	6	2	3			7
	1		8	4	5	7	9	6
9	5		7	6	1	2	3	4
6	4	7	9		2	1	8	

SUDOKU - 156

Intermediate

6							8	7
		1	6	3	8	9	5	
9	8	5		7	1			6
				9	3	4	6	
2	6	3	7	5		8	1	9
4	5	9		1	6	7		3
8	1			4		3		
3	4	2		6	7			
		7		8		6	4	

SUDOKU - 157

Intermediate

5		1	4	3	7	2	6	9
	3	6		2	9	1		
2	7			1	6	4	3	
8		7				5		
3		2	9	8		7		4
		5	2			6		3
1	5	4		9				7
		3		5	2		4	1
7		8			1	9		

SUDOKU - 158

Intermediate

8	4	5	9	7	2	6	1	3
		9	4	8		2		7
	1				5	9	8	4
2	7	8		4		1	9	
1				2	6	7		5
5			1			8	3	2
4	5	6	2	1	9	3		
9		7	6					1
			7	5			6	9

SUDOKU - 159

Intermediate

7	8	2	6	9	5		3	1
9	1		2			7	6	
	3		8		1		5	
					2	1		5
3			1		6			9
5	2	1				6	4	3
1	6		5		3	8	9	7
			7	6	8		1	4
8	7		4	1	9	5		6

SUDOKU - 160

Intermediate

	6	9	1	7	5	3	2	4
5		7	4			6		9
			8			5	1	
9	3	8		4		7		
	2	4						8
1	5	6	3			4		2
6	9				2	8		1
	8	2		1	4			
	7	1	9	5	8			

SUDOKU - 161

Intermediate

		4		7		6		1
3		6		2				7
	1				9	3	4	2
2	3	7		5	4	1	8	
		9	7	1			6	
	4	1	9		8		7	5
4	5	2	3	9		7	1	8
9	6	3			7	5		
	7	8	2				3	

SUDOKU - 162

Intermediate

	8	3	9	2		6	1	4
	9	2			4			5
4		6	8				9	3
6		1			3	8	7	9
9	2			7	1		3	
7	3	4	6	8	9			2
8	6	5	1	3	2	9	4	
		9				3		1
3		7	4					

SUDOKU - 163

Intermediate

			7		5			
4	7	9	2	3		5	6	1
	5	3		9		2	7	8
6	9	5	1	4	3	8	2	7
3		7	8			1		
	1	2	5			3	9	
				8	2	7		5
7		4	3		1	6		
5		1	9	7			3	2

SUDOKU - 164

Intermediate

9		2		7				
3		4	8		2	5		
1		7		3		9	4	2
	3	1	2	4	6	7	9	
7		6	5		3		1	
4	2	5	9	1	7	3		
6	4	8		5				
2		3						
	7	9		2	1	6	3	8

SUDOKU - 165

Intermediate

1	9					8	2	5
				8			6	
8				2	9			4
9			5	4	7	2		
3		4		1	6	9	5	7
	7	2		9	3	1	4	
7	5	8	9		2	4	3	
6	2	9	4		1	5		8
	1				8	6		

SUDOKU - 166

Intermediate

	1			5		3	6	
6	3			7	1		8	
4	7	5			6	2	9	
3		7	6			8	1	2
	4		2		5		7	3
	6		7	8		9		
7		3	1		8	4	5	9
		6	3		7	1	2	
			5		9	7	3	

SUDOKU - 167

Intermediate

3			7	2		6		4
2	4	8	6		3		9	5
7	6			8				1
	9	4	2			8	1	
1		3			6	4		2
6			8			5	3	9
4	7	2			5	1	6	
		1	4			9	5	7
9	5		1		8		4	

SUDOKU - 168

Intermediate

6	5	7	4	1	8	9	2	
	9			6			8	1
1	3	8	9	7	2	4		
5	7	9			1			
8	6	1	5	3		2		7
	4	3	8		7			
3	8		1	4	9	5	7	
	2		7			6	1	4
7				5	6		3	

SUDOKU - 169
Intermediate

1	3			9	7	6		
2	4	7			6	1	9	3
8	9	6	1		4	2		5
3				2				
9	5	2	6	4			3	8
	1		3		8	9		2
	2	1	4					9
4			7	6	5	3	2	1
5	6	3			2	8		

SUDOKU - 170
Intermediate

	7	4		2	8		6	
8						3	9	
		9		5	4			
5	8	1		3	9			
4		7	2	8		6		9
	2	6	5			1	8	
7	1	5		9		8		
2	9				5	4	1	7
	4	8	1		3	9	2	5

SUDOKU - 171
Intermediate

1	6		2	3	7		4	9
5			1	6	8	7		2
		2	5			1	8	
3	8		9			2	6	4
2					4			
4	9	6				8	1	7
8	7		4	9	2	6		1
				1	3			8
9			8	5	6	4	7	3

SUDOKU - 172
Intermediate

	3	6		9	1	2	7	4
7	9		2			3		6
			6	7				1
3	8	2	4	5	9		1	7
9			3					
1				2	7		4	
5	1	8	7	6	2	4	3	9
6	2	9			4	7		
4	7	3		8	5	1		

SUDOKU - 173
Intermediate

2	6			5	3		4	
4		3		1				
	1	5	2	4	6	9	7	3
7	2	8	3	9	1			6
		6	5	8	4	7		
5	9	4	6	7	2		8	1
6	4	7	1	2		8	3	9
		1	4		9	5	2	7
	5	2		3				

SUDOKU - 174
Intermediate

	1			7				9
		9	1	5	3	6	4	
7	4	5	9	6			1	2
	9		4	1			3	
1	5	7		9	6		2	8
4	6		7	8	2	1	9	5
6	2	1					8	
	7							1
	3	8	6	2	1	5	7	

SUDOKU - 175
Intermediate

	4	8	2		5	6		
3					4			
5	9	2		6	7	8	1	4
	1	3		5	2		4	8
8	5		9	7				
7	2	6	8	4	1	3	9	5
6	7			3	9	4		2
						9	6	7
	8	9	7			5	3	

SUDOKU - 176
Intermediate

9	4	6		8	1	2	7	3
7	8			6			5	
5		3		7		6		
			7	9	8	3	4	6
6	9	7		1	4	5		8
4	3	8			6	7		
	6	9		3		4	1	
3	7	4	1	2		8		
	5	1	6					

SUDOKU - 177
Intermediate

2	4		3		5	6		
				2	4			
7		9	8	6	1	2	4	3
8	6	2					7	4
	3	4		8				
5	9	7		4	6	3		
9	7		2	1	8		6	5
4				5		7	2	
	2	5	4	9			3	1

SUDOKU - 178
Intermediate

4			9	8	2			7
5	7		3	6	1	4		
2	6	8	4					9
3	9				4	5	7	8
		5	6		8		2	
	1	2			9	3	4	6
		3		4	6	7	9	5
9	5	4		1	7		6	
	2	7	5	9	3			4

SUDOKU - 179
Intermediate

3	4	5				7		6
2			5		1		8	9
1		9	3		7			5
7	3				9	5	4	2
5	6		1		3	9		8
9			4		5	6		1
6	9		7	1		2		
	1	7	2		6			3
						1	6	7

SUDOKU - 180
Intermediate

		8	7	3	2	4		5
7	2				5	1	8	6
5	4				6	3		7
8	7			1		2	3	
4		2	9	5	3	8	7	
3		1	2				5	
1	3	7	8		9		4	2
2			5	4	7	9	1	3
			3			7	6	

SUDOKU - 181

Intermediate

	4	7	6	2	8	9	5	3
	8	5	7		3	6		4
6	2	3	4	5		7		
		4	5	9	7			
8	6			4	1		7	9
7		9	8				3	
4	3			7		1	9	5
	7	1	9	3		8		2
		6		8		3	4	

SUDOKU - 182

Intermediate

6	7	4	3	5			8	9
5		1		9	2	6		
	9						1	3
	5	6	4		8	9	2	1
2	8	7	6		9	4	3	5
	4		2	3		8		7
7	6	5	9					
4	1	8		2		3		6
9	2	3	1	4				8

SUDOKU - 183

Intermediate

5		3		2				
		7	3	5	4	6		8
2							5	
7	9		6	8	3	5	1	4
4	5		2	9	7	8		3
3	6			1				
8	3	4	5	6	2	9	7	
1	2			3	9	4	8	6
6	7		8	4	1			

SUDOKU - 184

Intermediate

6					8	3	7	2
4	1			3	7	6	5	9
			9			8	4	
9		2		7		5		
	7	6	3	5	9	2		
	4	1				7		3
	5	7	8		4	9		6
3	8	4	7	9		1	2	5
1	6		5	2	3		8	7

SUDOKU - 185

Intermediate

7	2				6			
8	3	6	7		4	1	5	2
	4	9					3	
6			5	7			1	
3	5	7	1	8	9	2	4	6
	8		6	4	3			5
		3	4		1		8	9
4			9	6	7	5	2	3
	7			3	5		6	1

SUDOKU - 186

Intermediate

1		6	9			2		
		3			1	9	4	
			2	7	3	1	6	8
3		7	1	9	8			4
9	4	2	3	5		8		6
5	1	8	6	2	4		7	9
6			5					3
			4					1
8	3		7	1	9		5	

SUDOKU - 187

Intermediate

	5	7	6		3		1	4
4	2	1		5				
6	3	9	1	4		5		
7			4			1		
		6	7		1	8	9	5
9		2	5	3				
		8	3		5	9	4	
5		4	2		6	7		
1		3	9			6	5	

SUDOKU - 188

Intermediate

					5	8		6
6	4	3	8			7	5	
1	5		2	6		9	4	3
5		6	1		3	2	9	4
	7	2	4	8	6	5		
3	1		9	5		6		8
	3				8	1	6	
			6		4	3	8	5
8		1	5			4		

SUDOKU - 189

Intermediate

5	1	6	3	7	9		2	
3								
9		7	6		8	5		3
1	7	9		2		3	8	
	4		1	6	7		5	9
2		5		9	3	7	4	
6	3	8			1	4		
4		2		3		1		8
7	9	1	2		4	6	3	5

SUDOKU - 190

Intermediate

7		8	1	3	6	9	4	5
	9		4					7
4		3	8	9		6	1	2
	1	2	3	4			6	9
8	6	7	9	5	1	3	2	4
9			6	7	2		5	
3	8			6				1
2					9			3
	4			8				

SUDOKU - 191

Intermediate

	1	3	6	5	9			8
2		9	1		8		6	7
4	6			2	3	5	1	9
1		5	3	6		2	9	
6	2					8		
3	9	4	2					6
			8	7		1		
8			9			6	7	
5			4	1	2	9	8	

SUDOKU - 192

Intermediate

3	5	6	7	1	4	2	8	9
7	2					4		6
	4	9		2				
		5		6	9			2
		4	2	3	7	1		
9	3	2			1	8	6	
5	6	7		4	3	9	2	8
	1		9	8	5			4
4	9				2		1	

SUDOKU - 193
Intermediate

6			9	1			5	7
2			3		5		6	9
5	7	9	6		2			
8	5	2	1		6			3
	1			2	7	9	8	
9	6				4	5		2
3		8	2	5		6		4
7					3		9	8
1		6		8			2	

SUDOKU - 194
Intermediate

4			9	5	1	2		6
6	2		8	4		9	1	5
9							8	
		6	1					3
		2	5	3	4	6	9	7
	7		2	6	9	8	5	1
	5				2	1	4	9
2	6	1		9	7	5	3	8
8	4	9	3	1	5		6	2

SUDOKU - 195
Intermediate

	7	1			4	3	6	
3				8	6	4		
4	6		9			2	5	
		4	6	1		7	2	
2	3	6		5				9
7				4	3	6	8	5
	9		4			8	1	
8		7	1		2	5		
1	5		3		8		7	

SUDOKU - 196
Intermediate

		5	7	8		9		
3		2			4	5	1	
4			2	5	1	8	6	
8	2		4	3	7			
	5		1					
	3		5		9		4	8
1	4	8	3					5
2	7		9	1		4	8	6
	6	9					3	

SUDOKU - 197
Intermediate

		5	9	4	7			
6	4	9	8	3				
			1			9	8	4
5		4			1	3	9	8
	2	1	5		3	7	4	
		3			9	1	2	5
4	9	2	3		8		1	
	1	6			4		5	2
7		8	2			4	3	

SUDOKU - 198
Intermediate

4	1		7	2				9
8	6				5			2
		2	9	8	3	4		
2	5			1	9			
		1				5		3
3	8	7	6		2	9	1	4
1		6	5	3	7			8
	2			9	1	3	4	
9	3		2	6	4	1		5

SUDOKU - 199
Intermediate

	7	4	3		1	2	6	8
2			4			5	1	
	5		8	2	6	7		9
		5	6			3	7	1
6	3	9		1			5	
8		7	5	3			2	
7	8	6	2			1		5
	4	2	9	8		6	3	7
5		3	1	6		4		2

SUDOKU - 200
Intermediate

	6	3	2		7	5	1	9
			3			6		8
	5	7	8		6		3	4
				2	9	3		
3		9	6		4	8	5	2
2	7	6	5	8	3		9	
7	3						2	
6			7	3		1	4	5
			9	6	2	7		

SUDOKU - 201
Intermediate

7	2	8	4	6		9	5	
9			2		5	3	7	
5	3		7			6	2	8
		7				4	3	
	4	3		9			1	2
				5	4	7		6
4	6	2	5		1	8	9	3
			9	4	2	1	6	7
	7		6	3		2	4	

SUDOKU - 202
Intermediate

	9	3	6		1	8	7	
		2	4	7		3		9
	7	1	9	5	3	4	6	2
		9	5	6		1	3	
7				1		9	5	8
3		5	7	8	9	6		
	2				5	7	8	
				4	6		9	
			2	9		5	4	

SUDOKU - 203
Intermediate

2			8	9				4
	8	5		4	1		7	2
4	6			3	2	8		5
5	7	2			3	4	8	
	9			7				3
	1		2	8	9			
7			4	1		9	2	
6	4	8	9	2	7	5		1
1				5		7	4	

SUDOKU - 204
Intermediate

	3	5	9		8		2	
			1		7			3
1					5			6
5	1	2	7	9	3	8		
	6			8	2			7
8	7		6	1			3	
2	8	3	4	7				5
7	9	1	3		6	2		8
	5	6	8		1			

SUDOKU - 205
Intermediate

			5					3
	9	8	1			5	4	
	6		9	8	3	2		
8	7		4		6			
2	3		8	9		4	6	1
1			2	3	5	8	7	
6	5			2	8	1	9	4
9	8		7	4		6		5
		2	6			7		8

SUDOKU - 206
Intermediate

5	1					2		8
2	9				7			
	6		8	5	2	9	4	
			4	1	5	7		3
1	4	5		3	8			2
7		3	2				5	4
8			5	7	1	4	6	
6	7	9	3	2		8		
	5	1		8	6		2	7

SUDOKU - 207
Intermediate

1	2	6			5	3	4	8
	3		2			1	7	
5	8	7	4			9	2	6
9					2	8		
6					7	5		
	7	3	9	5	1	2	6	
			5	7			1	2
		5	1	2	4		8	3
2	1			8	6	7	5	9

SUDOKU - 208
Intermediate

	3	9	2		7			6
6	7	2	1	5		8		
1			6			7	2	
			9			4	1	8
		1			6		7	9
4						2	6	5
	5	4	8	9				
9	6	8	7		2		4	1
2	1		5	6	4	9		7

SUDOKU - 209
Intermediate

1	7	4	5	8	6	3	2	9
6	5	8	9		3	1		
	9			4		8		6
4	2			3				1
8	1	7				6	9	3
			7				4	
			4	9	1	5	6	2
2		1		6	5	9	3	7
		9					1	

SUDOKU - 210
Intermediate

7		3		6	2		9	5
5		9	8		7			2
4	8	2	3	5	9		1	6
8	9	4	5			2	6	
		1	9		3			7
3	5	7	6		8	9	4	1
2					4			9
9	4	5				1	7	8
1	3	8	7	9	5	6	2	

SUDOKU - 211

Intermediate

8	3		6	2		1		4
		7	9	5		3	6	
	9			4			5	7
9			7		2		1	3
	7		8	3	5	9		2
	2			1			8	6
4	6	9	5			8	2	
3	1		2				7	
7	5			8	4	6		9

SUDOKU - 212

Intermediate

7		1	6	3			5	8
8	3	9		7		6		
5		4	9	1	8	3		7
	4		3	5			8	2
2	9					7		
1	8	3		4	2	5		6
	7		5		3	8	1	
	5	8	4	6	1	2		
				9	7	4	6	

SUDOKU - 213

Intermediate

	4	7		5	9			6
6	3		7	4			9	8
8	2			6		7	5	
	5		9		4		1	
4		1	2	7	5	3		9
	9	8						
	1	4		2	3	8		
3	8		5	9		4		1
	7	6			8	9		

SUDOKU - 214

Intermediate

	5	7	3	9	2	1		
1	9			8				
		3	1	7			9	8
	1	9			8			7
7	4	8	9	2	3	5		6
	2		7				8	9
5				3			4	2
	8		2	1	7		5	
		6	5		9	8	7	1

SUDOKU - 215

Intermediate

		6	2		7	9		
5	2	7		1	8			3
	1		3			2	5	7
6				2	3	7		4
	9	1	8	7	4	5	2	6
	4	2				3		8
	8	3	6			4	7	5
2				8	5		3	
	7	5	4	3	1		6	

SUDOKU - 216

Intermediate

	6	4	1		5	2	7	
			3			1	6	4
7	8	1				3	9	
5		8	7			6		9
		7			3	4	2	1
1		2	9		4	8	5	7
4	7		2	1		9	8	3
9	1	6		3	7			
		3		5				

SUDOKU - 217
Intermediate

	6		7				9	2
	2	3		9		7	6	4
					4	5	3	8
		5	1	3		9	4	
6			5	4		8	7	3
4	3			7	8	2		5
3	4	1	9		5		8	
		8	3		6		5	
9	5			8	7	3	2	1

SUDOKU - 218
Intermediate

		7			5	6	4	3
9	5	4	3		6		1	8
6		3		7		9		
	6	5	9	1	2			7
		2		4	8	1	3	
1	4	8			7			9
					9		7	5
	2	9	7	8				4
4		6	2	5	3		9	

SUDOKU - 219
Intermediate

8	3		2			6	1	
		5	8	6	7	4	2	3
2	4	6	1		3			5
5		8	4	1	6		3	
3	2	4	7		9		6	8
	6	1	3			5	9	
4	5	9				3	8	
		3	9		4		5	6
6	8					9		7

SUDOKU - 220
Intermediate

2	5	6	1				9	
	9	7					1	
1		3	9	2	8	5		7
4	1	5	6		2		8	9
	3	2	4	8			7	5
	6			9	3		4	2
			8			7	3	1
			7	3	9	4		6
3	7				6		5	8

SUDOKU - 221
Intermediate

4		5	2			8	7	
3	7	6	5	8	9	4		2
	8			4	6	3	9	5
		7		1		6		3
5	1		3			7		
6		9		7			2	
	2		6	9			5	4
	5			2	3	9		
9		4			7			8

SUDOKU - 222
Intermediate

	4		9				7	
5	1	7		8	2	6		
6								
	7	6	8	4	3	5		1
9	3	4	6	5		7	2	8
8			2			3	4	6
	8	3		7	4		6	2
7					9	4		3
4		2	3	6	8	1		7

SUDOKU - 223
Intermediate

	7	1				3	2	
8	2	6	7	3	4	9		5
		3	2	5	1	6	8	7
	6	4				2	9	3
	5	9	4		3	7	6	8
3	8	2	9	6			5	1
	3	5		4	9		7	6
		7		1	6	8	3	
6		8		7			4	

SUDOKU - 224
Intermediate

	3	7		5	4		1	2
4	2	9	8	3			7	
5	8	1	2	7	6	4	3	9
	9		5	8	3	7		4
3	7	6				9	5	8
	4	5	6	9	7		2	
7		8	3			2	4	
9					5	6		
	5	3	4		8			

SUDOKU - 225
Intermediate

		1				8		
2	8	7	6	4				9
5	9			8	2		6	
4	2				3		9	
	3	8	2	6	7	4	1	5
7	1		4	5		2	8	
	7	9	1		4		3	6
	4	2	5		6		7	8
6			9	7	8	1		2

SUDOKU - 226
Intermediate

	8			6	5	9		7
7	5	4	2	3	9			
3	9		7			2		
			6		3	5	4	9
9	2	5	1	8	4	6	7	
		3		5	7	8	2	1
	3	1		9		7		
5	7		8	4		3	1	
2	6			7		4		

SUDOKU - 227
Intermediate

	2	7	3	9	1			4
8	5	1		4	6			2
4	3		2	8	5		1	
	9	4		5	2	6		
	8			6	7	5	9	
	6	5	9	3	8	2	4	
	1		5	2			8	
2		3				1		5
	7		6	1		4	2	9

SUDOKU - 228
Intermediate

5	3			8	7	9	6	2
	4				5	1	7	8
8	9			6	2	5		
	6	3	5	7	1	4	8	9
9		5	8			3	2	1
					9			6
3	1	6		5	8		4	
	2	8	7	1			9	5
	5				4		1	

SUDOKU - 229

Intermediate

8		6	9	1	7	2		4
9		2		5		1	8	6
	1		2		8		9	5
	4		8		1	9		2
	2	3	6	9				
6	8			2			4	1
	6				9	4		3
4	3			8	2	6	7	
2	9		3	4				

SUDOKU - 230

Intermediate

	1				6			2
9	2	4				5	6	
6	8		5	2		3		
	6	9	2	5			3	
5	3	1	6	4				
	4		3	7	1		5	6
4	5		7		2	8	9	3
8	9	2			3	1		5
	7		9				2	

SUDOKU - 231

Intermediate

3								
	6	1		4	2	3	9	7
	7		5	3	6			1
4	5	6			9		7	3
9			7	2		6	1	
2			3		4	8	5	9
6	9			5	7	1	3	8
		8	2			9		5
1	3		6		8			2

SUDOKU - 232

Intermediate

7	2			3		9	8	
	6		4	8	9	7	3	
3		8		7	1	4		6
		6		1		5	2	7
9	5					1	4	
			5	4	7		9	
	8		1	6		3	7	5
		2		5				
1		5	3	9	8		6	4

SUDOKU - 233

Intermediate

	5	9	6	1			4	3
	2		7	3	5		1	9
				9	4	7	5	8
8		7					3	4
9	4	2		8		5		
5	3		4	6	9	8	7	
2		4	5	7	3		8	
1		5		4	6			7
3	7		8			4	9	

SUDOKU - 234

Intermediate

9				3		4	1	6
	4	3		9	6	2	5	
	6			5	2	8		
	8		3	1	4	5		9
				6	7	1		2
			2				6	4
				2		7	3	
5	7			4	3	6	2	1
6	3	2	8	7				5

SUDOKU - 235

Intermediate

2	1	3				7		
	6	7			5	4	3	
	8		1	3	7		6	
	2		3		9	6		8
6					2	5		3
		1		8	6		4	9
	5	9			3		2	6
3	4	6		5	8			7
8	7			6	1	3		4

SUDOKU - 236

Intermediate

6	9	1	4				7	2
5		2	7				9	8
7	8	3		5	2		1	6
9		5				8		3
	2	7		8			4	9
				2		7	5	
	7	6	8	9	5	1	3	4
1	3		2	7	4	9		
4	5	9		6	3	2	8	

SUDOKU - 237

Intermediate

7					3	5	4	
5		4	1			8	7	
8	3	2		7	4	6		1
9	5			4	8		1	
1	7	6	3	5	9	4	2	
4		8	7		1	9		5
		9	4	2			8	7
	4		8	3			6	
	8	7	9	1				

SUDOKU - 238

Intermediate

2		1		3				6
			9		7			
9			2	8				5
		6	1		5			4
4	9		8	7	6	1	5	3
1					3	2	6	8
	2		6	1	9	4	3	7
6		3	7	4		5	2	9
7	4	9			2	6		

SUDOKU - 239

Intermediate

9	6	3	4	7	2	5	8	1
	5		3	8		9		2
1	2	8		9	5	4		3
	7	6		2				9
4	1	9				7		
8					7		5	4
	8	5	7	4	9	1		
	4	1		5	6		9	7
			1			2	4	5

SUDOKU - 240

Intermediate

7		9	8	3	1	2		
8	2	3	5		4			7
5	1		6		2		3	
	8	1		4		3	5	2
9	5	2	1		3	7		
		7	2	8				1
		6	4				2	3
2			3	1	6	5	7	9
	7				8		1	6

SUDOKU - 241

Intermediate

9		6	7		2	1	5	
1				8	6	7	9	
7			5	1		6	4	
5	8		3		1			
	7	2	8		5		1	4
	1	4					8	5
8		7		9	4	5	6	1
		1	6				2	
2	6	5			8		3	

SUDOKU - 242

Intermediate

		2	6	5			1	7
1		5		3		6		9
6	9	7		4	1		3	
8	1		2	9	6		7	4
5						1	6	8
7	4	6	1	8	5	9	2	
	6					7	5	
2	5	8			7	3	9	
9		1	5			4		6

SUDOKU - 243

Intermediate

		6	8		3		9	
	2		4	9	1		8	6
			6	5			2	3
3		5		4	9		1	8
9	8			6		3		
4	6	2	3	1				
1		4		3	2			7
2	9	7	5					4
	3	8		7	4	2	5	

SUDOKU - 244

Intermediate

7	9	1	3	8	4	6		
8	6	2	5	1	7	9		4
4	3			2	6			
9				6		4	5	
	2	4			9			
						7	6	9
			4	3	8		9	
	5	9	6	7	1	2		8
1	4		2	9	5			

SUDOKU - 245

Intermediate

		2		1	5	4	9	
5					4	2	6	
8	3	4	6	9	2	5	1	7
		6	1	8	9			
9		8	2		3			6
		5	7	4		1	8	
	6			2	8	9		
2	5					8		
4			5		7	6	2	1

SUDOKU - 246

Intermediate

					1	8		
		1	6	5		7	3	2
			3			9	1	4
3		4	8	7	9	2	5	6
	9	2	1	4				
8		7	2					1
4	6	8	5		2	1		3
2	3	5	7		8	6	4	
1	7	9	4	3	6	5	2	8

SUDOKU - 247
Intermediate

8	5	3		2		6		4
1	6					8		7
7	4	2		1	8		3	9
6	1	5	2			3		
			8			4	9	5
	8	4	3		5			2
5	2				6	7	4	
4	7	6		3	2	9		1
	9			8	4	2	5	6

SUDOKU - 248
Intermediate

2	9	8	1	3	5			6
6				7	9			8
3	7	5	8		6	1		9
7			4					5
1	4		6	5			7	
	8	6	7	9	3	4	1	
4				8	2	3	5	1
	5	1	3	6	7	2	9	4
9			5			6		

SUDOKU - 249
Intermediate

1	3	7	5	2		4		
	6	5	8	9	4	3	1	
	8					5	6	
4	9	2	6	8				
6		3		7				
	5	8				6	2	4
3				4	7	8	9	
5	4	9			8	1		3
	7	1	3			2		

SUDOKU - 250
Intermediate

4		8			9		6	2
5		9	2			1		
	2		6	4		7		
2		3		9	1	8		6
6	8	7	3				1	9
1	9	4	8	6	5			
7	4		5	1		9		
8			9			4		7
9	3	2			7			1

SUDOKU - 251
Intermediate

3		9	1		8			4
	6	2	3	9	7			
	5	1			2		9	
5	2	4		8		1		
	3		9		4	5	7	6
6	9					4	2	
2		3	8			9	1	7
7	1	5			9		8	2
	8		2			3		

SUDOKU - 252
Intermediate

	7	9	8	2	1		5	6
4	1		5		6	8		
5	8			9	4	1		
	2				5	9	8	
			9			2		3
	9		2	1		7	4	5
2				6	3		9	8
			4		9	6	2	
9	6			8	2	3		

SUDOKU - 253

Intermediate

		7		1			3	6
	6	2	8		5	4	7	
1	9	4		3		8	2	5
8		6		5			9	2
		9	2		4	3		8
2		5	7	8	9	1		4
				4	6			3
4	5		9	2		6		
6	2	8		7	3	5	4	9

SUDOKU - 254

Intermediate

	2		4			1		
	1	9		3			4	
	3					2	8	5
7		1	5		4	6		3
3		5	7	1	2	8	9	4
		4	6	9	3	5	1	7
6		2		5			7	
1					6			2
9	5	3	1		7			

SUDOKU - 255

Intermediate

3	9	7					5	
5	2	4			3	6	1	8
8	6			4	5		3	
	7	2		8				
	5	3	9	7	2			
		8	5					
	4	5	8	1			2	6
1	8		3	2		4	9	
2	3			5	6	1		

SUDOKU - 256

Intermediate

2	7	4		1			3	5
9		8	6	5	3	4	7	2
6	5		4					1
	2		9	4	6	3	5	
	6			2	5	9		4
			7	3	8	1	2	
7	8	6					1	3
4		5			1	7		9
1			3		7		4	8

SUDOKU - 257

Intermediate

5	3		4	9		2		1
4			5	3		9	6	8
		1	7	8		4		3
		4	6	1		3	2	7
3	1		2				9	4
7	9	2	8	4	3	6		
			1		8			
			3		5	1	8	
	8		9	6	4		3	2

SUDOKU - 258

Intermediate

		4			3		9	2
5		3	7		9			
					6			7
9	8	1	2	4	7		6	3
		2	6		5		7	1
6	7		1	3	8	4		
2	1	7	3		4	9		5
	5			7	1	2		4
4		9			2		1	

SUDOKU - 259

Intermediate

7	8	4			1	5	3	
	3	2				1	4	
5	6	1	4		3	9	7	8
3						6		9
8					9			4
	9			7	4		5	3
4	5	3	2	1	6			7
		9		4	8	3		5
6	7	8			5	4	2	1

SUDOKU - 260

Intermediate

	1		6	8	3			4
3		6	2	4	5			7
4			1	9				
1	3	5				7	8	2
8		9	5	7	2			1
2		7	8	3	1		4	9
		3		2				5
	2		7	1		3	9	
9		1			6	4	2	8

SUDOKU - 261

Intermediate

	5	8		6			4	
3		4		8	9		2	
2			3		4	9	8	5
			6		8	5		4
	4	3				2		8
7	8	5	4	3	2		9	
8	3	1	7		5	4		
5		2	8		6	7	1	3
4		6	1		3	8	5	2

SUDOKU - 262

Intermediate

		7	5	1		3	8	
5	2	3	9	8	6	7	4	
6	1		3	4	7	5		9
7	6	9		3			5	
	3				5			
8	5				4			3
4	9		1	2	3	8		7
	8			7				5
	7	6	4		8	1		2

SUDOKU - 263

Intermediate

	7		1	9	8	2		
8		5	2		4	9	6	7
9	4	2			6	1		3
5	9			8		6		
3		7	9	6			1	
1		8	4			3		
4		9		1	3	5	2	
		6				4	9	
	5	1				7	3	8

SUDOKU - 264

Intermediate

		3	9	8		4		
		9	3					7
4	2				5	8		9
3	1						6	2
9	6			3	7			1
2	7	5	1	6	4	9	8	
	9				1	3	2	
6	4	2		7		1	9	
5	3	1		2	9			

SUDOKU - 265

Intermediate

		7	4			9	3	6
	6	9		7			8	
4	8	5	9	6		1	7	2
				2	8	6		
1	2	8	7	5	6	3		4
5	7			9	4		2	1
6	5	1	8	3	7	2	4	
8		2			9			
	9	3	6		2			8

SUDOKU - 266

Intermediate

2	8	9		4	1	5	6	
1		3	8	5	6			
5		6	2	9	7	3		1
7			4			1	3	9
8		4	5					2
3			7			8	4	5
9		8	1		4		5	6
6		7	9			4		8
4		2					9	3

SUDOKU - 267

Intermediate

	4		9				2	5
	6	1		4	7	8	3	
7		5		8			6	
6	2	3	8	5	9	1		
1				3	2			8
		9	7	6	1			
	7	2	3				1	
5			1		8		4	
9	1		6	7	5	2	8	3

SUDOKU - 268

Intermediate

9	2			6	5	3		4
			9	4	1		5	
	6	5					7	1
3	9	6	2				4	7
8	4	7	6					
5				3	7		9	8
		4				7		
6	8			7		4	1	3
		3		9	4		6	5

SUDOKU - 269

Intermediate

3		8	1				9	
6		2		8	7			
5	7	1		4	2	6		3
		6	5	9			2	
2	3	7	8	6				
9	5	4			3	1		8
4	6					9	7	
7			4	3	5	8		
8	1	5	6					4

SUDOKU - 270

Intermediate

4	7		9		3	1		8
1	5	2	4			9		
		9		7	2			4
	6	1				2		
5	4	3	6	2		8		
2		8	3	4	1			
	1		5	8	6		7	2
6	8	7		3	4	5	9	1
3		5	7			4	8	6

SUDOKU - 271

Intermediate

4	8	2			5		9	6
	1			2				
			3		6	1	2	4
	3	8		6	7	5		
5	2	9		3	8	7	6	1
	7	4	5		9	2		
	6					9	5	2
	4		8		2		1	3
2			6		1	4		7

SUDOKU - 272

Intermediate

4	6		5		1	3	7	8
			2		7	4	6	
		7	8				5	1
8			6	1			2	
	7	6	9			8	1	
1	2			8	5	9	3	6
7	9	5					4	
2		8		5			9	
6	1		4				8	2

SUDOKU - 273

Intermediate

6	8	5		9	7		4	3
		9	3	5			7	1
	1	7			6	9		8
2		4			3	7	1	
	3			7		5	8	9
5	7	8			9	3		
		1	7	3	5			2
		2	9	6		4		
7		3	8	2		1	9	5

SUDOKU - 274

Intermediate

4		7	8	2	3	9	5	1
8	5		4		9		6	
	1		5			8		
	9			7	2			8
3		1		5		6		2
	4	2		8		3		5
	7	8	2			4	1	
1		4	7				8	9
	3	5	1		8	7	2	6

SUDOKU - 275

Intermediate

7		8		5			9	
4	5		3	7	9	6		
1			6	8	4			7
9	2	4	8			7		3
6		5	9		7	4		8
		7	4		3	2		
2	7	9			6	8		5
5	4	6	7	9	8	1	3	
3		1	5		2			

SUDOKU - 276

Intermediate

	9		4	1	5		3	
4	7		6		8	2	9	
5	8		7	9	2			1
8	3	9		7	6		4	2
6	5		1		3			7
	1		9	8	4	3		6
	6	8	3	4		5		9
3				5			1	4
	4				1		7	

SUDOKU - 277

Intermediate

9	5	3	8	1	6	7	4	2
4		8	9					
1	7			2	5			
3		1	2		8		5	
6		5	1	4			2	7
7	9		6					
5		7	3	8		9	1	
		4	5	9	1	2		
2		9		6			3	8

SUDOKU - 278

Intermediate

	1	3	9			2	4	
		5		3		6		8
2		9	5		6	3	1	7
5	2	8	4		1		6	3
	6		3		8	9		2
	9		2	6		4		1
	7	4		5		1	2	
			7	2	9	8		
8	3	2		1	4	5		9

SUDOKU - 279

Intermediate

						9		
	7	8	1		9	6		
6		9					8	
	4		8				6	9
1	9	7	5	6	3		2	
			4	9	7		1	5
3	8		9		1		5	
			7		8	4	3	6
7	2		6		5	1	9	8

SUDOKU - 280

Intermediate

			4		3	7	8	
			5	6			3	2
	7			8		5		1
	1		8		9		6	
2		7	3	5		8		
	9	8	2			1	5	
7	3		6		5	4	2	8
	4		1		8	6	7	5
8	5		7	2		3	1	9

SUDOKU - 281

Intermediate

	5		7	2			6	
		4	3		6		9	
7	6	3	9			1	2	4
			5	9		6	4	
5		7	4	6			3	9
4	9			3	8	7		
6	4	5	8	7	2		1	
1	7	9		4	3		8	5
8	3	2		5		4		

SUDOKU - 282

Intermediate

5	6			3		2		
			9		2	5		
1	7		5	8	6	3	4	
9			2		7		1	
		6	3	5	1	7		2
	1	7	4	9	8	6		5
3	9				5	8	2	
7	8		6		3			4
6	2	5	8		9		7	3

SUDOKU - 283

Intermediate

6	4		5	1		8	3	
	2	5	4		6		1	9
1	8	7	2	9		6		4
9					2	1		
		4	8	3	5			
2	5			4	1			
4		2				5	9	
	9	3	1		4	2	6	
5					9		8	3

SUDOKU - 284

Intermediate

1				3		9	6	
3	6	4	5		7	1		
2		9			1			5
7		3	6	8			4	1
	5	2		1	4	6	7	
	1	6	2		9			3
6	2	7		5	8			
9		1		4	6	5	8	2
				2	3	7	9	

SUDOKU - 285

Intermediate

	5	9		1		7	2	3
			3	2	7	5		9
	7	3		8				
9	1		2		3		5	4
7	4	8	1	9	5		6	
5			4				7	1
			9			4	1	7
4	9		7	5	6			8
	2	7	8	4			9	5

SUDOKU - 286

Intermediate

		6		3	7	5		
7	3		4	9			2	8
9	1			2			7	4
8		1	5	7		9		2
3	5	9	1		2	7	8	6
4	7		9	6	8	1	5	3
1	8	4			9			
	9	7			6	4	3	1
				1		8	9	5

SUDOKU - 287

Intermediate

8	9		2		1	5	4	6
			8	4	6		1	
6		1	9	7			8	2
7		5		9		1		
	6	4		1		2	7	
					7	9		
5	7				4			
4	2	8	1	5	9	6		
3		6	7		8	4		5

SUDOKU - 288

Intermediate

8	6		2	1	9		7	
2		4	3	7	5	8	6	9
	5			4		2	3	
5	3		4		1	7	9	8
9				8				3
6		8	9	3	2		5	4
			7		8	3	1	2
1		5		2		9	4	
3			1		4	5	8	

SUDOKU - 289

Intermediate

	4		8	9	6			5
	1	3	7			6		9
8			1	3		2		
6			3		8	9		7
1				4	7			2
3	7	4	9	5	2	8	6	1
7		1	4			5		
		2			1			8
9		8	2	7		4	1	

SUDOKU - 290

Intermediate

9	7	5	3			2	4	
	2		7	9		3		6
6		3	2		1	8	9	7
		2		7	6	4	8	
7		9	4	3	2	1	6	
5			1	8				
2						9	3	
4			9				1	
1		8	6	4	3			2

SUDOKU - 291

Intermediate

	4	8		6		2		9
	6	9		8		1		5
	1		3	7	9			6
4	3					6	9	7
1	5				6	4		8
9	8		4	2	7		5	1
	9	1					6	
6	2	4	7	5		9	8	3
8				9	2			

SUDOKU - 292

Intermediate

1	7	4	2		3			
		6					7	1
8		9		1	4			2
9	6		8	2		7	4	3
	1	3			7	8		5
2	8	7	3	4	5	6	1	9
	9	8	4		2	1	3	6
	4		9		8		5	
	3	2	1		6	9		

SUDOKU - 293

Intermediate

4	1		7				8	6
3		7	4			2	1	9
2		8			3			
9		1	5	3	6	7		4
5	2			7	9		3	1
6	7		2	4	1	8	9	
	3					9	7	
7	9		3	5			4	
		2	9		7	5		3

SUDOKU - 294

Intermediate

4	5	6	1	7	3		2	
2	3	7		4		5		
1		8	5				7	3
9		5		2			8	7
	7		4	8		6	1	9
8		1			7	2	5	4
5	8			9		1		
		4		1		7	9	
	1			5		8	3	

SUDOKU - 295

Intermediate

7		5	4	1	6			2
				9	2	8		
	2	9	3	8		5	4	6
		1	8			2		5
3		2	6				8	4
	4		2	7	9		3	
2		7	9		8	1		3
	6	4	1		3	7	5	9
	1	3	7		5	4		

SUDOKU - 296

Intermediate

	4		8		7	9		3
6	5			9	3			
	7			6	4	1	5	
7	3	9		1	2			4
4	8	5			9	2		6
	2		5	4	8	3		
		7	4			8		
3			9	8		4	7	
	9	4	3	7	5		2	

SUDOKU - 297

Intermediate

9	4	5		3	1	8		6
3	7	6	5	8		4		
	8	2	7	4	6	3	9	
	1	7			5			
		8			7	1	6	3
6			1		8	5	4	
8	9	3	6			7		4
7		1		5			3	
5			9			6		1

SUDOKU - 298

Intermediate

		1	3	5		8	7	
3		9	7	1				
	8		2	6		4	3	1
			9					4
7	9		6	3	2		5	8
8	2	3	5			6	9	7
4	7			9	5		1	
1		2		7	6	9		5
9				2		7	4	

SUDOKU - 299

Intermediate

7		2		6	3	1	8	9
		6		8	1	7	2	3
1		8		7		6	4	
	5	1			6	4	9	8
4				9	5		6	
6	8	9				2		7
8			6			9		
9	6		1	3	2	8		
			9	4		5	1	6

SUDOKU - 300

Intermediate

	4	8	9		7	2		
1		6	8		2			
	9		4		6	7	8	
			6	9	1		4	
	5		7	4	3			8
4	3				5	1		7
8	2	3	5		9			4
9	6	4	1				7	5
	1	5	3		4		9	2

SUDOKU - 301

Intermediate

6	3	4	9	7	5	8		
5	7			1		3	6	9
		8		6				7
	5			8	4	1		6
7		1						3
8	9	6	1	3		5	7	4
1	2		8	4				5
							1	8
3		7	6	5			4	

SUDOKU - 302

Intermediate

2	5	9	3	7	6		4	1
4		8				6		3
	1	6			5	9	2	7
	2	7			3	5		
8	4	5	9		7	3		2
		3	2	5	1	4		8
5	8		7					6
7					8		3	4
9	3	2		1	4			5

SUDOKU - 303

Intermediate

3		5	2	6		9		7
	6	9	8			2		
	2	1	3				8	4
	7	2	1	3	8	4		6
1	4	8		5			2	
6	5		7			8		
			5			1	6	9
	1				9	3	7	2
2	9	7			3		4	8

SUDOKU - 304

Intermediate

1	9	7		8		4	3	
	2	4			9	5	8	
3		5	6	1	4			7
			1				6	
7	5				8	2		9
8	6		9		2		4	3
	3	9		4			5	8
5	7	6	8	2	1			
4					3		7	

SUDOKU - 305

Intermediate

		3	6	2	7	8		4
2	6		8	1	5		3	7
5			4		9			6
3	2	6	5			7	8	
8	9	7	3	6	1	2		5
			7		2		6	9
			2	7	3	6	9	
7		2	9		6			3
6			1			5		2

SUDOKU - 306

Intermediate

2	4	6		9	5	3	7	
1		5	3	8	7			6
8	3	7	4		2			1
		9		7	6	5		
6			8		3			9
				4	1		6	3
7	5	8	6		4			
4	2		7	1	9		8	5
9	6	1	5	2		4		7

SUDOKU - 307

Intermediate

	3			2	1			4
		4	3		6		1	8
	6	1			5	3	7	2
	9				7	4	8	
	8		9		4		3	
4	5		2		8			
6	7		5	4	9		2	1
2			1			7		9
	1	9		7	2	6		3

SUDOKU - 308

Intermediate

4	5	9	2		7	8		3
1	6				8	7		9
8	7	2		9	6	4	5	1
	3		7			2	8	4
7	2		1	3	4			6
9		6		2		3	1	
	8	4	6		1	9	3	5
6	9		4	8	3	1	7	
		7				6		

SUDOKU - 309

Intermediate

8	9	1				3	7	
	6			4	3	5	9	1
3				1		6	2	8
6	5	9	3	8	2	4		
1			9	7	4	2		
	2		1		6		8	
5		3	6		8	1		
4				9	1		3	
	1	2						6

SUDOKU - 310

Intermediate

7		2					1	9
9	5	1						3
3	6	4	5		9	8		
8	9	3		4		6	5	7
1	7			8	5		9	
4			6	9	7			
6		8	9	5			4	1
		9	1		6	3		
5	1	7	8	3		9	2	

SUDOKU - 311

Intermediate

	3	6			4	9	8	5
9	8		5	6	1	3		4
4		5	9			7		
	9	8	7	1				6
6		4		2	5		9	3
		1	6	4	9	8		2
5	6	3			7			
	1	2		9	6			
7			1	5		6	3	

SUDOKU - 312

Intermediate

	7	3		4	1	8		
6				7	2	1	3	5
1		2		3	6	4	7	9
	1					3	9	4
4	6	5	3	1				
2	3	9	7	8				
7		1	2		8	5	4	3
	8		4	5	7			2
5	2					7		8

SUDOKU - 313

Intermediate

				8	1	2		
	7	6	9	2	4	5	3	1
	2	9	3				4	6
3	4		2	9	7			5
7	6			1	3	4		
5	9	1			6	7	2	
9	8	3		6		1		4
2		7		5			6	8
6			1			9		

SUDOKU - 314

Intermediate

			4		1		9	2
	9	4	8		7	1	3	
	1	7	3		5	6		8
9	7	8	6	3	4	2	5	
1	6	3	5		2		7	9
4		2			9	8	6	3
	4		9		8			6
7	2	6			3			
	8			4		5	1	

SUDOKU - 315

Intermediate

5					8			9
9	6	3	2	5			1	
		4	3		9	2		
4			7	8		6		3
8				3	1	7	4	2
3	7		9	2		5		1
	9	7		4	3			5
	3	8	5	9	6	4		
6	4					9	3	

SUDOKU - 316

Intermediate

	7	3	5	8	9		1	6
2	9	5	7		6	8		
1	8		3	2		7		9
					8	1		7
	4		2	6	1		9	5
3		1	9			4		
7	2				3		8	1
	3		1		2			4
	1				7		3	

SUDOKU - 317

Intermediate

8		6	9	4			7	2
5			1	7			6	8
		3		6	5		1	
			6	1	9		8	
1	8	4			7			
9	6	5	3	8	4		2	7
2	3	8			1	7		6
		1	7	3	8		4	
	9		5			8	3	1

SUDOKU - 318

Intermediate

9		5	3	7	8	6		
7			1	9	2	4	5	8
8			5			9	3	7
	9	8		6		3	4	5
	5		8	1	9		6	2
6	7	2				8		9
	6		9	8	1	5		3
			7	5	4	2		
	8		6		3		9	4

SUDOKU - 319

Intermediate

				3	8		1	6
6		3	4	9	2		7	
				6	7	4		3
2			7			8	5	1
3		4			5	9		2
1	5			2	9	3		7
8	3	5		7	6	1	2	4
4		6		8	1	7		5
7	2	1	3		4	6	8	

SUDOKU - 320

Intermediate

4	2	7	9		5	3	6	1
		8			1	4	2	7
1	6		2	4	7			
8		2	1	6	4		9	
6	9	4	7	5		1		2
5		1		9	2		4	
		6	5	1	9	2		3
3	1		8		6			
2		5	4			6	1	

SUDOKU - 321

Intermediate

	1	2	4	9	3	7		6
8	3			7			1	
6			1	2		5	9	
	2	1			9	4	3	8
9		5	3		4	1	2	
	4	8	2	1				9
			7	6	2			5
2				4	5			1
4	5		9	3	1		7	2

SUDOKU - 322

Intermediate

8	1	3	6		9			2
		9		2	8	1		
2					5			9
	8	1	2		7	3		5
	3	2	5		1	7	9	6
		7		9		8	2	
1		8	7	5	3	9		
	4		9		2		7	
7		5	8			2		

SUDOKU - 323

Intermediate

	4		6	2	9		8	
			7		1		9	6
	9					1	2	
			3	7		5		
4		6	9	5			1	
	2		4	1	8	6		
		1	8	9		3	7	4
3	5	8			7			1
9	7	4	1			2	5	8

SUDOKU - 324

Intermediate

	8		6	2		3		9
9	4	5		1	3	2	6	
	2		7	5	9			8
3	9			6	5	7	2	
2			9		8	5	3	
	1	7				9	8	6
4		9					7	2
	7	2	4	3	6	8	9	5
	5			9	7		1	3

SUDOKU - 325

Intermediate

	8		9	3		6	5	2
6		3	5		1			9
5	7	9	4		2		8	
		8		2				5
	1			9		7	4	
9		5	7	1	8	2	6	
8	9	6		7	3	5	2	
		7	2	4				
2		4	8	5	6	9	1	7

SUDOKU - 326

Intermediate

	5	2	4	6	9	3		8
9				7	1	5		6
6		7		5	8	4	1	9
	9		8	4		1	6	2
	1				6	8		
8		6				9	4	
4	6	1	7	9		2	8	3
2				3	4			
3	7			8	2			4

SUDOKU - 327

Intermediate

7	6	5		9		3	2	1
	8	1	7	3	2		6	
4	2	3	6	5	1			9
6	5	4		1			3	
	7		8	6				
	9	8	5		7			
2	3	7		8	4			6
5	1	9		7				8
		6				1	7	

SUDOKU - 328

Intermediate

7	5		9					
2			1			8		
6		4	7	5				2
9	2	6				4		
1	4	5				7	2	3
3	7	8		1	2			6
8	1	2	5			3		9
5		9	8	3	4	2	1	7
	3	7	2		1	5	6	8

SUDOKU - 329

Intermediate

2		8		5	1	4		
7	5	1	6	3	4	9		2
9		4				1		5
		3		8	9		1	6
		9	5	1	2	8	3	7
	1	2						9
				4	7	6	2	1
	8		2	6	5	3	9	
4	2		1	9	3			

SUDOKU - 330

Intermediate

3	2			9	4		8	1
9		1	7		3	5	4	2
4	7	8	2	5	1			6
		6	5		9	4		8
8			4				2	7
		4	8		7	6		5
		2	9	7	5			3
		7		4	2		5	
5		3			8	2	7	

SUDOKU - 331

Intermediate

		6	9		4	3	2	8
9	8							4
4		3		7				
2	3	4	7		1	6	9	
			5		6	2		3
	6	9		4	2	1		7
8					9	5	1	
6	5		4				3	9
3	9	1		6	5	4	7	2

SUDOKU - 332

Intermediate

5		7		1	2	9	3	
3		6				2	1	
1	2	9	3	6			4	
	6	4		5		3		1
8	9		1			6	2	4
	3	1				5	8	
6	1		5	8	7	4	9	
9		8		4			5	3
	5		9			8		

SUDOKU - 333

Intermediate

		5			3		9	
7	3			9	2	8	6	
9			7			3		
4	7	6		5		9	2	
2	9	8	6		4	1	7	
1	5			2	7			
	1	2	3		9	4		6
8	6	7	1		5	2		9
		9		8	6	5	1	

SUDOKU - 334

Intermediate

		6	8	1	4	7		
			5		2	1		6
1	2	3	7			8	5	4
	6	7		8	9			5
8	5		6		3		7	9
9		2		7	5	6	1	8
6			3	4	1			2
2	1	5		6	8	3		7
3				5	7			1

SUDOKU - 335

Intermediate

7	4				5	1		9
		5	4		9		6	7
	9	3	1	6			8	
				4	6		2	3
	2	4	7			8		
6		9	2	8	1		4	5
	6		9		8	3		2
		2			4	6		8
3	5		6	7	2	4	9	1

SUDOKU - 336

Intermediate

		5					6	
		3	9	6			7	5
	9	6		5	7		2	
4	3	8	6	9	1		5	
5	2		8		4		1	3
6	7		2	3	5		4	
		4		1		7	3	2
1	6	7		8		5	9	4
	5	2	7	4		1		6

SUDOKU - 337

Intermediate

3		4	7		5	8	2	
		1		3	2			9
		2	9	1		4		
	5			4		3	9	8
			5					
1	3	6		9		5		2
4	2		3	8	9	1	6	
8	1	9	6	7	4	2	5	3
7			2	5	1	9	8	

SUDOKU - 338

Intermediate

		7			5	3		
3	2			8		1		5
1		9	4	3		7	8	6
6		2				8		1
	9	1				2		
5	8	3			1		6	
7	1		2	9	4	6		8
2	3	4	8		6	5		9
9	6		5	1	3	4		7

SUDOKU - 339

Intermediate

	8	2	3	4		7		
1	5	6	9	8		4	2	3
4		7	2	1		8	9	
5	4					6		1
					1		4	
	2		5	3	4	9	7	
8	1	5		2	9		6	
2	6			5	3	1		
7	9		1					4

SUDOKU - 340

Intermediate

8	1				5		3	
			4	8	3	1	7	
		7		1		4	8	2
	8			4		5	6	
		1		5		8	4	9
3		5		6	9	7	2	
	9	6	5		2		1	8
	7					6		4
	5		6				9	7

SUDOKU - 341

Intermediate

8		2	1		3	5		
	4	5	2		7			6
7	9		8		5	1	4	
				5			1	8
4				1	2	9	5	
	5	1	9		8	7	6	
3	1		5	2		6	7	9
	2		3	7		4		5
			6			3	2	1

SUDOKU - 342

Intermediate

2		6	8	7	4	1	5	
		5		2	9	4	6	8
4	8		6	1	5		3	
		8		4		9	7	6
5		3	7			2	8	4
9	7	4	2		8	5		
3	4	1			6			7
6	9	2		8		3	4	
		7					9	1

SUDOKU - 343
Intermediate

9					5			6
2	1		9	7	8		3	5
			4		6			2
1			6				5	8
4	8		7		3	2	6	
	3		8	5				
	6		5	2	9	1		3
5		1	3	8	4	6	2	7
	2	4	1	6	7			

SUDOKU - 344
Intermediate

	7	4	3				2	9
5			7	9	2		4	
9	3	2	8	4	6			1
8	2		1	5				
3			2	6	8	7	1	
	1				9	6		
2			5		1	4		3
4	6	8		2			5	7
1	5		6	7	4			8

SUDOKU - 345
Intermediate

	2	4			7	3		5
		5	4		9		2	6
7		6	5		2		4	
2					1			3
3				5	8	4	1	
		1	6	2		9		7
		7	2		5	1	3	
9	8	2	3	1		5		
5		3	8	7		2	6	9

SUDOKU - 346
Intermediate

		9			7	6	4	8
7		4		1	6	9	2	3
3		2	9	4	8	1	5	7
6						8	9	
	7	8	6	9	2	5	3	1
2			1	8	5			
8			7	3	9	4		6
1	3		8		4	2	7	9
9	4				1	3		

SUDOKU - 347
Intermediate

	5		1					
1	4		6	7	8		9	2
6	8	7		5		4		3
	6	4	7			3	2	1
	2	9	8			6	4	
	7	1	4	2			5	9
2	3	6	9	8				
4	9		3	1		2	6	8
	1		5		2	9		4

SUDOKU - 348
Intermediate

9			1		3	5	7	6
	7				9		1	
		8	4	6		3	2	9
1	4		2	7	6			
2		7	8	3			4	
6	8		9	4	1			
8	5			9		1	6	7
4	6	9				2	3	
7	3	1	6		2	8		

SUDOKU - 349
Intermediate

3	8			5			6	2
5		6		3	7	9		4
7	9		4	8	6			
2		8		7	1	5	4	6
6			8			1	9	7
9						8	2	3
1	6	9	7		5			8
8		3	6				7	9
		7	3	9			1	

SUDOKU - 350
Intermediate

		5	7					4
			1	3		7	5	
		6	2	4	5		9	
	1	8		2	3	9		5
		3				8	1	7
9	5		8	7	1		2	3
6	8	7				5	3	9
5	2	1		9		4		8
3		9		8	7		6	2

SUDOKU - 351
Intermediate

			9	5		6		
8	9	4	2	1	6	3		
2			8	7	3	9	4	1
1	6	5	7				8	
	4			2			6	9
9	7		6	4			3	
4		9	5	8	7	2	1	
	2		4	6	1	8		3
	8			9	2	5		

SUDOKU - 352
Intermediate

1				8		6	2	
	3	2	5	7			1	9
	6		2	4	1	8	5	3
5		3				7	4	2
	7				5		3	8
2			1	3		5		
		1	9	6			8	4
	9		7	1				5
4	2	6	8	5	3	9	7	1

SUDOKU - 353
Intermediate

		6			1		7	3
	3	4	7	5	8	1	9	
	1	9	2		6	8	5	
					7		1	5
6	9			2	5	3	4	7
	7	5				6	8	
1	2		5	8	4	7		
	5		6		2	4		
	6	8		7	3			1

SUDOKU - 354
Intermediate

		1		9				5
9	6			7	1	8		4
		5	8		3	1	6	9
		6		5	8		1	
	7	4			2			
5	3		1		7			
3	5				4	9		1
6	8				9		4	3
4		9		3		2	8	

SUDOKU - 355

Intermediate

9	5	6	1	2	4			3
	4		7		3		5	
2	3		5		9	6		4
5	7		6			2	3	9
4	2	9				1	7	6
1		3	9	7				8
	9	5		1	8		2	7
		4	2	9	7	8		5
7	8	2			6		9	

SUDOKU - 356

Intermediate

4		2	6			1		5
	5	8	2				6	9
			7		8			
2			8	6	9		3	1
	3	6	1	2		9		4
		5	3		4	6		8
6	1	4	5	3			9	7
5			9	8	7		1	6
7			4		6		5	3

SUDOKU - 357

Intermediate

6		7			2	9		3
		5	7	8		2		6
	1	2		6	3	8		7
	7					5	3	4
	4	9	1		5	6		
5	2	8		3			7	
	9	3	6	5	7	4		1
			3	9	1	7		2
7	6			4	8			5

SUDOKU - 358

Intermediate

	8	4			2		3	7
	9	3	1	8	7	2		
		6		9		5	8	1
	4				1	3		2
	3	2	7	4	8	1	9	
	1	5		2	3	4		
		1	4	7	9	6		3
3	2				6	7	5	
4	6	7	2	3		8		9

SUDOKU - 359

Intermediate

5			3		2	7	1	8
		9		4	1		2	5
	1		5		8		9	6
	9		4	1	6	5	3	
1	5	2	8	3	7	9	6	
3		6	2			1		
			7		4	2	5	
9	7	8	1		5		4	
				6	3	8		

SUDOKU - 360

Intermediate

8			4		9			
			6	8				
4	5	9		7				
6	3			9		5	4	7
2		4	5	6	7	9	3	
7	9			4		8	2	
		8	9	1	6	4		3
1				2		6		9
	4	6	7	5				

SUDOKU - 361

Intermediate

1	4		5	6	8			2
			1			9	6	5
7	5	6	9	3		1	8	
	7		3			2	5	8
3	9		8		5	6		7
5			6		1			
4	3		2		6		9	
9	1		4	5		8		
	6	5		1	9	4	2	

SUDOKU - 362

Intermediate

	9		2	1		3		7
					9	2		5
2	1	8	3	5		4	9	6
1			7	8	2	5	6	
	7				6	8		
	2	6	9	4	5	7		
7				9		1	4	2
	8	2		7		6	5	3
	6	1		2	3		7	8

SUDOKU - 363

Intermediate

9	4				2			1
		2	3			4	9	
3	1	5	9		8	6	7	2
5	2	7	8		4	9		
			6	2	7		5	
4	3			9				
2	9	1	4			7	6	
8		4		7	9	1		3
		3		1		8		

SUDOKU - 364

Intermediate

9		4		5		1	7	8
6	2			8		3		5
	8	5	3	1		4		
5	6		9	4	8			
			1	2		6	4	
4			6	7		8	5	9
	4					5		
2	7	3			4	9	8	
1			8	3	2		6	

SUDOKU - 365

Intermediate

5	9	1		7	6	8	3	
2		7	8	1	3		6	5
6	8		4	5		1	2	7
9	1	4	7		2	3	5	
	6			9		2		
3			1	8	4	6		9
		6		4		5		2
			6	2	8			
		9	5	3			8	

SUDOKU - 366

Intermediate

		9	1		2		5	
		2			4			1
5				9	6	3	2	
			2					9
			4	8	9			5
3	9	8	5	6	1			7
9	7	1		2		4		3
8	5	6	3	4	7	9	1	
		3	9	1	8		7	

SUDOKU - 367

Intermediate

	8	1	7	6			4	
4		2		5		7	9	6
6		7	2					
3	1	9	4	2		8	7	5
	2						6	
	6				8	9		1
1	7			4			5	9
5		6	1	7	9	2	3	8
2	9		6	8	5	4	1	7

SUDOKU - 368

Intermediate

3	2	5	9	6		7		4
	8	1	5	7	3		2	9
6			4		1	3	5	8
	6	3		4		8	9	
8	5	2	6					
		4	3		5		6	
5			2		4	1	8	
		8			6			2
	4	6	8		9	5	7	

SUDOKU - 369

Intermediate

8	9	1		6		4		2
	6	5		3		8	9	7
4				9			5	6
	7		3			9	1	8
		3		1				
	1	2	4	8			7	3
1				4	3		6	
7	4		2			3		9
		9		7		2	4	1

SUDOKU - 370

Intermediate

8		7	1		9			6
	2	1	7	8	4	3	9	
4	3		5		6			
		4		7	8		1	2
	9	8	2			6		
	1	2	6	4	3		8	9
9	7	6			2	1	3	
			3	9	7	2		
	8	3	4	6				

SUDOKU - 371

Intermediate

9			3		1		4	5
1	3		2		6		9	8
		4			8	3	6	1
	9	8	5		7	4		
	7	3	8		4	5	1	
	5		6	9	3		2	
		7		3	9	6	5	
			7	6		1	8	
	6			8	5			

SUDOKU - 372

Intermediate

4		6	1	7	9	5		2
2	8	1				7	9	
	5				2	1	4	6
		9	8	3	4		1	
5	1	8		2	7		3	4
				9		6		8
			2	5	3	8		
8	9			4		3		
	2			1	8			

SUDOKU - 373

Intermediate

	8	5	4	9			6	
6		3	1				4	
	9	4	2			3		
			3	2	1			4
4	5	1	7	8	6	2		9
2		6			4	1		8
5	4	7			2		9	
	6	2	8			5	1	7
			5	3	7	4		6

SUDOKU - 374

Intermediate

		8				4	7	
7			6	8	3	2	5	9
3	5	2	7		9		6	
	6	1	4	7	8	3	9	
	8	3	1		2	7	4	
4			3	9	5	6	8	
		5			6			7
8	7	9			4		3	
	3	6	9			8	1	

SUDOKU - 375

Intermediate

	7	3		4	5	6		9
6	4	9	7	1		8		3
		8	6		3	2	7	4
								8
8		2						7
4	3	1	9	7	8		2	6
7						4	8	
9	1	4	5		7	3	6	
3		6	4		1	7	9	

SUDOKU - 376

Intermediate

7		6	3	4		8		
2		5	6	8	7	4	9	1
		8			9	3		
	7	9	8	1	2	6		3
			9	5		1	7	8
6	8	1		7			2	5
	1			6	4	5	3	
4	5			9		7	1	6
			1	3	5			4

SUDOKU - 377

Intermediate

3	5		2		6		9	
6		4	8					
9	2			5		6	7	1
7	9	2				5	1	3
8		1	7	9	5			4
4		5	3			7		9
1	4			6				7
			1	3	8	9		2
2	8	9	5		7	1	3	6

SUDOKU - 378

Intermediate

6		2		4	3	5	9	7
1	4		2					3
		9	5	6	8	1		2
	7			5			6	8
	9		6	7		2	1	5
5	6			8		4	7	9
	1	3			9	7	5	6
			7	1			3	
4	5	7	8	3	6	9		1

SUDOKU - 379

Intermediate

8				4	5	3	6	2
				7	1	5	8	
		4	8	3	2	1		7
			3			4	5	
6		8	4			9		
	4	9			6			
1	9	6		8	3		4	5
	8	2		1	9	6		
7	3	5	2	6		8	1	9

SUDOKU - 380

Intermediate

9	8	1			2		5	
	3	6	1	9	5	4	2	8
2		5	8		3		7	1
	5	9	6	1		7	3	2
6		3		8	9			5
1	2			3		8	6	
3	9			5	8			
5				7		2	9	4
4	6					5		

SUDOKU - 381

Intermediate

5	9	7	6	1				3
2		8		5	3	6		
3	6				2			
8	1	9		2	7	5	3	6
		2	5				8	
6		3			9	4	7	2
	8				5	1	2	4
7	2			9	1		6	5
		5	2	6		7		8

SUDOKU - 382

Intermediate

	9	5	6		3			
2		4	9		7			1
6		1	8	2		5	9	7
	4	7	3		2	6	1	8
		3	1		5		4	
9	1		4	8	6			3
3	5	6				2	8	
4	2	9	5	3	8		7	6
	7	8		6				5

SUDOKU - 383

Intermediate

8	3	5	9		4	6	7	
9	1				2	4		
4	2				3	8	1	
3	8			6				
	9				8	7		
		4		2	9	3	6	
5	4		8		1		2	6
2	6	9	3	4	5			7
	7	8	2	9		5		4

SUDOKU - 384

Intermediate

8	2	1	4		6	5		
6		4		7	3	8	2	
		7					9	4
		9			8	3	7	
	6	2	1		7		8	
7		5	6				4	2
2	5	6	3	8		7		
9	1	8	7	2			6	3
	7	3			1	2		8

SUDOKU - 385

Intermediate

8		1		7	2	4		
2		9	3	5	4		8	1
	3		8		1	2		7
		3	1		6	9	7	2
1			5	3	9			
6	9			2	7	5	1	
		5				1	2	
	6	4	2			7	9	5
	1		7	4	5	3	6	8

SUDOKU - 386

Intermediate

	6			9	4	7		
		3	2	7	6			8
9	7			5	8	6	2	3
6			9	1	3		8	
	3	5	6	4		9	1	7
	9	1	7	8	5			2
	1	6	5	2			4	9
7	8	9		6			3	
	4		8	3			7	6

SUDOKU - 387

Intermediate

		6				5	1	
4	3				5	7	8	9
5		7		8			4	6
6	7	4				8	9	
2	5				8	4		1
3		8	4	9				
	4	2	8	3	6	1		
	8	5	2	7	9	3		4
	6		1		4	9		8

SUDOKU - 388

Intermediate

3	6	5			8	1	4	
7		8		4		3	5	9
4	9	2			5	6	8	
		1		2	7	8		
8				1		9	7	
	7		8			4	2	1
2			6			7	3	
6					2			
1	8	4	7		3	2	9	6

SUDOKU - 389

Intermediate

9	7	5			1	8	3	4
4		6		3		5	2	
8		2	4	7				1
3				9	6		8	5
		7		8	2		4	
	8	9	3	5	4	7		
	2		8	1	7			9
7	9				3	1	6	8
	5		6	4	9	3		

SUDOKU - 390

Intermediate

6		8	9	2	3		7	5
3	7	4	8	6		2		
9	2		1				8	3
1					6	5	4	2
5					9	7	6	8
8		7	2	5	4			1
	5	1	6					7
	8	6	5	3	2			
2	3	9	4	7	1			6

SUDOKU - 391
Intermediate

	3	8		9	5		4	1
	5			4	1		9	8
9	4	1			7	3	5	2
4	6		9	2	3	8	1	
	8			7	6		3	9
	9		5	1	8			
		6	1		4	9	8	
			6		9	1	2	
		9	7		2	5		4

SUDOKU - 392
Intermediate

		2	1				5	3
9	4			3	6	8	7	
1	3	8		7	5			2
		6	8		7	2	1	4
				1		6	3	8
		4	3			7	9	5
	8	3	7	9			4	6
	6	1	5		4			9
4				2	3	1	8	

SUDOKU - 393
Intermediate

4	9	1		6	8			
	3	5	1		2	6	4	
			9		3	8		
3	2		8	5	4		9	7
			3	9		4	6	2
7		9		1	6		5	8
	1	3		8			7	6
5		2	6	3	1	9		
6				2		5	3	1

SUDOKU - 394
Intermediate

	6	3	5			8		
5	7	4	6				3	2
9	1	8			7	4	6	
				5		7		
4			2	7	3		9	
	5	9	4	1		3	2	
6		5	7	3	4	2		
3	2		8	9	5		4	
	4	7	1			9		3

SUDOKU - 395
Intermediate

4	7	1	2	8	3	9		
9	8	5	6	7	1	2	4	3
		6			9	8	7	1
6	2					3		
5		4	3		8			2
8	9	3	7					
		9		1	7			
7				3	6		9	8
	6	8		2		5	3	7

SUDOKU - 396
Intermediate

9	1		4	3			5	7
					2	3		
3	4	6	7	9		1		8
2			1			8		5
		1		5	4		6	
			2	8		7	3	
6	9	8	5	4				3
1		7	9	2	3			6
4	2	3			1	5	7	

SUDOKU - 397
Intermediate

	3	8	9	4	5	6		2
	9		6				8	
6	1		8		3	9	7	4
1		6		9		3		
2		4	1	3	8	7		
	8	9			2	1	4	5
8	2		3	5		4		
9	4	3	2					1
5	6	1		8	9	2		

SUDOKU - 398
Intermediate

6	8					2	1	5
	5	7	6	1	2	3	4	
1	3		5				9	7
	2	9			1		7	
	6				7			
4	7		8		3	9		
	9	3	1		6	5	8	4
	4		9		5	1		3
5	1			8	4		2	

SUDOKU - 399
Intermediate

3	6	7						
		4	5	9	3	1		
5	1		6	7	8	4	2	3
		2	4	1		9		
	4			2			5	7
	9	3			5	2	1	4
8	2	6		3	1	7		5
9	7		8	5				
	3	5	2			8	9	1

SUDOKU - 400
Intermediate

5	6		2	4	9			8
4			6	3		5	9	
			5	7	8		4	1
		4	3	5		2	8	9
8	2	3	1			7		
9				8		1		
1		8	7	2	3	4	6	5
7	5					8		
3	4		8		5	9		7

SUDOKU - 401
Intermediate

			7	6	9		3	
		6	2	5	4	9	8	1
					1			
1	8			4	3			6
2		9		7	5	1	4	
6			1	2	8	7		
	5	3	4	8	2			9
	9	2			6	3	7	
4	6	1	3		7	8		5

SUDOKU - 402
Intermediate

6	9							
	7	8	9		5			4
	5			8	1	7	6	
	4		1		6	3	5	8
1	8	2	5	9	3	6		7
	3		8	4	7	9	1	2
8				5	4	2	7	
7			2		9		8	
	2	3	7			5		6

SUDOKU - 403

Intermediate

5	8	2	6	9				7
			8	2	1	9		5
		1				8	2	4
8	1	3	5		2	4		
		6	3		9	5	7	
9		7	4	6		2	1	
		8	9		3	7	5	
	3				7		4	
7		9	2			3	8	

SUDOKU - 404

Intermediate

	2	6		4	7		8	
9	7		2	1	8		3	
	1	8		9		4	2	
	8			2	6	3	9	1
6			5	3	1	8	4	2
	3	2			9			5
7			1	6	3		5	
2	6	1	8			9		
8		3			2		1	4

SUDOKU - 405

Intermediate

2		3	8	5	1		7	6
8		1	7			3	4	
	7		3			8	1	5
1	9		2		8	5		3
3	6	8		4	5	1	2	7
			1	3	6	4	9	
5	1		6	9	3			
4	8						3	9
	3	9			7	2		

SUDOKU - 406

Intermediate

	2		1		7		9	5
8	5	9						6
6	1	7		5	9			2
		2	4	3			6	
	9				1		2	
5		4	2	9	6	1		
2	4	8	9	7			5	1
7				1	2	4	8	9
9			5		8	2	7	

SUDOKU - 407

Intermediate

6	3				4	2	7	9
8				7	9			6
		1	6	5	2	8	3	
9	7	6		8	3	4	2	
4		3	2		6			
		8	7			6	9	3
1		7	9	2	5	3	4	8
5	2		1				6	7
		9	4	6	7	5		2

SUDOKU - 408

Intermediate

9		8		1		6		7
7	1	4		9	6	5		3
6		5	3					9
2			9			4	3	5
5	4	7	6	2			9	1
	9		4	5			6	
						9	1	6
3	7		1	4		2	5	8
	8	9	5			3		4

SUDOKU - 409

Intermediate

		5			8	7		
		4		1	7	3	2	
7			4	6				5
5	3	2					1	7
		1	8	7		2	5	
	8	7	1			6	9	3
2			3		1	9		8
1			7		6		3	2
	7	8		4	2			

SUDOKU - 410

Intermediate

		9		6		4	5	8
	5		4	9	8			7
8		4		1		9	6	2
			5	3		7	2	
5		3	8	7	6	1	9	4
9					4	5		3
3	9		6	4			7	5
		5	9		2			1
	1			5	3	2	4	9

SUDOKU - 411

Intermediate

7	1	2		8	3	9		4
			2	4	5	8	1	7
5	4		1	9	7			6
1			5				9	8
9			3		4	1	6	2
6		4			9		7	5
	3	1				7	8	
4		9		3		5		
8	5	7		2	1		4	

SUDOKU - 412

Intermediate

5	6	7		3			9	
4	2	3		8	9	6	1	
	8			2	5	3		
2	7	5	1	4		9		8
6			5		3	4		
1	3		2			7	5	
8		9	3			5		7
3			8	6	7		4	9
			9	5	4			

SUDOKU - 413

Intermediate

	5	3		4	9			1
9	2	8	3	6				
4	1		7	5	8			3
	9		1		4		6	2
6	8	7			2		4	5
	4	2		7	6	8		9
		4		1	3	2		6
8	3	9		2	7		1	4
	6		4		5	3	7	8

SUDOKU - 414

Intermediate

4	3		2	5	6	1	8	7
	7			9		5	6	4
	5	6	7	1				2
1	6	5				7	2	
		8			7			3
7		3	6			4		9
5	1			4				6
3	9	4	5	6		8	7	
	8		9		1	3	4	5

SUDOKU - 415

Intermediate

			3		5	4	1	9
3	9			8		6	2	
1	5					3	7	8
7		5	9			1		2
		2			7	9	4	
			2		6	8	5	7
4		8			3	5	9	1
		9		7				6
2	6	3	1		9		8	4

SUDOKU - 416

Intermediate

	6		1	4				3
	4		6	2	3	7		
2			5			4	9	6
6	2	8		1			7	
4	5		8		7		6	
7	3		2	5	6			9
1		2						7
3	8	4					5	
5	7		3	9	2	1	8	

SUDOKU - 417

Intermediate

	2	6		5				3
4	1			9	3	5	7	2
5	7	3			2			6
1		9	3	6	5			
		5		2			3	1
			8	1	4			9
	5			4	9	7	6	
	6		5		8	1		4
8		4	1	7	6		2	

SUDOKU - 418

Intermediate

5	9		8		1	3	7	
6	7				9	8		2
2	1	8	3	7	6		5	4
8	4	6			3		2	
		1		5	2	7		8
7	2		6		8	4	3	
4	5	9		6		1		
					5		4	7
			1	8	4			5

SUDOKU - 419

Intermediate

						4		
	5			3	4	2	8	6
	6	4		5			1	3
		5	2	4		1	6	8
3	4	8		6		7	9	
1		6	8	9	7	3	4	5
4	8	1	6		2	5		9
		2			9			
			3	1		8		

SUDOKU - 420

Intermediate

	5	9	1	4				8
		1	3	2	7	9	6	
6	7					1	3	4
9	2				8	4	7	
1	4		7	3	9			
7		3			2		9	
2		4	9	7	1			6
8	1			6		2	4	
5	9		2	8	4	3	1	7

SUDOKU - 421

Intermediate

	5	9		1	4		2	3
	6	7	3	2	9			
	2		7	8			9	
	8	2	1		6		4	5
9	1			3		8	7	6
5		6				3	1	
2	4	8	9			1	6	
6	3		8	4		2	5	9
7	9			6	1		3	8

SUDOKU - 422

Intermediate

	1				7	6	2	
			5	6	8	4		
		8					5	3
1	8	7		5	6	2	3	
		2		9	3	1	4	
3		9			2	8		
4	9	1	2				7	6
	2	6	3	7	9	5	1	
7		5	6		1			

SUDOKU - 423

Intermediate

	5	9		8	6	2	3	
6	2		5		7		4	
			3		2	6	5	
9	7		1	5	4	8		3
		4	8			7		
3	8				9			4
7	9	1		4				6
2	6	8		3		4		5
4		5	6	7	8			9

SUDOKU - 424

Intermediate

		5	3		1	9		8
1	8	2		5	9	3	6	
	9		8	2	6			1
5	7	8	2	4		6	1	
	2	9	1			7		4
6	1	4			7		8	3
2		1	7		4	8		
		7	6			1		
8	3	6	9	1			7	2

SUDOKU - 425

Intermediate

3		4	5		9			2
	2		4	6	1	9		8
	1	8	2	3	7	5	4	6
	3		1					
	5		3	7	8	4	9	1
		1	6					
		6	9	2		8	5	4
	8	3		5			6	
5	4	9		1	6	3	2	

SUDOKU - 426

Intermediate

8					4	7	2	
2		6	8			3	5	1
7		9	3		5		8	
	8		2	6		4		3
	7	3	1	4		5		2
6		4	5	9	3		1	7
3		7		8	1	2		
	9			5		1		8
	6	8				9	7	5

SUDOKU - 427

Intermediate

			5		4		3	1
	1		6	8				
	2	4	7	3	1			
	5	7	1	6	8	3		4
	3			4	5	8	6	7
4	6		2	7		9	1	
6	4	2	3	5	7	1	8	9
3	8		4		2	5	7	6
1		5	8		6			

SUDOKU - 428

Intermediate

	7		6		8			2
	6	8		4	2	5	3	1
	4		9	3	5	7	8	
	8	9			1	2	6	3
6		5				4	1	7
4	2				6		9	
		7			3		5	4
	9		5	6	7			8
8	5	6	1	2	4	3	7	9

SUDOKU - 429

Intermediate

	1		2	6		5		9
6		3		8			2	7
7	2	9			5			
2			6	4	9		8	3
1	9	4	3					2
		6	1	5	2		7	4
9	6		8		3	7	4	5
		1	7	2		3		
	3			9	4	2	1	6

SUDOKU - 430

Intermediate

	2	8		6		3	4	
6			3		7	2		
7	5		2		8		9	
3	7	1				6		
	8		1		6		5	
5	6	2	7	8		4	1	
1		5	8	7	2	9		
	4	7	6			5	3	2
	9	6	4	3	5	8		1

SUDOKU - 431

Intermediate

		1		5	3	8	7	6
3	7				2	9		1
8	5			7		4	2	
	4	2		9	8	3		7
5	8		1		7			2
		7	2	3	6			4
	3	5		2	4	1	6	
4								5
2	1		3	6	5		4	

SUDOKU - 432

Intermediate

9	1	2	3	5			7	6
7		5			9	8		
8	6	3	7	2	4	5		
1	5	7		4		9		
	8			9	3	7	4	
		4		7		6		
4	3				5			
	7			3	2	1		
6	2	9	4		7		5	8

SUDOKU - 433
Intermediate

3	8	5			7	1	9	4
2	4	7	9	5	1	3		
6	9	1	3	4			5	7
					2		7	1
	6	2	5		9		8	
4	7	3		8		9	2	
8	1			9	3	5	4	2
	3			6	5		1	
	2		8					

SUDOKU - 434
Intermediate

7	6	5	1	3	2			
	9			7	8	3	2	
	3	8			9	7		
4	2				7		3	8
	5	1	4		3	2		6
	8	7	2	6	5	4	1	9
	4				1			
6	7	2		5	4	1	9	3
5	1	3				8	4	2

SUDOKU - 435
Intermediate

		2	6	5	1	7		3
		1	9		3	2		5
5	3		8		2	6		1
4	1				9	3		
	5	7	4				6	
3		9	1	6			2	7
		3	5	1			7	
7	6	5	3	8		9		
1		8					3	

SUDOKU - 436
Intermediate

5	1		8	7	9			
2	3	8			4		5	7
	9					6		8
7		1	3	4			6	
			7				3	1
3		9		6	1			5
	6	3	9	2	7	5		
9	4		1	8				2
8	7	2	4	5	3		9	6

SUDOKU - 437
Intermediate

7	4		9	2		3	8	1
8	5				1	2	9	7
2	1	9				4	5	6
		8	1			6		2
4		5		9				
	7	1			4	9	3	5
3	8	4	5	1		7	6	9
	6	2		7	9	8	1	4
1	9		8	4				

SUDOKU - 438
Intermediate

9	1		5	7		6		
8	7		4	1		2	5	9
	4	3	9		2	1	8	
		5	7	9	6	8	4	
4	8			3	5	7	6	
	6		2		4	5		
7	9			5				6
2		8		4	7	9	1	5
6			3				7	8

SUDOKU - 439
Intermediate

			4	2				
6	8		7	3				
4	2		5	6	8	1	9	7
	3	2		9	7		5	6
		7			6	9	2	1
	6	4				3	7	
2	4	1	6	5	3	7	8	
3			9				1	
5	9	8		7			3	2

SUDOKU - 440
Intermediate

3		2		8	5			7
6	7	8	2			5	4	1
							8	2
9	8		5	7		2	3	6
2	5	7	6	9	3	4	1	8
	6				1			
		5		4	6	1	2	
		4	3				6	
		6	9	1				

SUDOKU - 441
Intermediate

3	1	2			7	5	9	8
9	8	6	1	3		2	7	
4	7	5					6	
		8	9	7	3	4		1
1	4		8	2	6	9	5	
7	2		4		1			6
8	9	1			2		4	5
			5		4		1	9
			7		9	8		2

SUDOKU - 442
Intermediate

			1	6	5			
		1	4		3	6		
3				7	9		5	2
	1	8	9		2	7	6	
2	7	3		5	4			
	9	5	7		8	2	3	4
1	5		3	4	6	9	2	
8						3	4	7
9	3	4	2		7	5	1	6

SUDOKU - 443
Intermediate

	3			1	2	6	7	5
4	6	2		9	7	3		
	1	7	8	3	6		4	
				8	4	7	3	1
1	7		2	6				4
	4					5		2
7	9	4	6	5			2	3
			1	4	3	9		
3		1	7	2	9	4	5	6

SUDOKU - 444
Intermediate

2	5		4	9				
1			8			4	9	2
8	4	9		7		5		
			6	8	3	2	7	
7	3	8	2					4
6			5				3	9
9		2	7	3		1	4	5
3	8	5		2		9	6	7
	1	7	9		6	3	2	

SUDOKU - 445

Intermediate

2	1	6	7		8	9		5
5	3	4		2		1		8
8		9	1	4	5	6	3	2
4					2	5	8	3
3		7	4		9			1
6	2		5			4		
		2		5		3		
	4		2	9	1	8	5	
1	8	5	3	6	4	7		9

SUDOKU - 446

Intermediate

3		6					5	
5	4		2	3		6		
	8	2	4		6			
8	9	5		1	3			6
	7		6	4	5	8	9	3
6	3			2	8	1		5
1	2			6	7	9		4
	5		1	9	2		6	
7			3	8		5	2	1

SUDOKU - 447

Intermediate

		9	3	4	5			7
6		5			9	8	3	4
	3	4	8		7		1	
7			5	9	1		4	6
	9	6	7			1		2
4	5		6	3	2			8
1	6				8		7	
9	4		1	5	6		8	
5				7			6	

SUDOKU - 448

Intermediate

5		2		3			9	
		9				4	1	2
	6	1	4		9		8	
4	7	3		9			2	5
9		5		7	3	1		
	8	6					7	
	1	7			2	9		8
		4	9		6	7	3	1
	9		7	1	4	2	5	

SUDOKU - 449

Intermediate

4	8	3		6		1	5	
	5	9	1			7	4	
7	2	1	3	5		8	9	6
				9		3	1	8
	4	8						
		7	5		1			4
	7		6		3		8	
8	1	6	9	7	2	4	3	
9	3	4	8	1	5	6		7

SUDOKU - 450

Intermediate

	3		7					5
2		1	5	6	8	3		
	8			3	4	1	2	
3	9						1	
6	1		2			9	7	3
	4		3	1	9			
8	6	7	1			2		
	5			8		7		1
1	2	3	4		7	5	8	6

SUDOKU - 451

Intermediate

		1	4		3			
4	6			8		7		
3		8	5	7	2	4	1	6
7	8	3	9		5		2	
	4	6	2	3			9	7
9		2	7		6			8
			3		1			9
	3	9	6				4	1
1		7	8		4			3

SUDOKU - 452

Intermediate

	7	6			8	9	5	
5								1
1		8	5		4		2	
	6		3		1		8	
9			8					5
4	8				2	7		3
3	5	7		8	9	4	1	2
8	1		4	2		3		6
6	4	2	7		3	5		8

SUDOKU - 453

Intermediate

9		1			4	7	2	
	4	6	9		2		1	
7			6	1	3			
			7	3		2	4	8
1	8	2		4		3		9
4	7	3	2		8		6	1
		4	3		9	1	5	
3	5		1		7	6		4
8		7	4		5		3	

SUDOKU - 454

Intermediate

		7	4			6	5	
6	9				5	4	2	8
		2	8	9	6	1	3	7
1	8	6	3			7	4	2
4		9	6	7			8	3
	7		2	4				1
9			5	8		2	7	6
7						8		
	5				7	3	9	

SUDOKU - 455

Intermediate

6	3			4		1		
	7	9	6		1			5
			3			9	6	
3		7	4	9		8	5	1
9	4	5			6		3	2
2		1	7	5	3		4	9
		4		3	8		1	
		3	2		9	4	8	7
8		6	1	7			9	3

SUDOKU - 456

Intermediate

3	2	9		1			4	
6	8			4	3	5	1	
	4		6	9		3	2	8
		2	8			6		7
		8			6	1		
	5	6	1	2		8	3	4
2		4		8	1		7	5
				7				
		3	9	6		4	8	1

SUDOKU - 457

Intermediate

		6	5			1	3	8
1		3	4	8	9		2	6
2	7		1	6		4	5	
		5			8	9		
	6		2				7	3
9	1	7	3	4		6	8	2
	8							
		1	8			2		7
7	4	2	9		6	8	1	5

SUDOKU - 458

Intermediate

	8	3	7	9	6	4		
4	7	6	5	1				3
9	5	2	3		8		6	7
		5				2	1	
		1	2	8				9
	3		1					
3			8	7	5	6	4	
6	4		9	2	1			8
5	2		4	6	3	9	7	

SUDOKU - 459

Intermediate

	7	6	5	8	3	2	1	
1				9		8	3	7
8	2		4	1	7	5		
4	6	8	1	5		3		2
	1						4	
3	5		7			9	8	1
		4		7		1	5	
6	9	1		4				8
5	3	7	8	2			6	

SUDOKU - 460

Intermediate

		2	9	4		3	8	6
		4			6	7	9	
		7	3		2			
6		9	8			5	2	3
2		8					4	
1		5	4		3		6	8
4	5	1	2		8	6		
8	9				4		5	
7	2	6	1	5		8		4

SUDOKU - 461

Intermediate

8		7	4	3		5	9	6
	9		7	1				
2		4		9		1		3
7		9			3			
3		8		4	1		6	
5	4		6		8			9
	7	5	1	6	9			
	8			2		9		4
		2	5	8	4	6	1	7

SUDOKU - 462

Intermediate

	1	3					8	
	2		1	9	4			6
6	7	9	8	3		4	5	1
5	9	7		1			2	
	8		6	4	9		3	
3	4			2	7	1		
7	6	4	9	8	3	2		5
9	5	8	2	6	1			
	3	2	4	7		8	6	9

SUDOKU - 463

Intermediate

5	3	7			1			
8		2	6	5	9	3	4	
			8	3	7		2	1
1	8	5		2		4	7	3
7				1	3	9	8	6
	9	6	7			2		
6	4	1				7	5	2
		3	1			8		
2	7	8		6	5		3	

SUDOKU - 464

Intermediate

7	2		1	9	6			
3	6	9		5			2	1
5	1		2		3	6	9	7
8		2		1	5	9		
1	5	6	8	7		3	4	
	4		6		2	1	8	5
	9						1	
6	7		9	2		5		4
2	8	3					6	

SUDOKU - 465

Intermediate

	2	7	9	8	5			1
9	8		1		6		5	7
5		1	4		3	9	2	8
		5		4	7	2	1	
		8		3			4	5
		4	5	6		7	8	
			6	5	2			
8	5			9	4	1	7	2
					8		9	

SUDOKU - 466

Intermediate

6		5	7					9
3		1			8	7	2	5
	8	7	9	2	5		3	6
	7	4	1			2		
9	3		8		2			1
		2	3	5	4		6	7
	6		4	3				2
2	4	3			7	6	1	8
	5	9	2		6		7	

SUDOKU - 467

Intermediate

	3		8		6	9		4
7	9	6	3				8	
	8	4	9					2
4	7	8	2	3	9	1	6	5
3			5	7		8	2	
2		9	1			3	4	7
		5	4		3		1	
		3	7	9	1	2	5	
	1		6	2		4	9	3

SUDOKU - 468

Intermediate

1		3	4		6		2	8
	2	4	9	1	8			7
		8	5	3	2	1		6
	6		1	8	5	3	7	9
7					3	6	1	4
3			6	4				5
		7	8				6	
			3	2	9		5	1
5	3	1	7		4		9	2

SUDOKU - 469

Intermediate

	4					5		
3	6			9	5	2	7	
		2	6		1	3		4
6	8	4			9			3
1	9	7	8	5		6	4	2
5		3					8	9
4		5	3	1	8	9	2	6
8		9	5	6	2			
	3			7		8	1	

SUDOKU - 470

Intermediate

	3	4	6	2				5
		8	3		5	9		2
2	6		7	8	9			
	2	3	8	7	4	6	1	
1	7		9		2	8		4
4	8	9		5	6			7
6	9			1			7	8
		7			8			1
8		1	5			3		

SUDOKU - 471

Intermediate

		4	7	1			6	
8		6		5	9			2
1		5	2		3		8	
6		3	8	7				4
4	5	2	3	9		8		7
7	9	8		4		2		
			6	2	7		9	8
3				8	4			
2		7	9	3				5

SUDOKU - 472

Intermediate

3	9		5		4			8
8				9	1		7	
1	7	4	6		8	9	5	3
	1	3	4		2	8		
5	8		1	3			2	7
		9	8	5		3	1	
2		7	9		6		3	1
6			2	4	3	7		
9	3			1			4	

SUDOKU - 473

Intermediate

	6		4	3	2	5	7	8
	3		1	6	5		4	9
5	2	4	9	8	7	1		6
6	8	9				4		
	5		3	9			1	7
		3	6	5	4			
	9			4		7	2	1
		5			9	3		
2	4			1	3	8		5

SUDOKU - 474

Intermediate

2	9	5	7	6	4		3	
3	8		9	5	1	4		2
		4		2		9		5
1				8	9			6
	4	9			2		8	1
		8			5	7	4	9
			8		7		1	
4	6	1	5	9		8		7
		7	2	1		5	9	

SUDOKU - 475

Intermediate

7		2		3	8	9	4	6
9		4	2	7	6	8		5
6			4	5				3
		7	8		5	1		9
8		6		1				
1			6	9		3		4
5	6	8	9		1			2
4	7	3			2			
2		9	7	6		4	5	8

SUDOKU - 476

Intermediate

3		7	5				1	
9		2	3	7		6	8	4
8	6	1				5	7	
6	2	3						5
		9			3	8	4	2
5	8	4		1		3		7
	3	8	9	2		7		6
				8	6	4		1
4	7	6	1			9		8

SUDOKU - 477

Intermediate

		6				5	3	4
5	7	9	3		4			1
2		3			6	9		
			8	1	2	7	4	6
6		8		7		2	9	
7	2			6	9			
4			2	9			5	7
	5	2		3	1	4	6	9
		7		4	5	8	1	2

SUDOKU - 478

Intermediate

5	2	1			6	4		7
	4	3		5	7		6	2
	9	6		4	1			5
							1	3
		2	1	9	3	6		8
1	3		6	7			2	
3				1		2	4	
9	8	4	7	6	2	3	5	1
2		5	4	3		7		6

SUDOKU - 479

Intermediate

	7		2			1		
6	1	3	5	8			9	2
	4			1			6	8
1		4	9	3	7	2	5	
9		2	6				7	
7	3				2	9		1
	2			7				9
3		7		9		4		5
8	9	5	4	2	6		1	7

SUDOKU - 480

Intermediate

	7	4	9	1	3	6		
5	2	9						3
			5	4			7	
3			8	2		1	4	7
		8		3		5		2
2	4			5	6	3		
	3	2	4			9	5	1
9	6	1	3				8	4
	8	5	2	9	1		3	

SUDOKU - 481

Intermediate

3		6				1	2	9
	9	8		5	2	4	7	3
	4	7	1	9	3		6	
5	7	4					8	1
6	2			8	1	3		
8		1	5	7	6			
	8		7	1		9	3	
9	6		3	2	4		1	
			9				4	2

SUDOKU - 482

Intermediate

8		1	9			2		
2		4	5	1	6	7		9
9		5				3		1
		2	4	9	5	6		7
7	5	6	3	2	1			
				8	7			5
			2		8	9	7	4
4	2	7	1		9		6	
6	9	8		3	4		1	2

SUDOKU - 483

Intermediate

7	6	4	8	9	5			
5						9	7	
	1		2	4	7	6	8	5
	5	7			1	4		9
1	3	9		2	4	5	6	
2			9		8			1
3	7	5	4		2	1	9	6
			5			2		3
4	9	2		3	6		5	

SUDOKU - 484

Intermediate

9	5	4	3		6	7	1	
6		1	5	4	2	3	9	8
8	2	3	1	9			5	6
5		6				1	4	3
7			4	6	1			
4	1	2			3		7	
3		5		1	4			7
		8	6					1
1		7	2	3		5	6	

SUDOKU - 485

Intermediate

4		8	7		3		5	2
9		5		1	8		3	7
3		1		2	6		8	
7	1		3	8	9			
	4	9		5	2	7	6	3
			6			8	9	
	5		9			3	7	8
1				3	5	2	4	6
	8	3	2	4			1	9

SUDOKU - 486

Intermediate

	6	4		5	9	3	7	
5		1			7	4	6	
	3	7		4	6		5	2
6			5	7		8	4	1
7			4	1	8	2		
4		8						7
1		5	9	6		7	8	3
8	7					6		4
	4		7		1			5

SUDOKU - 487
Intermediate

	3	2		9			5	
		5	3				9	
9	4	8		6	5	1		3
3	2	9	1		6			5
		1	5		9	3		2
	5		2	3		4		
1	9	7		5		2		
	8	3	6		2	9		1
2	6	4	9			5		7

SUDOKU - 488
Intermediate

	8			6		3		
6		2	5	1	3	4	7	8
1	3	7		2	4			
		1		5	8		9	
7				9			4	
3		9	6		7		8	2
9	2	4		8	5		3	
	1		4		6			
5		6	9	3	2	8		4

SUDOKU - 489
Intermediate

9	6			1	3		7	4
7		1		5		6	2	
4	5	3	6	7		8	9	
	2	5	4					8
8				3		1		
			2		7		5	6
	9	7		2	8			5
5		8	3	6	9		1	7
	1	6		4	5	3	8	

SUDOKU - 490
Intermediate

1	2		8	3	4	6	5	
8	6			5	9	1		
5		4	1	6				3
4	5	8	9	7				
6		1		2			9	8
	3					5		1
7	8	5		1	2	9	3	4
	1			4	5	8		2
	4	6		9	8		1	5

SUDOKU - 491
Intermediate

9	2			8	4			
7	6	4	3			9		
	5			9	6		2	4
				5	3	7		9
3	8	9				6	1	
4				6	9		3	2
			9		1		8	3
	9	1	4		8	2		6
8	3		6	2	5	4	9	1

SUDOKU - 492
Intermediate

	7	5	8		2		6	4
8		2	1	4	5		9	3
9	4				6	2	5	8
	1				9	5		2
	2				8	9	3	
5	8		2		1		7	
	5	8	9	2	4	3	1	7
	9				3	8		5
1	3	4		8	7	6		

SUDOKU - 493
Intermediate

					6		3	4
7	8	4	3		9	2	6	
1	3	6			4	5	7	9
9	1	7	4		2	3	5	
		3	6	7				2
		2				7		
3				4				7
5	7					4		3
6	4	8	2	3	7	1	9	5

SUDOKU - 494
Intermediate

4	8	2	7				9	
7	5			2	1	8	3	4
9	3		6	8		7		2
2		7				5	1	8
	9	5			2	4		
	6		5	4	8		7	9
5	2		8	3		1	4	
	1		2		5		8	
	7		4			3		5

SUDOKU - 495
Intermediate

3	8	2	9		7	6		
7	9		1			2		3
4		5	2	3	6			
8		4	3		5			7
		7	8		1		2	6
	6	9	4		2	8	3	
6		3		4		1	8	2
	4		6	1		5	7	9
9	7			2		3		

SUDOKU - 496
Intermediate

5	8	2	6	9	4	1		
	7	4		2	1	9		5
			7	5	3			
				7	6	3	9	
6			5		9		8	2
	9		2		8	6		1
7	3		4	8		2		6
8		6		1	7	5		3
		5		6	2	8	7	9

SUDOKU - 497
Intermediate

1			7			5		2
				5		4	9	7
4	5	7			8	1		
5	7	1	4		3		2	
				7	9	3	5	4
	4	9		6	2	7		
		5		2				
9	1	2		3	7	8		5
6	8	4	9	1			7	3

SUDOKU - 498
Intermediate

8	3	4						9
	5	1		4		2	7	6
	6	2	9	5	1	8		
6		5	7			3		1
3	1	8	5	9				
	4		1	3	6	9		8
5	7							3
1	8			7	5	4	6	
4	2	3	6		9	7	8	5

SUDOKU - 499
Intermediate

		8	7	5			9	6
7	2		6	8	9	4		
6	5	9		3		7		8
	6				7	5		
2		5	1		3	9		4
9		4	8			3		
	3	6	9	7			2	
5	9	2	3	1	6	8	4	
8	1		5	4		6	3	9

SUDOKU - 500
Intermediate

8	1	4	7		9			6
			3		1	7		9
		3			5	1	2	8
6		1		9			5	
	2					6	9	3
4	5	9	6	3	7	2	8	1
	8	7				9	6	
2	9		5	7	8	3	1	
3		5		1	6	8		2

SUDOKU - 501
Intermediate

		2				1	8	
	5	8	2		1		6	
9	6	1	7	5		3	4	2
				6	9		3	
8	3	5		2		6	9	
6			5		4		2	7
			3		2		7	6
7		6	4		5			
	2		9	7	6	4	5	8

SUDOKU - 502
Intermediate

			4		1		7	3
	7	1	3	6		2		5
9			2			4	6	1
	3		8	1	6		5	4
6	5			3		1		
8		9	5	4	2	7	3	
			9		5	6		7
	6	2	1			5		
1		5	6		4	3		2

SUDOKU - 503
Intermediate

6	9	1	5		2			7
	8				7		1	2
7				1	8	9	6	4
		7		3	9	6	2	5
5	6		7	2		4		8
2		8	4	5		7	9	
	2	5	6	8	3	1		9
8		6	1	9			5	3
9					5	8		6

SUDOKU - 504
Intermediate

8			1		4	7		
1	9			7	6		4	
6		7	2		3	1		9
2	6	9	4	3		8		
7		3		8	9	4		
4	5	8	6	2	7	9		
	8					5	7	
			9		8			1
3		4		1	5	6		8

SUDOKU - 1

Hard

					4			
	1		5	2				
			1					4
	8	4			3			
				9	8		1	
	3		2				8	9
		7		4				2
3	2	9			1		4	
	4							

SUDOKU - 2

Hard

		7		2	3			
6							3	
		3			6		7	
9		8			7		4	2
3	7		2			1	9	
								3
		5	6				1	
1		6	3			4		
4	8	9						6

SUDOKU - 3

Hard

			7		2			
			3			6		4
			1					
9				4			2	
2		5		8		4		
	4	3	6	2			7	
		9	4			2		
	8							
				1		3		

SUDOKU - 4

Hard

3				4		2		
5	6	2	3	7			9	
	4							7
			6					2
		5					8	
				5				
	5					1	2	
			4	9			5	
	3			1				

SUDOKU - 5

Hard

	2	6			4		5	3
	9							
		5					8	
			9		8			2
			1	3			4	
			5	4				8
		4			1			
				7		8	2	
		8			9	1	6	

SUDOKU - 6

Hard

		3				9		1
						2		
	9							7
7	3				5	8		
1				3		7		
9						3	2	5
		4	2			1	9	
5					3			2
		9						3

SUDOKU - 7

Hard

		4	7	8		1		6
8		2			9			3
5								
							9	8
1			4		8			
	4		3	9	5			1
								4
	2				4	8		

SUDOKU - 8

Hard

					7			2
1					6			
2	6					8		9
				5			2	
				2	1	9		
	2	1			4		8	
				7		4	3	
			9			5	6	

SUDOKU - 9

Hard

	8							
				5	3			
					8	5	3	
	1							
				8				5
6					5	4	9	
	5	6	3	9			7	8
			5	7	2			6
				6		9		

SUDOKU - 10

Hard

8			5			2		3
7						9		
				8	1	5		
			2		7	4		
		1			8		5	
5			1					
	5							
3	8					7		5
1			3		5	6		9

SUDOKU - 11

Hard

		4						2
		6				8	4	
	8	2	6	1			3	
	5		7				2	1
2								7
7		9			1			3
9						2		
	2				7			4
	3	7						

SUDOKU - 12

Hard

	7	2						3
8		5	3		6		1	
						8		5
		1		4				8
2	8			5	1	7		
	4			2			5	
7					9		4	1
		4						
	1					5	6	

SUDOKU - 13

Hard

							9	
						5	3	
3			2			8	4	
5	8	3				4		6
2	7			3	8			
6	1	9	5	4				
				2				
		8	7					
1			8		9		2	4

SUDOKU - 14

Hard

						4		
	1	7				9	5	
			3	5				
2			1					
	3				7	5	6	
7						2		
						6	1	
4						7		
				1				

SUDOKU - 15

Hard

2	4	1	8	5		9	3	
			9					
		9	2	6				4
			7	2			9	
			5	3		6		
	3		1		6	5		
8		6	4				1	5
4		3		1				9

SUDOKU - 16

Hard

3	9	1	2			8	4	7
7	4			3				
6	5							
5		6		2				9
	2	7						8
1								3
2	7					1		
8		4						
9	6		8	1		7		

SUDOKU - 17

Hard

8	5		7	9	6	2	4	
		9	2		3			8
		4					9	
	6	8	5		9			2
	9		6	8				
7	3						6	
9		6	4			3	5	1
				1				
				6				

SUDOKU - 18

Hard

	2		6		4	1	7	
		7			8		2	
8			3					
1				4	5	6		
2	8	4	7	6	1	9		5
					9			
9				7				
5				9	2	8		
		2	1			7		

SUDOKU - 19

Hard

		6						
			1	6				
			3				2	4
		8				7	4	
			8		4			5
			9					
		5		8			3	
4		1		2		5		6
6		3	5	4	9			7

SUDOKU - 20

Hard

				6	4		5	
		1			2			
7				8	9	2		
9		2		3				1
	6	4	9	7				
		3		4	1			
							8	
2				1	8			
	4			9			1	

SUDOKU - 21

Hard

	5					8		
			9	8		1	5	
		6		3				2
3	7	2	6	5	4		1	
					8	7		
		5				2	4	
2		1		4				7
4		7		6		3		

SUDOKU - 22

Hard

	9		2		8	4	6	
8					4			3
		5					7	8
		9	1			8		
5	1					7	3	
	2			7			1	4
	5		9		2			1
9								
			5			6		

SUDOKU - 23

Hard

8			5	6	7		2	
	5						8	
					3		6	7
		4						
5				2			3	9
		2		5		8	4	
		7						
	8		2					
	3	5				7	9	

SUDOKU - 24

Hard

	6			3				
						9		7
			5	4	7		1	3
2			4			1		9
	4				3		6	
		9		2	6	3		
	7	8			2	4		
3		4	9		1			
	9							

SUDOKU - 25

Hard

4		3		7			1	
	6					3	4	8
		1			4		6	
2				3				
			2			1		3
1		5		6		9	2	
	4						9	
7	5	8						
	1		6			4		2

SUDOKU - 26

Hard

1		3		8	4	7	6	
			3	1		8		
	8	4			9		3	2
		5			1	6		8
7		9		3	6	2	5	
			6				9	
6			2			3		

SUDOKU - 27

Hard

				9		2		
		2	1	4				8
9					3	4	1	
2	9			6			8	3
	1	6		8	9	5	7	
8						6		
							6	
5	7	1						
6				7	1			

SUDOKU - 28

Hard

	9	5		1			3	6
					2		7	
2			7			1		
8	1							
	2					6		
		4				7		
1								3
	5				1			7
	8			7		5		

SUDOKU - 29

Hard

5				1			8	6
			5			4		
			3	2	8		9	
							3	
	3	8						
						8		
2		5	9					
8	1	9		5				
				8	1	9		

SUDOKU - 30

Hard

3	2	4	8					5
6			2		3	8		
7		1		5				
	7	2	3	9			4	
8		3			1	5		2
					4	7		
	3						7	
1				3			5	
4				7	5		3	9

SUDOKU - 31

Hard

	6		5		8	4		
		4				5		
					4	1		6
		1				9		8
				8	3	7	5	
	8		9					4
		9						
4	3				9			2
2				4			1	

SUDOKU - 32

Hard

	8							5
7			8				2	
	4				7			
	2			7				8
3						9	6	
	1	8	5	2	6	7	3	
2			6	9	8		1	7
1				3		2		
			1					

SUDOKU - 33

Hard

		4			5			
					1			7
1		3					5	
2					6			5
4	9	5		1			2	6
		7	9		2	1	8	
	4							
				7				8
				2	4	5		3

SUDOKU - 34

Hard

3								
9			8	3				
			9			3		
1		3			8			
		7			9			8
8					1		3	4
	1		5	8	4	6		3
		6		9			4	2
		8						

SUDOKU - 35

Hard

					4		8	
	4							
3					9		5	
				5				
4				6			1	
		2			3	5		
1					6	7	2	
	8					4		1
		4		3			6	5

SUDOKU - 36

Hard

		5	8					
			5					9
	4	7	6					2
	6	9						3
2			7					6
	9	8				2		1
7	1	6		5			4	
		2	4		1			

SUDOKU - 37

Hard

1	5		4	9				
6				5	8		9	4
	9					1	5	
			7				8	
	3	7					4	
	8	1		6				9
			5			8	1	2
			3		6			5
			8	4	2			

SUDOKU - 38

Hard

7			2	8	3			
								9
6	8	5		9			4	2
5			9	1			3	
		8				7		
	6	1	8					5
8	4					9	5	3
3								
	2	6			9	4		

SUDOKU - 39

Hard

		7						
	5	8	7		3	4	9	1
								2
						8		9
		9	2			1	5	3
8		5	3		1	6		7
	8	6		1	7		3	
		2			4		1	
					2			6

SUDOKU - 40

Hard

	9	8			5			
3	6					9		
5				3	6	8		
	8				1			
			3		2		9	
2	4	9				1		
9							8	
		2				5	7	
	7	5	1	2	8	3		9

SUDOKU - 41

Hard

				4		6		
5	3	6	1					
			7		6			
					4	8	3	1
			3				6	
		3		8				
		8						7
						4		6
	2	7			9	5	1	8

SUDOKU - 42

Hard

		7				5		3
	3		8		5			
	2			1		8		
7				4				
				3			9	5
	9	3		6			8	
		8	1	5	9			
		6					4	2
			4			1	5	

SUDOKU - 43

Hard

1		4	7		9			8
	9			4		1		5
		7	8				2	
			4	7		5		
9				1		8	4	6
			3			2		
				2				1
	1			8				
6	8		1	3	7	4	5	

SUDOKU - 44

Hard

1				3	6			4
	3	9			5			
	8	5		1				3
			6			4	5	
		2		5		1	8	
3	2	1	5	6	7			8
	9						1	
				9	1	3	2	6

SUDOKU - 45

Hard

3		7			8	1		
		8	3		1	7		
9	1	2	6	7				
5			7	1				
8	2						7	1
			4	8			3	
		1	2	3				
			8	9	7			
7	9	4	1			3		

SUDOKU - 46

Hard

4	5		6		7	9		
				5		1	3	
7	9	3	8	1				
	7					3		1
2							5	4
							2	
	8		5	6			1	
			1	2				9
1			9				6	5

SUDOKU - 47

Hard

	5				3	4	2	1
4		2	8	6		7		
	8						6	
		7			8	1	3	5
	4			1	9		7	2
7	9		4		2			8
					5			7
				8	6		9	3

SUDOKU - 48

Hard

	3			2	6			
			1			3		
	2	9	3	7	8		1	
		1			9		7	
3				8	7	2	9	1
9				6	1			
8					3			7
				1				
7		3						

SUDOKU - 49

Hard

5			2	4				
2	1					9		
		8		1	3	4	5	
3	2			7	9			5
				8	1			
7			5	2				4
	4		1					
		2	7	9	5			
9								

SUDOKU - 50

Hard

1							2	3
					3	4	1	
	3	6	2	4				
	6	1				9	3	
	9	3						4
	2				9	5		6
			3		2		4	1
4			6					
3			9	7				

SUDOKU - 51

Hard

		6			8			
4							7	
3			7					8
9					7			2
2	5		1					
6				5				
	6			3	2			
							2	
		2	5			3		

SUDOKU - 52

Hard

9	5	6		4			1	3
	7							
			6		9		7	8
		5			6	4		
4	2	1						
6	8	3	4	9	1		2	
5	6	9					4	
	4		9	6	8			

SUDOKU - 53

Hard

9				5			6	
				9		5	7	
				8	7			2
				4	2		9	7
2		5						8
7			1		8	3	2	5
			8			2		
1		2	9					
6					5			

SUDOKU - 54

Hard

			7	9		2		
6		1	3				4	9
			5			8		
				2	5	9	8	
8		5	4	7				6
				3	8			
3	4	8	9			5		2
					7			8
			8				1	

SUDOKU - 55

Hard

8	4				6		5	9
	5		8				3	
9		1	2			8	6	
			9					5
6								
				8		9		
7	8		5			4	2	
		2	4		1	5	7	
	1			2			9	6

SUDOKU - 56

Hard

7	2		1	3				5
	6			2	4	3	8	1
		3			5			
8				1			3	
			4	7		2	9	8
3			2	5	8		7	
		1				8		
		7			1			3
			8			6		

SUDOKU - 57

Hard

					4			7
4	7				1			
1		2	3		8			
	1		5	4		9		
3							8	
7	2			3				4
5	6		2		7	3		8
2	3	8		6		7	9	
		7	1		3			

SUDOKU - 58

Hard

	1	7		3			2	5
2				9	5	8	3	7
3	8	5		4		1		
							5	3
6		3				9	7	1
				6		2		8
					4			2
4								
		6	7	2		3		

SUDOKU - 59

Hard

4				5	9		2	7
3			6		2	9		4
	2		4				3	6
	4							
								5
	9		8					
				3				
	1					8		3
		4	7	8	5	6		

SUDOKU - 60

Hard

	2			6	7			8
	4		5	2				
6		7						
						7	1	
4							5	9
				9				4
2				7		9		6
7		8		3				
3			9				7	2

SUDOKU - 61

Hard

				5				1
	5	2					3	
			1		2			4
	1	5	8		6			
	8	9		4				
		6				2	8	
5	3				1			
					5	8	1	6
6					9	3		

SUDOKU - 62

Hard

6		4					7	
					1			
		7	6	8				4
	6		5	4				
	3	5				4	6	
2			8					1
				9	6			
				2		7		
			7	5		8		

SUDOKU - 63

Hard

3				6	7	8		
5						9		
4						7		1
				9			1	
	5				2			8
	3	8						2
6				2	4			9
8		2	1		3	4		5
	4	5				2		

SUDOKU - 64

Hard

						1		
				9	4	6		
4		6	8		7			
	6	9	1		8			
2	1	4						
		5				7		
								9
		3				8		
			9			3		

SUDOKU - 65

Hard

	2						5	
9	6	8			5	7		
		5	8					4
		4	7	5	3		6	9
	3				9			
				6				7
	5				8			
			6		1		3	5
1		3			2			

SUDOKU - 66

Hard

2				5	6			
		9				2	6	
		1	2		7			
1	7				3	8		
9		3				6	7	
6		8		2				1
	2		3		4			
3	1	4			2		8	9
	9	6	8		5			

SUDOKU - 67

Hard

	6				9			
				3		4		2
7					6		5	
8				2		5		
			9	5				8
1	2	5	8		4		7	
						6		
6	3		4				8	
4	1		6			3		5

SUDOKU - 68

Hard

					6			7
			5	8				3
					4			5
		3					7	4
4		7		6	3		2	
1	5		4			3	9	6
5	1	9		4				
3			7					
			3		5			

SUDOKU - 69

Hard

2		7		8			3	9
5						6	2	
				7				
				3			6	7
	3							
	7	8				4	5	6
6			3		4		9	
		5		6				

SUDOKU - 70

Hard

								3
	8			3				
3		8	7	2				
2		5		9	6			8
6			4	1				
	2		1	8		9	5	
8			5		2		1	
			9			8		

SUDOKU - 71

Hard

				8		1		5
		4						
		8	1		6	4		
8				1			4	
7	9		8					
	4	3		9	2			
			4	2	1			
4	2	6	5			9	1	8
		1					7	

SUDOKU - 72

Hard

4	9				1			
					9			4
1	8	2			6		3	9
7			8	2			4	1
							5	
	4			9				
			3	5				
5					4	1	2	7
			7					

SUDOKU - 73

Hard

4		2						
			8	7				4
	8			9				
	2				7	3		
					1			
		8	3		6			
2			7	3	8	5		9
	5				4	7	3	1
	3			5			2	8

SUDOKU - 74

Hard

	5		2					9
			5	3				
3				1				
	1							
				8				1
	7				3			5
1	6		8	4	2		9	
		8			5	1	7	
	3			9		8	6	

SUDOKU - 75

Hard

2	8		4			1		9
	9		2	8		3		
	5	9					6	1
1			7	9			3	5
3				1		7		
8			1					
9			8			6		
4	1	5			2		8	

SUDOKU - 76

Hard

	4			9				6
				6		7		2
7			5				9	
		4			3			
	7	5				6		3
1		9	6	4				5
					6		5	
4	1				5		2	
		3	9					

SUDOKU - 77

Hard

	3		5					
					7			
5	4			6			3	2
7								
	1			9		6		
2	6					5	9	7
	8						1	
	5						4	
			9				6	

SUDOKU - 78

Hard

6		3		7				5
7		5	1					6
	4	9			8			
3				8	6		5	
		4	7			6	9	2
		8				1	2	4
	6							

SUDOKU - 79

Hard

		7		9				2
	8	9			7		4	6
		3						9
				2				8
8	6		3	7		1		4
3			7		5		9	
		5			2	8		

SUDOKU - 80

Hard

		4	6					
8	9			3		2	4	
7							8	
6						4		
			8		4			5
		5				1	7	
	3	2			7		6	4
4	6			8				
5			3					

SUDOKU - 81

Hard

			8			4		
5							2	7
			7		2			3
	9	3		4				
	8		5	7		3		
6		1		8	9		7	
			4			7		6
8		9		3	7		4	
			6			9		8

SUDOKU - 82

Hard

		5						
8			4	1				5
1		3			5		8	
					1		9	
	2		8	3				
				5		8	6	3
		2					7	
			5	7	2			
		6			4	2	1	

SUDOKU - 83

Hard

8	3				7	4		6
4			8					
		1					8	5
			7	8		6	4	9
		8		4				
9				2	1			7
1	8	3		6	4		7	
5	9		1	7		3		8
					8	1		

SUDOKU - 84

Hard

							4	
1				2		3		5
				4				1
					7	5		
9		5		8		1		
4					5	2	8	6
	4			7			5	8
		1	4	5				
7								2

SUDOKU - 85

Hard

	5	9	8				4	
						9		5
6				9				3
	7							
	6		7	3				
9		5		1				
			6			1	3	
				2				8
3		8						7

SUDOKU - 86

Hard

				4		8		
					7	9		3
								5
		1	8	3				
			7		5			1
			2	1	9	3		8
						6	8	
1		8			6		7	

SUDOKU - 87

Hard

8			7		6			
6				5	2	8		7
		2				5	9	
		8			9			
	3						8	1
			3					9
						3		
		6	2	1	7	9		5
			9					

SUDOKU - 88

Hard

	9		1	5		3		6
						9	2	
		8	2		7			1
		5	7	2				
7					1			
8		2		7	4			
9	1		5				3	
3			9		2	5		7

SUDOKU - 89

Hard

		4				2	9	
						3	4	6
			4		3			
9				4				
	4	3						
	1	8					2	
	3	7		8		5		
				3	4			
4				6				

SUDOKU - 90

Hard

6	7							
	5				1		7	
		2			8	5		
	2			8	4	6	9	
	8			6	9		2	
		6				7		
	1		9		6	8		7
		3		5				
			8					6

SUDOKU - 91

Hard

	4							8
	6	3	2					
9	7					4		
			1				3	
	1							
7	8						4	
	9							
1						3		
4	3	8		5	7	1		

SUDOKU - 92

Hard

						3	9	
	5			1	3			6
				6	8	2		
5		8		7			6	
								2
	4			9	5			8
9	1					6	4	7
7					6	5	2	9

SUDOKU - 93

Hard

		3		5		4	8	7
5	4				7		3	
				4				
	9					3		6
					6			8
	6	2				7		5
9	3			6	2	8	7	
	5				1			
		6				1	5	3

SUDOKU - 94

Hard

							4	5
	5							9
4	9		1		5		8	
	1	9						6
6	7				2	4		8
	4			1	6	9		
1								
	3				1	8	6	
	8			6		2		

SUDOKU - 95

Hard

		6					4	
4	8	7				6	1	
3		1				8	7	
1					6		5	7
		2						
						1	2	4
		3	5					1
		9	4		3			
					9		3	6

SUDOKU - 96

Hard

	1						6	7
	5	8						4
7								
	2		6					9
				3				
				1				
5				4	2	9	7	
	9	1	5				2	
2	3			8			4	

SUDOKU - 97

Hard

	4		6		3	9	1	5
6			8					4
	2			4		6		
			5		7		6	
	7		2					8
5	9			1	8		3	
								6
	5		1		6			
	6			8			7	1

SUDOKU - 98

Hard

7	5					4	1	
8	1							
					7			
				5		3		
	8	1			3	7		4
6						1	2	
		8	9		1	6	4	
			3				7	
3		2	7		5		8	

SUDOKU - 99

Hard

7	9	4		8			6	1
2				5				
						2		
	8				5			
				6	7		5	
	6	2		3			1	4
4	1		7	9		6		
		6					3	
		5	3		6			

SUDOKU - 100

Hard

7	6			8			5	
		3						
		4					8	3
3	2		9				6	
4				6				5
			4					
2				9				
								9
		9					4	

SUDOKU - 101

Hard

			9		4	3		
2							1	
6			8		1			
				6				1
			5	7				
		8	1	4	3	9	7	
		4	6		5			9
			4			1	2	
			3	9				

SUDOKU - 102

Hard

				1		6		
		5			2	8	9	
							4	1
7	5		6			2	1	
2		6			1	9		8
						7		
1	3						7	2
	7							

SUDOKU - 103

Hard

1	3	6		7			5	
		7		6				1
						2		
					7		8	
	2			9		5	1	
			3			9	4	2
	1	5	9	3		4		
				1				9
		2		8			3	5

SUDOKU - 104

Hard

9			7			5		
1		7	2				4	
3	4	2		8	6			
					5	8		
4		5	8	2		1		7
	8		1					
		3		5	8		7	
	2					9		
	7			3	2		8	6

SUDOKU - 105

Hard

	1	2			8			
7			4			2		
8					5			
	2		5	6			9	7
	9		2					6
	7			3	2	4	1	
2			9	5	1			3
9	3		6	4			5	

SUDOKU - 106

Hard

7							1	9
		4			9		7	
2		9	8	7			3	
		3					5	
5		2	1					
9	7	6	5	4	8	1		
			7	6				
		7						5
	6			8				

SUDOKU - 107

Hard

2							8	
1		5					7	
	9				4	5		
			8	5		7	2	
				3		1	4	
			4					
		1		9				7
3						9		
9	5	6	7				1	2

SUDOKU - 108

Hard

4				8			7	
					5	3		
						4		2
1	8	7	6					
								7
					1			4
8	1							6
			1				3	8
2			5					

SUDOKU - 109

Hard

			9	4	6			
1				7	5			
	9				2			
7		9	4			3		
5				2				7
					7			
		7						
					3			9
				8	9		5	

SUDOKU - 110

Hard

			9	6		7	4	
	7	1						2
3			8			6		
7				8				4
					6			
8			3				7	
		9	4				6	
	3							
	2			9				5

SUDOKU - 111

Hard

1		2	8				4	3
4			6		3			1
8						5		
								9
			7	9		4		5
9			3		1		2	7
			9			2		
2	7			5			9	
	9	3			6	7		

SUDOKU - 112

Hard

4								6
5		8	9					
				7		5		
				9	8		1	
				4	5		3	
					7	8		
2	5		7		4			8
7	9				2		5	4
1				5		2		7

SUDOKU - 113

Hard

	5			6	1		9	
6				2		3		
					8			
	8				9			4
5		3			4	9		7
2						1		
	6			4				1
		4	8					
	3			1	2			

SUDOKU - 114

Hard

4		8			2			5
			5				8	
			3			6	2	
6	2		9				4	
	8	3	4				5	
	4							9
	9		8		5			3
3	5	6		4		8		7
8		4	1			5	9	

SUDOKU - 115

Hard

			7				1	
	3					6		4
				6				2
8		3				4		
	1		4	7				
			8	9		1	2	
	2		3					
	5	8	6					1
9		7			2			5

SUDOKU - 116

Hard

	4	7	1					
5			7		6		2	1
		6					7	8
	9		5		7	6		
		1			3	2		
				1		9	4	7
3				2	5			9
				6			3	
6					9			

SUDOKU - 117

Hard

	9	6	3					8
				9		4		2
4		1		6			3	7
					6	7		3
					9			4
9	7			8				
		9		1	8		4	
3			9		5			
		5		7		6		

SUDOKU - 118

Hard

				8				
				4	3			
4		3				8		
7	3			9				4
			1				5	
1		6		5			8	
	8		4	3	1			
							7	8
			9			5	3	1

SUDOKU - 119

Hard

9			8			2	5	6
2					5		7	
		3		7				
6			4		7	9		5
		2				1		7
8				1	6		3	
				6				
7			2	4	3	5		1
			7					

SUDOKU - 120

Hard

2	5	7						
			7					
	4		3		5	7		
	8					2		
4	9			7				
7	1					9		
8				3	6	1	9	
6		1		8		5		
							8	6

SUDOKU - 121

Hard

	9	6				2		
7	2	1		4	3	8	5	6
4						1	7	9
3	6						2	
	7			3	6			
9					2			4
	4		3				1	
				6				
						4		2

SUDOKU - 122

Hard

	6	9	4	8				
	1	8	9					
7				1				
6	3	1		9			2	5
					3			
5								8
					8		6	1
				5		8		7
	8	5	7	3				

SUDOKU - 123

Hard

	9					1		
4		7				3		
8		1						
		5			8	2		
			5			8		6
		8					4	
5		4				7		3
7				5			6	
	2	6	4	8		5	9	

SUDOKU - 124

Hard

	6		2		3			
9					7		3	5
3		5				6		
			5		8			
	3	1		2			6	
4								
2				4		7	8	
6					2			
				7	6			

SUDOKU - 125

Hard

	8	3						5
4	5	9				2		6
	2	1		9	5			
		2				1		
3				1		5		2
	1						6	7
2		6	9		1			
						6		
				2	6	4		9

SUDOKU - 126

Hard

			4	3		6		
			2			1	8	3
		6	1					
2	3							
9		4		5	1		7	
		8		4		5		
				1				
1					2	8		

SUDOKU - 127

Hard

3	6			1		2		
		2						
8			2		3	7		
	4	9		5	6		1	7
6			8	7	1			2
4	7		6	8				
		6		3			8	
	1				9			

SUDOKU - 128

Hard

					5		3	
		7	1		2			
	4	3			7		5	8
9	8		2		1			5
5	3	4					1	
				5	3			
			5			9	7	3
3				1		5		

SUDOKU - 129

Hard

				3				
9	3							
8		4	9	5	7		3	
				6	4			9
					2			
							4	7
1	4						7	
			1	8				5
5		9	7				1	3

SUDOKU - 130

Hard

			4		1			
	2	6			8	4	5	7
4	9				6			
			3		4		8	
				1				5
		1			7			2
		4				5		
2			1		3		7	8
	6		8			2	1	4

SUDOKU - 131

Hard

	1					3	8	
						1		2
	3	2	1					
		7		2		6		
	9						3	
	4		3	8			7	
4								6
7		9	8				1	
	6	1	5		2			

SUDOKU - 132

Hard

7						2		
		2		6		4		3
			3	2		1		
					7	3	1	2
9		3	4		2			
2	7			3	6		4	5
		7	2		4			
						5		
	4		5	8				

SUDOKU - 133

Hard

3					8	7		
2			7			6		
								1
7				4	1	9		
		6		8		5		4
	1			3		8		
5					9	4		
				5		1	2	7

SUDOKU - 134

Hard

5			1			2	3	
	2		8	5		6		
		1	2				7	
9							2	
		5	3				9	
						8		1
1		9	4	2		7		3
	5				8			
				7				

SUDOKU - 135

Hard

2	3	5	7			8		
								6
		4					7	
4			3					2
5			8		2	1		3
			5	1	4			
		6		9	1	3	5	
					3			
1		3		5				

SUDOKU - 136

Hard

				6	8			
		8	7			1		
3	1					6		
4	8					7		6
		3		2	1		8	9
			8					5
8	9	7		4	3	2		
1		6						

SUDOKU - 137

Hard

							8	3
					8	9	6	
8		3		4	6			7
2	6					3		
9		7	3	5		1		6
			8					5
	3	8	6				5	9
	2			8		6		1
		6			3		2	

SUDOKU - 138

Hard

			9		5			2
							7	5
	7		6					
7				2	8			3
						2		
5	2	8						1
	9			3				6
	5			9				7
2				4			5	

SUDOKU - 139

Hard

5	9	1				3		
	3	4		1			7	8
		2		3			9	
		8	3		9		5	
		9		5		2		
9		6	1	2	7			
				9		8		
3		7		8				2

SUDOKU - 140

Hard

		4					2	1
		1			4			
		5	2				4	
4	1			8			3	9
		3		9			6	5
	4	9					7	
	7	2					9	3
			9		2	5		

SUDOKU - 141

Hard

9			2					
				1	6	8	9	
					8	9	6	
						4	2	8
		9	4		5		7	
	3		1	8	2		4	
	9	1				2	8	
	4		6			5		

SUDOKU - 142

Hard

3				9	2		4	6
			8		6			
6						8	7	
1		2						
5			4					
				2				3
			6					
9		3				1		
2						3	8	

SUDOKU - 143

Hard

	4		1					6
1		9	2				8	
		8					5	
	2	7	6					8
			5	7	8			
8	5			2				1
		4					1	2
5			7					3
9					3	7		

SUDOKU - 144

Hard

5			4	3	6	8		7
					7		6	
7			2	8			4	3
			1					4
		4	9	7		3		
		7			5		8	2
		9	8			7	3	
6		5			1	4		
4				5				

SUDOKU - 145

Hard

6	9	1				4	7	
						9		
5		4				8		
9		2				3		
			3	4		2		
	4		2	6	5	7		
		6						
2			9				4	
7			4	1				3

SUDOKU - 146

Hard

		8		2	3	1		7
4				8				9
		7					3	
8		1	2					3
	3	6				9	5	
			3	6			8	
1		4	8					
	8	5	6			2	1	
		2					7	

SUDOKU - 147

Hard

			8			1		
		4	9					
			7				9	2
5	2		4				8	
				8			2	
	7				3	4	1	5
4	1					5		
		2						7
6	9							1

SUDOKU - 148

Hard

9	7			5		6		
		2	6		9	3		
			7		2			
	6				5			
	9			8				
	8		4			2		9
7			8			1		
		9		2	4		8	6
	2		1	7		9		

SUDOKU - 149

Hard

6	7			8			5	
4	1				2			3
			7					
	3							
		6	1	7		3		
	5	8				6		
7						5	6	2
			9		7	4	3	
					6			

SUDOKU - 150

Hard

					3	2		
		5		4	7	3		6
3								4
6		1		9	8	7	5	3
						8		
			6		5	9		
5		4				6	3	7
		7	3	5				8
	3		4			5		9

SUDOKU - 151

Hard

2					4	9		7
	1						8	
						4		1
6				7				9
1			5					
		9						
				5	2		9	8
	9						3	4
8					3			5

SUDOKU - 152

Hard

	6			2	3			
					4			
	7	4		9	8		3	
	5				7			3
9	3	6			1			
	1		3		2	9		
	8	1			9	3		
6				3	5	2	8	4
					6			

SUDOKU - 153

Hard

					7			
		9		2		4		7
7			4	5	1			
		8	9	1	2		7	
2			5		3		9	
1		5		3				9
			1					
9							4	3

SUDOKU - 154

Hard

	7			5				8
					7			
		3	8					6
7	1		2					
			7					1
			1			5		
9		7					1	5
				7		2		4
		2			8	7		

SUDOKU - 155

Hard

		3		6		7		
			4	9		8		
			2	5	3		6	
		5	8					6
			7					
		2	9	4	5			8
	8			2				7
5	2		6					
6		4						5

SUDOKU - 156

Hard

							2	
3			8	5		1		
		8					4	
9			6		2			
4	8							
7	6	2	5		1	4		
8		7					5	4
6								
2							6	

SUDOKU - 157

Hard

			8		9	3		7
9	2			7	3		5	
							9	3
5	9							
		2				1	6	8
2			4			9		5
		5			1		8	6
	1	9	5					4

SUDOKU - 158

Hard

	8	6						
	9		1	3		7		
	2			9		4	8	
				5	4		3	1
5		7					4	
	1		8	6	3	5		7
			9					
1							7	
								6

SUDOKU - 159

Hard

						5	4	3
4	5	1				9	6	
8				4			2	
6					5	4		
						8	7	6
			7		2		5	
			4					
3	4		1			2		7
			9					

SUDOKU - 160

Hard

						4		
	4					6	1	3
				4				
9				7		1		6
		6	3	9	1	2		
	1							
	6	8		3	5			
		9	2		7		6	4
3		2	4	1	6			

SUDOKU - 161

Hard

2	1			7	6	8		
		3						5
6	8			9	3	1		
9		8	1	6	5	3		
			3					
		1			2			9
	2	9				7		
	7		9				6	
		6	2	1				

SUDOKU - 162

Hard

			1	3	9			6
				4			5	
	9		6	5				
7			2	9	5		4	
4			3			6		7
9	8	1	4		6			
2			5		8			
	1			2				4
5		8				1		

SUDOKU - 163

Hard

	6	9		3				7
		1	6			9		
	7					3	2	8
6			5			1	7	9
9		3	8		7	6	4	
			9	1			8	
8				7			5	

SUDOKU - 164

Hard

9			3				7	5
								9
	2						3	
								1
	9		7					
		4	8		9	7		2
2		7	5	8	4	1		
	8			7				
4	1		9	3	6			7

SUDOKU - 165

Hard

	1	6					2	5
		3			5		6	4
9	4			6	2	7		
	7							2
		2		7	8			
				2	1			
	6	9			7		5	
				5			7	
3	5	7			6			9

SUDOKU - 166

Hard

1								
						5		
3	8							2
			2				5	
	1	2	5					3
				3	1	7		
			4			3	7	
			7	2	6			
		6						9

SUDOKU - 167

Hard

		9	1					
				4		9	6	
4		2		8	9	1	5	
2				9				1
	4	7		1				8
							3	9
					4	2		
				5	7		1	6
								7

SUDOKU - 168

Hard

	4		3	2		9		6
6	2	3	9			4		
	5							
		2	6	8		1	4	
								5
	9	5	1					2
2	6		8		7			
7		9	5	3		6		4
5	3							

SUDOKU - 169

Hard

	3		2				5	4
9	1					8	2	
		4	8	3	5		9	
							4	
			7		2	5	3	
			3					9
				5	7	3		
3	4	8				2	7	

SUDOKU - 170

Hard

	8	2				4	1	
		1			5			
		3		1			6	2
1			7		6			
		4		5	3	7		
				4	8			
2				8				6
	4			7		2	5	
	1			6	2	8		4

SUDOKU - 171

Hard

			2			1		
								8
		2					9	
	4					9		
		5	4			3		
		6		7				5
6		7					3	
		8					7	
	1	4	7			8		

SUDOKU - 172

Hard

8							5	
	6					8		
						7	2	
6	7	9			3		4	
	3			4		6		2
	4			1	6			5
1					2	4		
4	8		1	3		2		
	2					5	1	

SUDOKU - 173

Hard

			2		5			
1	3							
				6		2		9
		4			2	5		1
					4			7
5		3				4		6
3		1	5					8
				9	1			2
	2	9			3	1	5	

SUDOKU - 174

Hard

					7		1	3
2		1	4					8
	8	3			2	4	9	7
8				4		9	3	5
	5			2	8			1
			9	1				
				7	4	3		
	2					1		6

SUDOKU - 175

Hard

	3				4	9		5
4		5	3	9	7	2		
						7		3
	4			7	1			2
7	9		2	3	8	1	5	4
	8	2				3		7
	7		9					
		4						
3	2			1	6			

SUDOKU - 176

Hard

			4			3		
		8	9					
			3	7		8		
6			8					4
		5	6		7	1		3
7					9	6		8
	7	1		9	8			
	8				4			
						7		2

SUDOKU - 177

Hard

		2				8		
	6				2		7	
		8		3	6		2	4
4				9				6
7			4		5			
		9		6	1		5	
2								
6	8							
		3						2

SUDOKU - 178

Hard

9								
			3				1	5
		5	7			6		2
5	3							
							8	
		9		1			5	
4		7	8		2	3		
1					7			
6	2		9	3	1	5		4

SUDOKU - 179

Hard

1				3			9	8
				9				
	6	9	1	4				7
		4	8					2
	8		2		3	9	1	4
3		2		5	9	7	8	
9			5					
						2		1
				6	4			9

SUDOKU - 180

Hard

5	2		4	1	9			
		9			7			
		3				8	9	4
2			1					
7						5		6
								1
3	1			2			5	9
		2		4	3			8
8				5				2

SUDOKU - 181

Hard

				4			1	
6						8	4	
		5	8			3	6	9
5							3	
					1			
	1			9			2	
1				7		4	8	
7			1					
8		4					7	1

SUDOKU - 182

Hard

8	9		7				1	
2	4		8		6	9	5	3
		6						7
9	3	1				6		5
	2		1		5		4	
			9	6			2	
	8				1			
1			5	4				2
4			3					1

SUDOKU - 183

Hard

					1			
7		1						
	2							8
	6			2				5
		3	1	4	6			
			7		5			4
9						4	8	
5		2		8		7		3
	7	4				6	5	

SUDOKU - 184

Hard

					1			
7			9			1	3	5
	7					5	4	6
	2	3	4	9	5	7		8
	5	4	1		7			2
3								1
	9							
1		8		2	3		7	

SUDOKU - 185

Hard

7	6			3	5	8		
3		2	4	6		1	9	
			2		1		3	
4					7	2		
2			8		9			
5								
9			6	8			7	
1							8	
6			7				5	

SUDOKU - 186

Hard

					1			9
1	3							
	1					9		4
			7	1	9			
			4		6			1
	6		1	7		2	9	
		9						
			9		8	6	7	5

SUDOKU - 187

Hard

		7	8			9		
			3	7	5			
8								
						4	9	
	5				6	3		2
		8						
	8			5				9
1		5			9		3	8
	7	6		8	3	1	4	5

SUDOKU - 188

Hard

	3				4			
		6	8	9	5		4	
5			7	2	3			
						7	3	
3			1					
8								6
1			3			4		5
	9	5		8			6	3
			2		9			

SUDOKU - 189

Hard

4			5		9	1		
			6	3		8	9	
							6	5
7		5		8				3
8	9	1				4		6
		3						9
2	7							1
	5		1	9	7			
1		9				3	5	

SUDOKU - 190

Hard

5			8					
		7						
6		3	9		2			1
9			1		8			5
8	6		2	9			7	3
	4				7	8		2
2			7					9
7		6		8		2		4
1			4	2				

SUDOKU - 191

Hard

				1				
			5					
7		8		6			2	
			3		5	2	6	
			4		1	7		
8					6			
		3		4		5	7	1
			1		9		8	
5	8	1						2

SUDOKU - 192

Hard

		1	7			9	6	
	3	8			1			4
					3	8		
					2			
4		3		7		2		
			9	8				
3		5	1					
	1	9						
7		4			9			6

SUDOKU - 193

Hard

				4			2	
9	4	5	6				1	
		2				9		
		1				6	9	4
							3	
3		4		9				1
5						4	6	
		6	9				8	
4	1							

SUDOKU - 194

Hard

				8			2	
	9	2	5		3			
3				2		8		
						4		6
	8	3		6			9	5
				9	2			3
	4			1				2
5			2			6		8
		8	3	5	4		7	1

SUDOKU - 195

Hard

					4			1
			7	5			3	
		4				7		2
		1					2	
4			5		7		1	
							4	
7		6					8	
	3	5	1		2	4		
	4	9						5

SUDOKU - 196

Hard

4	8		7				6	9
9		3	4	6				
5		1		2	3	4	7	
				8				3
	5					8		
	3					6	9	
				9	2			
8								1
	9		8			2		5

SUDOKU - 197

Hard

							9	
	9		4			7	6	
					5		2	
			5			6		
					6			2
7		6		3			4	
		7	3					
9	6					4		
1			7			2		

SUDOKU - 198

Hard

1				5		2		
		9	4	1	6		3	5
				8	9			
			5	9			8	
8						5		9
5		1	6	7				
	7			6	1			
6		8	9		2			7
	3							

SUDOKU - 199

Hard

	2					4		8
9	1		8		4			2
3	8						6	
				8		3		7
2		8	7	4				5
	7	5					2	
					5			
8			1			7		
	5		3				1	4

SUDOKU - 200

Hard

		7		8	5			2
1			9					
			2	3				9
					4	9		6
	1		5					
	7					1		5
4	3						5	
2							6	
			8	5			9	

SUDOKU - 201

Hard

			4	9	1			
6		5	3				7	
						2	1	
2		7						
			1	7				
9					6		4	
								4
	9	4	2			8		
5			8	4		1	9	

SUDOKU - 202

Hard

4					6			
			3	7	8			
6				5				
		8	1				9	5
1			5	6	9	8		
5						7		
7		4				3	5	1
8					1			
			7		5			

SUDOKU - 203

Hard

	6			9		4		
	8					7		
						6		
	1	9	7		8		5	
	7	8					6	
2	3			1				7
				8		5		
8	5						4	
								9

SUDOKU - 204

Hard

4	5				2		6	
	3			7				5
1		8	6	9	5	4		7
					6	1	4	2
8	6			2		3		
			9		3			6
3	8							
2				1	4		9	
			3	8				1

SUDOKU - 205

Hard

		3						
		1	3			6		
6	2				5			
			6		1	3		
			4		2			8
					8		4	
				8				7
1				6			8	3
		7	5					

SUDOKU - 206

Hard

2		3	7	8			1	
	4		3	2		7		8
7					9	4		
8		9		4			6	
	7			5			2	4
5			9				7	3
			1	9		3		7
	9				8			
1								

SUDOKU - 207

Hard

			6			8	5	
8			1					
2	9			5	7			
	8		5					6
		9		7			8	2
	7		2	8		1		3
	6		3					
					5		6	
9					8	4		

SUDOKU - 208

Hard

3		5				6	4	
		7	3	5				
		8	7		6	2	5	
				1	4		3	
1		2	6		7			
		4						
	9						7	8
	7			2	3			
		6		7		3		

SUDOKU - 209

Hard

	2			3	7		8	
		1	4		8		5	
						4		9
			3					
2	4		6					3
		3						
				9	1		2	8
	8		5		3		4	
			8					

SUDOKU - 210

Hard

4	8		2					
					8			3
2		7				1	8	4
9	1			4	3			
			6					9
				9	7	3		8
		2				5		
			8	6	4			2
	3		9		5	8	4	

SUDOKU - 211

Hard

	3	7			9			2
						9	8	
8		5	4	2		3	1	
		9			7			
		1				5		4
	2		1					
		6						8
			2					6
2				7				

SUDOKU - 212

Hard

7	5	1	2		9	3		8
		6						
2	8			3	1	7	5	4
	2		7	8			1	
	7		1			6	4	
9			4				7	5
3			9		4			
1						5		
		8		1				

SUDOKU - 213

Hard

				5	8		6	7
7								
8		6	2		3			
			1					
						1	2	8
								9
				4	2	6	8	1
4			5		9	3	7	
		7			1		9	

SUDOKU - 214

Hard

1	4				3	5		
	8		2		4			
	7	6			8			
			5		7	6	8	
4	6		1		2			
8	1						4	
	2			9				
7			4	3	6			9
	3						7	

SUDOKU - 215

Hard

							1	7
					2	5	9	
5					8	3	6	4
						8		
		4	9		7			
9		7						
1				5				
		3		1		9		
		5	3	8	9	7		

SUDOKU - 216

Hard

		4		1	9		3	
9	5	1						
			6					
1	9		2	3	7	6	5	
				9		7		3
7		2			5		8	
	8		1		4			5
		9			6			8

SUDOKU - 217

Hard

8	4	5						
				1		4	8	
				4	9	5		
1	9		2	5		7		
	6	3	9					
			3	8		6		2
				9		2		
		1		3				
								7

SUDOKU - 218

Hard

		4		5	1	8		
							4	2
8		9						
	8					3		
	3		1	4	8	5	7	
						2		8
					3		5	
4	6		8					1
		2	4	7				

SUDOKU - 219

Hard

	5	2	1	4				
	6		9			5		4
	3				6			
					5			
	1				2	9		
4								5
	7	9	6			2		
	8					4		
2	4				9			8

SUDOKU - 220

Hard

			6	9			2	
5	2	4				3		
				5				8
6					8	9	5	4
8		9	4					
				2	6			
7			5		2	1	8	
				8	9			3
9	5		3				6	7

SUDOKU - 221

Hard

	4		6		8	9		2
					2		4	
					4			
	7			4	1		8	
	5	2			6	7		1
		1	5				9	4
	8			6				
					9		7	
	3					8		9

SUDOKU - 222

Hard

	2	9						
	4	3						
			4		8			3
	3		2	4				
	1			9	6		3	2
	9	6	3		5			
			7		1			6
6							5	1
				5	2			8

SUDOKU - 223

Hard

7	4				2	9	6	
				8			3	
8					9			5
		5	8				1	
		7					8	
	8	9	2		1			
	3				4	8	5	
			5					
			7	1		3		6

SUDOKU - 224

Hard

8		7			6		5	
6		9		3				
		3	1			6		
3								6
		8	3		2	4		7
9	4							3
				7				
5		6			9		3	1
		4			1			2

SUDOKU - 225

Hard

	8					5	1	
7		5		8		3		
	4			9	5		8	
1	5							
	7							
	3	8	9		2	6		1
4			1		8		7	3
	1		6			9		

SUDOKU - 226

Hard

	6		9	8				
				3	2			
8	2					1	9	3
6		2	1		9			
3	8	7	2		6		1	
			3	7		4		
		5					8	
		6	8	9				
	3		5			6	4	

SUDOKU - 227

Hard

2			5			8		9
7				2				6
	1		3			2		
6								
	5	9					8	
3			7				6	
		2	9	1			4	
8				3	5	1	9	
			2	8	4			

SUDOKU - 228

Hard

	4				3	5		7
	2				7	4		6
					2			
4			1			8		3
1	8			9				5
6			7		8	1	9	
	6			8	9		7	
		8	2	3				
			6				8	

SUDOKU - 229

Hard

1	7	3		2		6	4	8
	2		7			9		5
	6							
		8	2					
			1					
		2	6					
		6	5	7	1			
		1		6				3
7	4		8	3		1		2

SUDOKU - 230

Hard

	8					3		7
					2	1	6	
	1		5			9		
	9				3			
				6		7	3	
		2	9			4		8
	7	1				8		
			4					
				3		2		1

SUDOKU - 231

Hard

6				8			9	2
2			3	6				5
8		1						
	3				4			9
4			1					
7	2						1	4
		4	5		6	8	2	
					7			3
				4				1

SUDOKU - 232

Hard

	7		5	8				
8					7			
	1					7	8	9
					4	9	1	
			7		8			5
5				2		8		
4		8			1			
7	6	1	4					8
9		3		7		4		1

SUDOKU - 233

Hard

		2	6	1	5	4		
5	4							3
7	6	1	8	3				
								4
2		4	3		1		8	
8						1	6	5
6	1				3		4	
4		9			6			

SUDOKU - 234

Hard

			2				9	6
					6			7
	2		9	1				
	8						2	4
			8			3		5
3						9	6	
	3		6			7		
5				3			8	
			4				3	

SUDOKU - 235

Hard

	3			7		5	8	
7				8	6			
1								7
	4	6			7	8		
			9	6		4	1	3
		1		4		6		5
2					3		6	
	1		7			2	5	8
9				2		7		

SUDOKU - 236

Hard

		5						
1				2	9	8		7
9	2		1					5
			3					
	1		2	8				
			9				8	
	6						1	4
	5		4		3		7	
7							3	

SUDOKU - 237

Hard

			3				9	
3	8	9	6		1	7		
		4				8	6	
2	7					6		8
		8		6	2		1	4
4	6				5			2
		7						
1								
	5							

SUDOKU - 238

Hard

		6			7			
8	1		6	3	4			9
		7				6		
	4				9	8		5
	8				5		2	
	5	9		4	8			
						4	1	
			4	2			8	
	6				1		9	

SUDOKU - 239

Hard

					9			
	4		2			3	9	8
9			7	4	5			1
6			1					5
2					4		1	
	1			8	6			2
4	9			2	8	1		3
				1				4
		1	4	5		7	2	

SUDOKU - 240

Hard

			4		9			7
			3		5	4	2	
2			1	7		3		6
		4				1		5
				5				4
5	1	6		3	4			8
	8						4	
				1				9
				4			1	

SUDOKU - 241

Hard

		9			2			1
			9			8		
6		5		8				
4	3							8
				6	7			
9							2	
3								5
8	5		4				1	
1								9

SUDOKU - 242

Hard

	2		1		4			6
3				7	6	9		
6							2	
2			9		1			
4				8		3		2
			6	2				
	7					6	5	
			5	9	7			
			3			7		

SUDOKU - 243

Hard

		8		4			9	2
			2		1			
					9		7	4
6		5					1	7
	1	3					8	
8		9		1	3		4	
4	5						2	
	3							6
					5			

SUDOKU - 244

Hard

			7	1				
			5	8	3		2	4
2	1						5	7
5			8				7	
	3		6	5		4		
8	7	2	1			9		
7		4		6		5		9
			2			7	3	
			9					

SUDOKU - 245

Hard

	4	8				1		5
6								
		2	4	9		8		
				6	8	4		
		1				3		
	7				5			2
			9			5		
	5	9		8	6			
		7	5	1			6	

SUDOKU - 246

Hard

	1	7	9		5		2	4
	8			6				
	4				3			8
	7		5				3	
			4			5		1
		6		1		2	4	
		1		2			8	
	6							
		2		4				3

SUDOKU - 247

Hard

				8				
		2	1			8	7	9
6	8		3	2	9	1		
	1	4						6
						7	4	
7	2				1			
2	3	1		7	6			8
			9		3			7
			8			4		3

SUDOKU - 248

Hard

4	6			3				7
	9		6	1	7			4
			4	2		6		
	2		8					
		4					9	
		9	5		2		8	
3	5	6		9				
	7		2					
	4	2		5				6

SUDOKU - 249

Hard

6			2	1	3	8	9	
9			6				5	
				5		2	6	7
		7		6	9			
1		4		3				
2		6	7		1			
3					7		1	
		1	3		5			
	5				6	7		

SUDOKU - 250

Hard

		3	4					
		5					7	
			9	6				3
		7						4
	8							7
	2		1		7	8		9
6	7					9	4	
9		2	7	4				
3					9		6	2

SUDOKU - 251

Hard

6								
	9					7	4	5
	4		3		7	6		
		8						
		6	5					2
7	2	4	6	9			1	3
				6	9	3		
	3	9				1	6	
			1		3			

SUDOKU - 252

Hard

		2	7					
4				5		8		9
3	8	9	6	4		7		2
6		8						5
			9			1		
1				2				
2			3	7		4		
	7		4				9	3
		3						7

SUDOKU - 253

Hard

	8			9		3	2	7
7	2		6				1	5
					5			
						1		9
								4
4		5		6	9	2		
		8			7	6	9	1
			9				5	
1		7		2				

SUDOKU - 254

Hard

		8		5	9	3		7
7					8	6	9	4
					1			5
			5					9
			8	4	7	2		
1								3
4		3					5	
				8		1		
6	8		1					

SUDOKU - 255

Hard

5	9	3		4				
							3	
		1		6		5		
			3		6	8		
		8						
7		6			2	9		3
	8		2				9	4
	3	4		8			2	5
					4	3		

SUDOKU - 256

Hard

	9	3	5		1			
		7				5		
					7	3	9	
				2	8			3
						1		
		4		5	9	2	8	
		2			6	9		
1					5			
			4	3				1

SUDOKU - 257

Hard

	9		7		6	2	4	
2						3		
4				5	2			
				8		4		
9		5	1		7			3
		2				5		7
			2			9	6	
	6	4	3	9		1		
1	2			6		7		

SUDOKU - 258

Hard

	1				7			
						6	4	
6		4		3				
9		6			4		3	2
4			9					6
	2	1						
1		5					8	
	9		6	4		5		
7					1		6	

SUDOKU - 259

Hard

5	2	4	8		3	6		1
8		1		5	6		3	
		7		1				5
		2	1					6
1			5		8	4		
7	4		3	6		1		8
						5	6	
		9	6					4

SUDOKU - 260

Hard

5					6	3		
	8		2	5				
						5	1	8
1	9							
			1			9		
	7				8			5
			8		9	7	6	
		1	3					9
9		7		6		2	8	1

SUDOKU - 261

Hard

								1
	3				7			6
1	9							
		1			6		7	
9		6	7				1	
7			1		2			
				6		1		
6	8			2		3		7
3	1			7		6	5	8

SUDOKU - 262

Hard

						4		
4							5	3
					5	7	6	
3			5					
9				1		2	7	
							4	6
6	9	2				5		
	1		7				3	
7		3		5			2	

SUDOKU - 263

Hard

2				1	4	8	7	
7			9				1	2
5	9	1	2			4	6	3
8	3							4
	7		3		5			
	5			8			2	
9		5						
					2			
6		4	8	9	7			

SUDOKU - 264

Hard

	2	5		8		7		1
	3	7		5	1		4	
4	8	1						
								6
		4			2		9	5
			3			8	1	4
	1	2	4					
3	6		1				5	
7					8			

SUDOKU - 265

Hard

1	2			4				
			6		3		9	
	6	4		5			3	7
7				6				
		1	9	3	7			
			4	1				
	1	7		8				2
3			1					
6	8		5			4	1	

SUDOKU - 266

Hard

							2	
	8			4		7		6
		5	7		9			
3	2	9	5					
5							4	
		4	3		7		1	
		8	2	7				
4			9				7	
7		6		5		9		

SUDOKU - 267

Hard

4	5			7	6			1
	7	8			9		4	
1		6			5		3	7
7			1			9		
						7		5
9	8			5	7	1		
			5			4		
5	3			2	1	6	7	

SUDOKU - 268

Hard

	8		7			2	1	4
7		1			4	5	6	
		4	9					
		3			8		4	
1	6			4			8	
	4		2				3	5
	7	8						
			4	6	7		9	3
					2			1

SUDOKU - 269

Hard

	1	2					6	
	7	3		8	4	2	5	
			2	6				
			9				1	
		9						
5			6		8			
	5					9		7
9		7						
1		4	7		2	6	3	5

SUDOKU - 270

Hard

4	8		1	2				
3	9	1	4		6		8	7
			7	9		3		4
		4						
9		6		3	5	7		1
1					7			
7						4		3
					1		2	8
						1		

SUDOKU - 271

Hard

	5	9	2	4	8		6	
	8			3		5		4
		1						8
	3		9				4	
			6	1				2
	1			2		6		
8						4	1	5
		4			1		9	
1		7						

SUDOKU - 272

Hard

	5	2		9	8			1
	7			5	2			
4			1	3		6		5
		5		7	4			
		3	5					2
2								
		8	3			1		
	3							7
			7		6	2		

SUDOKU - 273

Hard

1	3	7			6			4
						2		6
	6		5			1	3	7
		5			8	3		
6			3	4				8
	8	3						
		4					8	
			4	3	7	6	2	
				5				

SUDOKU - 274

Hard

2				9	8		5	
5			4					
4	9						7	
6				5			8	3
		9	8			6	2	
					2			
	1			3			9	2
				1	9	8		
9			7			3		

SUDOKU - 275

Hard

			1			3	7	
8			2				1	
	1		3				8	9
2	4			1			3	5
	7						2	
	5						4	
3				6				
		4	5			8		
				4		7		3

SUDOKU - 276

Hard

7	8	2	3	9			4	
5				7				
	4	1						
	9		1	2			6	8
1		4		5				3
8	5					4	1	2
	7		5	1	3			
	1	8	6				5	7

SUDOKU - 277

Hard

	9					5		
5	4		6	8		3	1	
			5		4			
3	8		9					
		7		4	5		3	
		5	7					2
	7				3	9		
		9	4	6			5	
1				9	7			3

SUDOKU - 278

Hard

4	5	2		8		9		
								4
9		7	2		6			8
1	2				4			
		4	8		5		2	
8	3			2	1			5
	4		3		8		7	
								2
		1	6	7		4	9	3

SUDOKU - 279

Hard

			6					8
		2	4			7		
		7			4		2	9
4							5	
1		5	2					
2						5	7	4
9		6	3			8		
7	8			1		9	3	6

SUDOKU - 280

Hard

	6						2	
	4	5			9			8
			5					
	8	6		9	2		7	
2		4		1	7			
		9						2
4			1			2		
6						8	5	1
		8	9	2		4		

SUDOKU - 281

Hard

								9
	1		2	9			5	6
		5		8		4	2	3
			7	1	8			
	9				4			
					2			1
	5	2	6	3	9			4
4		9		7			3	5
1			4		5	9		

SUDOKU - 282

Hard

	6				4		2	
4				5	3	6	8	
				2				
6			3		8	4		2
			2		9	5		3
			5					
	5		4			7	3	
						2		
3				6				1

SUDOKU - 283

Hard

	9						5	
3	1	4	6		9			2
		8						6
	3	2	5					7
				8				
8	6					1		5
		7			1	4		
	8					5		
	4			2	5			

SUDOKU - 284

Hard

	6	9	4					
	1							
7					2	3		
6			1	4			2	
		7				6	3	
9	2	5						
		1	7	9		8	6	
					3		4	
	7			1			5	3

SUDOKU - 285

Hard

	4		1			8		
	3			9		1	5	4
1			7	4				
2							4	
		9						7
					4			
9	2		6	3			8	
		4			9			2
8		7			2	3	9	6

SUDOKU - 286

Hard

	4	9	2					7
		2				6		
8	2		4	6		1		
		7			8		6	
		4		1				3
			1					
	9			7			2	1
	3							8

SUDOKU - 287

Hard

5		2		6				8
		1	5	8		3		
8		4	2					
2		5	3	4			7	
	9						6	
				5				
		9		3		4	8	
1	4		8		9	6		3
		8			4			

SUDOKU - 288

Hard

6						9		
2		8	6	1			4	
3						5	8	
	6		2		7			
9	1		8				7	
							6	
			9	2	5		1	
5		9	1		6			2

SUDOKU - 289

Hard

		2				5		9
3	6	5				2		
9					2	3		
		8		9				
					8	7		4
7		3						
8		9	2		5		7	
		7		4				
5		6					2	3

SUDOKU - 290

Hard

	7		6		8		2	
	4	8	3	1				
6		1	9					
			2	7	5			
			4		6			
		5		3		4		
		9						7
2				9				4
		7	5				3	

SUDOKU - 291

Hard

3				6		5	1	8
5		8					7	
			5	8	3		4	
		1		2	5			
2	7							3
9	5	4		7			6	1
6				9				
	2		1	3				
		7						4

SUDOKU - 292

Hard

				9	4			
	3			1				
	8				7	3	4	9
3		5	7					
7				3				
				5				
	7				8		6	
		9		7		8		2
			6			9	7	

SUDOKU - 293

Hard

4	6	8				7		
	2	5		1			3	8
1				8		4	2	
2	4	3		7		8		6
	5			4		2		
					5			
6						5	8	
				9		1		3
			8			9	6	

SUDOKU - 294

Hard

	2		4		9	5		6
	4	3						
5				8	7		9	
8					2			5
	7			6	3		8	4
	6	4	5	9				
						8	6	
		2		7	4		5	9
				2		3		

SUDOKU - 295

Hard

			8		7			
	4	7						
	5			2	4			
3	7				1			
				4		9		
	8				9		1	
		1	5			8	2	
		4		1				
6	3			7				

SUDOKU - 296

Hard

	2			9				
9		8			1		4	
3			8					6
					7		8	5
8		7			5			
5					9	1		3
						7		9
6			9					
1	9		7	4	3	2		

SUDOKU - 297

Hard

2		1			4			
	5	8		6		7		
					7	1	3	5
	1	4					7	6
		6				5		3
		3	6	7				
1			2		6	4		
	6		9					
	8	2			5		6	

SUDOKU - 298

Hard

		6				1	2	
	7					4	3	
	4							
	1	7						
		5			6			
6			9		8	7		
	2							
4					7	2		
		3	2		1	5		

SUDOKU - 299

Hard

7	3			9		5		
2	8							3
	9						8	
				8	9	6		2
		2	4		7		3	
						4		5
4	7		6					
5	2		9				6	
3	1		2					

SUDOKU - 300

Hard

4							6	
				5		9		
6					9			
	5			8			2	6
3	8				2		5	4
2		7		6				
	9				7		8	1
	6	4					3	
1	2	8				5		7

SUDOKU - 301

Hard

		4	3			1	8	5
			6				2	9
		9	2			7		6
				4	9	6		
4			7					8
8		3	5	2	1			
2	3	6						4
	1	7						3
			9		3			

SUDOKU - 302

Hard

6		8		2	7	5		
1	2	4			9			
					3			
					6			
3		7	2					1
	5	6						
8	6	3		1			5	
7								
5				6	4		8	

SUDOKU - 303

Hard

			9	6		7		
	5	4	1		7		6	
					8	9		4
5								6
8						2		7
4	2	6	7	9		1	5	
						6		
	7			8		4	3	
	9	8	4				7	

SUDOKU - 304

Hard

3		5						
	2							
		7		2	5	3		9
			2	8	3		9	
5			7			6		2
	3					8	4	
		6	1			9		
				3	4			6
								4

SUDOKU - 305

Hard

3		8		7		4		6
	4						8	
		6		4			7	
	3			2		5		
								2
				8	3		6	
6	9	2					5	3
				3	2			9
4		3	9				2	8

SUDOKU - 306

Hard

						3		
			9	8	5			4
4				6				
	4			7				
1	6		8			4		2
3			4	9	1			7
2	7		5			6	4	
	9		6	2			3	
6	8					2		1

SUDOKU - 307

Hard

		1		6				
7		8						5
	3	4	9	8		2	1	7
1	4		7	2				8
		7				3	4	
	8		5			7		
				5	1	9		
	1		6	7		8		
4		9	8			1		6

SUDOKU - 308

Hard

	3	9	2		7			
	7	6		8	9			
1	2	5	4		3	7	9	8
7				2		1	3	
	9					2		
	1							
	6		9					7
					6	9	8	
9			8					1

SUDOKU - 309

Hard

	4		2		3	5		
			5		7	4		
5	3			4			9	
	2	4						6
3		6	4					5
	5			7			2	
	1		6	5		7	4	
	6							
4			8	3		2		

SUDOKU - 310

Hard

4		5						
8		7					9	
		9						
6	7		8			9	1	
	5					4	7	
			5	9				
		6						
	9			5		2		
	2			1		7		

SUDOKU - 311

Hard

		6			9	4		5
8	5			4				
3							6	9
					4			1
				3		2		
			1				3	
						1		
	3	1				6		
4			2	1	6	7	9	3

SUDOKU - 312

Hard

		6	4		7	3		
5	7	4			9			
3				8		4	5	
			8					
	3						8	
6		2			3	7		
				3	1			
		5		2	8			
				7	4	5		

SUDOKU - 313

Hard

	9	3				2		1
5	6		2	1		7	3	
	2	4		9	3	6		
8	7					1		
					1			
			3					4
		6		5	2		8	
4	5				7		2	6
			4					

SUDOKU - 314

Hard

			4	6				
5				7				
	3		1	2	9		8	
3	8		5	4				
	6		3	8		7	5	
						1	3	
	5	3						
		9				8	4	
4		2						

SUDOKU - 315

Hard

			2		3	4		7
4	1			7	6			
2	7			1		9		6
7		1	5		9	3	6	
						1	8	
			4					
	6	9	7		8			
			3				7	9
		7			2			

SUDOKU - 316

Hard

	9	2				7		
					8	5		
8	7		5				1	
	2		9			4		
9	1		3	2		6		
	3			8			7	9
4		9						
	6					8	4	5
		1		3	4			

SUDOKU - 317

Hard

		2		1				3
	8	9	3	6		5	1	
7		1	5		2			9
1							2	
		3	9				6	7
	9						3	
							4	6
3	5	4			6		9	
9	2			3	8	7	5	

SUDOKU - 318

Hard

				6	4			1
		4	8	7	1		6	9
2		1				7		
9					2	5		
			4				9	
	8							
				4				6
4	1	3						
	2	9		5		4	3	

SUDOKU - 319

Hard

		8					6	
3						4		
		9	4			7		3
							5	6
7								8
	9					2		
			2				9	1
	2	1		8			7	5
							2	4

SUDOKU - 320

Hard

	3		2		7	6		
							9	
2								
5				9	4		7	
	8			6				5
3		9			2	4		
6		3	9	4				
	4							9
			3				4	

SUDOKU - 321

Hard

5				7				8
1	2				8	3		
9				3			2	4
6					1	7		
				4	5	6		
	6	4	7				1	2
		9	4	1		8	5	3
3	1		8	2	9			

SUDOKU - 322

Hard

		3					4	
	1		5	4			8	7
6		4	7					1
	6	5			7			8
4					5			
8							2	
							7	
	4			7		9		
						8		2

SUDOKU - 323

Hard

	8	1				2	5	3
			5					
4	5							
	9		8				3	2
					2	5		1
7	1	2						9
1		8	6		9	7	4	
3						9		
6			1	5	4			

SUDOKU - 324

Hard

6							9	
4		5					6	
			6	4	9			
				9			3	
			5					7
5		3		6	7		8	
	6					9	1	4
						5	2	3
			9	3				

SUDOKU - 325

Hard

8	2					1	6	
	1		8					
	7							8
4		8			7	2		
	9	7		3				5
7	3	5		8				
9	4							
	8	6	7		3	9		

SUDOKU - 326

Hard

	2					9		
	9	5	7				2	
				6				
5	4	6			1	3	8	
7		1		3		2		
9					7	6		
	5		1		2			9
1			3			4	7	
		8	6	9		5		1

SUDOKU - 327

Hard

		5		7			8	
2	9		1					
4		8	3		9	2		
	5	6	7		1		4	
3								
9		4	6		3			
	4			3		1	7	
	3							2
		2			6			

SUDOKU - 328

Hard

						3		4
		6	3		4		9	
4	9					8		1
1		9	4	3		6		7
		2		6	7			
9	6	8	2			5	4	
7		5	9				1	8
2			5					

SUDOKU - 329

Hard

	8				2			
	7						1	2
2					4	7		
3	9							
7				2		5		8
	4			6			2	
						8		1
		6	7					
1	2	4		5		3		

SUDOKU - 330

Hard

		6	7				5	
9		8			2			
7		2	6				8	
5				9		8		6
	6							
	8				6			4
		7					6	5
						1		
	9	3		6		7	4	2

SUDOKU - 331

Hard

	5		2		7		1	3
						2		
1								
				6				
5			9		2	1	3	
						7		6
			1		6	3		7
			3	7			5	2
7		2			4	9		

SUDOKU - 332

Hard

6		3					7	
7	4	5		2		3	1	6
8							2	
			4	5	6			
	6			7		5	3	
1		7						
	3	4	6					
							4	

SUDOKU - 333

Hard

	8	5		7				
6	3	7	2			5	1	9
	9			3		8	6	
			8					
		8						
5		4	3				8	1
						2	4	
		9						
			7			9		

SUDOKU - 334

Hard

				9			3	
							9	
7			1	3		4		
6						3		
		3	7		9	8	1	
9	4	1						
			3		4		6	
1		6		2			4	
					5		2	3

SUDOKU - 335

Hard

9		3		4			7	
			3		8			
								9
		9	1		2			
			9			5		
					3		2	
	3		4			2	9	5
	4	2			9	6	1	3

SUDOKU - 336

Hard

			7	3		2	9	
			5			3		
3						4		
	1	3				8		
5					3	6	2	
	7				9			3
				1		9		
1			8			7		
	3		9		6		4	2

SUDOKU - 337

Hard

	3							2
	5							4
4						8	3	
	4		3			1		
1	7			6	4	3		
			2	9	1			7
3			8	5		6	4	1
	8	5					7	3
	1		6				8	

SUDOKU - 338

Hard

				5	3	8		
				4			3	6
	2		7	6				5
				8				
				1	2		9	4
1	3	2					8	
								1
			9	2		7	6	

SUDOKU - 339

Hard

9		7	8					
	2		7	6		4		
		4	2				5	
	7	1			6	9	4	
		2		9		5		
5	9			4	8		7	
	1	9	4		5		6	7
	5	3					9	
			9		1			5

SUDOKU - 340

Hard

							7	6
		2			6	5	4	
	3	6	4				1	
			2	5		7		1
	5	9			1			2
					3			5
	2	5	8				9	
		7			5	1		8

SUDOKU - 341

Hard

	5		1			7		
3	7						2	
9					6	3	5	
				8	1	4		
1	6		9	7	4			
			6	5	3	2		
8	2			1				
	1					5	8	
5	9	7	8				4	

SUDOKU - 342

Hard

9			7	2	3	8		5
	8	3	4		5			
							3	
	9				7			3
	1	5	3					2
		8			2			7
	3			7				
			5	3	4	7		8
		7	6	8				

SUDOKU - 343

Hard

						9	6	5
9	8			4	2	1	3	
5		3					8	
								9
6	4	8						3
		9	4	8	7	2		6
1					5		2	4
								1
	6							

SUDOKU - 344

Hard

9							5	7
	5		3	7				
6	7	4	8					3
3			7		5			4
			6	9		3		
			4		1			
			5			9	4	
					3		7	
	8			6		5		

SUDOKU - 345

Hard

		1			3		6	
	9	3		6				
			8		1			
	6	5						
				1	2		8	6
	1		6			7		
			1			8		7
				3				
				8				3

SUDOKU - 346

Hard

9		3		5	2	8		
	5							7
8			3	7		5	6	9
				8	6	4		3
5		6	9	4			2	
			2			6	9	
			7		5			
	4			6		3		2
	1							

SUDOKU - 347

Hard

	5		1	4	2	8		
2								
		1			6	7	5	2
5	8	4					3	9
7	9							
1	3						2	
			6		7			
						2	7	3
	7				8			

SUDOKU - 348

Hard

1		6						
8			6					
9		2						6
	8			1			5	4
4				5			2	
	1	5			8	7		
3	4			2	8	1		
	2							9

SUDOKU - 349

Hard

	7				4			
			5			1	7	
	6		7	8		5		
3				2	5			
4					7	3		
			3	4	8			
	4						9	
					9			
		9	2	5	6			4

SUDOKU - 350

Hard

		4			3		7	2
	3	7			2			
7							2	
	6		3		5			7
				8				
	1		7	3				
	7		9	2				4
3			4					

SUDOKU - 351

Hard

4		9		1		2		
7	1							9
	5	3			2		6	
2	9		7				5	
5					3	1	2	7
3	7	1	5				4	
					6		7	
	3	8		7				4

SUDOKU - 352

Hard

6	3			8				
	8		4		2			3
9	2	4	7			6	1	
		2		4			3	5
4	9				1	8		
			3				6	7
5				7	8			
3		9						

SUDOKU - 353

Hard

		1		8			4	
		3	6	4				
			3		1		8	
6	8			3		4		1
		4	8			9	3	
5								
		8				6	1	
3		6			4		9	8
	9				8	3		

SUDOKU - 354

Hard

		6			8		5	7
7	5		2					
	9						1	
			8	3	1			
5	6			7				
		7	6		5		9	
	8							3
	7		5		3	1		9
		5					7	

SUDOKU - 355

Hard

	7	5				2	3	
		4						
					8		1	4
6		8			1			3
4	9					8		2
3	5							1
5				6		1		
8	6			1				
7	1				5			

SUDOKU - 356

Hard

2								9
	9		3			8		
	1				2	6	3	
4		5	7	2		9		
9		1					2	
3			6				1	7
			1	3				8
						3		1
		9		4			6	

SUDOKU - 357

Hard

	7		6			1	9	
		3			7			5
		4			5			
						8		3
8		1						
				8			7	1
	2		7	3		4	5	6
4		6					8	
3				5	6	2		

SUDOKU - 358

Hard

				9		7		
		7		8			2	
		4		7				
	1					5		9
	5	3	9		8	2		
	7							
9			5	3			6	2
			4	1	6			
				2	9	1		

SUDOKU - 359

Hard

	6					5	2	
9	2		7					
	5		6	3				
			9	4	6		1	5
	1	6					4	
							7	
							5	2
		9		6		4		
2		5		9			6	1

SUDOKU - 360

Hard

8		1		9				
2	6	4				8	3	
5		3		4	8		2	
					7			
	3	7						
					1			
6	1	8	7			9		
		5		1		7		6
7		9	8				5	

SUDOKU - 361

Hard

3			9			6		
				6				4
				2		5	1	
			6			2		
							8	3
	5		1	3			6	
2	9		3					
5				4		7	2	
		6	7	5	2	9	3	1

SUDOKU - 362

Hard

	3	5					6	
					8			2
			3		2			
6								
		3		2		9	4	
	2	9				5	3	
8	7	6				2		
			2					
3	9			6	5			4

SUDOKU - 363

Hard

7		6	2			4		
5			7				2	
				8	9			
		7	8			9	4	
								6
4		3	9					
	3		5		6			
			1	7		3		
1		4	3					

SUDOKU - 364

Hard

					9		8	7
	3	1					5	2
	7		4	5	1		3	
4				6			1	
					4	2		
		2	9		5			
	9							4
	1							
7	2	3			6	8	9	

SUDOKU - 365

Hard

	7			3		8		5
6		5		7				9
		4						
				4		9		
		8			9			
		9	8					2
8	4	2	6					
1	5	6		9			4	
		3	4	2	5		8	

SUDOKU - 366

Hard

9	6							7
		5				4	2	
	2	4						
	4	7			8	9	6	
				9			3	
2			6				7	
		2						3
6	7	1						
						6	1	5

SUDOKU - 367

Hard

7				5			9	
1					8		6	2
9	6		7		2		5	
							3	7
6	9							5
			5	8			4	
2		9			7			4
8								
4		7		1			2	

SUDOKU - 368

Hard

			5	9	4			
5		9	8		6			2
	7		3		1		9	
3	6	2			8	7	1	
4								
	9	7						
		1			2	6	8	
7				8	9			
				4	5	9		

SUDOKU - 369

Hard

2								
				3				
				2			8	
9				7	3	1	4	8
				4	1	7		5
					5		6	3
			3	5			1	
				8		5	3	
	5			1				

SUDOKU - 370

Hard

			8					
					1		8	
			4		5	1		6
				8	2	4	6	9
	6		1	5	4			3
					7		1	
		5				6	3	
	9						4	
				4				

SUDOKU - 371

Hard

				3	5	9		
			1	2	9	7		
							5	
			7			5	4	
				6	4	3		9
			5					7
6				8				
3			9	5	6		7	
		7		4				

SUDOKU - 372

Hard

4	3		2			7	8	
7		5	8					6
	2		9					
			3					
3			1		9	2		
2			5			8		
	4					5		7
				9				8
9	1		7	5			4	

SUDOKU - 373

Hard

	7	9	3		2	4		5
	6							2
				9		6	8	3
		2						
							3	
		8		5		2		4
					4	5		7
6					3	8	4	9
	9				6			

SUDOKU - 374

Hard

4			9		6	1		
8			1	7	5	4		3
					8		7	
	6		4		3			
2		5		9				
	8			2				
	1	2				9		
5					9		3	
3								

SUDOKU - 375

Hard

1					7	6	3	2
		6	3			7		
	7	5			2		4	
7		3						
	8					9	1	
5								
	2		7	1			5	6
			5					7
		7	4	2				

SUDOKU - 376

Hard

		5	1		9	3		
1			4			6		
9		6		2				
	8		3		7			
	6		9	8		7		
4	5			1			3	
		3	5	4				
					3		8	
6	7		8	9	2		1	

SUDOKU - 377

Hard

				2	4			
8		3						
	9	5					3	
	7	2					1	
5		6	9			8		3
			5		2			
3		9			8		6	2
7			2					8
2	8	1						

SUDOKU - 378

Hard

		3			2	4		7
					8	3	9	5
4	7		9				6	
				1				
	2				4	1	7	
	3		8			5	2	
				8		7	1	
	1	2			9			8
		7			1			

SUDOKU - 379

Hard

1		8		4			6	7
5								
	7	6				5		
9			3					
			9		4			1
8		7						
3	1							5
6	9			2	1			
			4	3				

SUDOKU - 380

Hard

				7	2			
2	9			4		6	7	
		1			3	8	2	
		2	3					
5		7				3	9	1
	3					2		6
7		4		5				
1	2		4	3			6	8
			2	8	9	4	1	

SUDOKU - 381

Hard

7				5				
	6	4						5
5			2					
		7	3	4	9			
								7
	3	2		8	7	9		4
6		9			5	1	4	
		1	9	2	8		6	
		5	1		4			9

SUDOKU - 382

Hard

	6					3		
5			6			9		
							8	5
	8					5	2	
	5	9	3		1	4		8
	7					1		
	4				9	2		
		5						4
		6			4		5	1

SUDOKU - 383

Hard

8			6		1	5		2
5				2		9		
9				5				7
						1		8
				8		4		
			1			2		3
	2				4		5	
4	6		5					
7		9						6

SUDOKU - 384

Hard

				9		5	4	
	7				1	3		
				5				6
			4					
7		8					9	
	1	2		3	9			7
			1	2			3	4
	9	6	5		4			2

SUDOKU - 385

Hard

1				2		6		
9	6					8		
	2	5		7		1	3	9
3								
5	4							3
8					7	4	1	5
			4	9				1
	1				3	9		
			1		8			

SUDOKU - 386

Hard

4			2					1
			7				6	
		9		1		4	3	5
			1					
6			9		5			
						1	8	9
1			5			2		
8	9			7		5	1	
					1			

SUDOKU - 387

Hard

		9			4		3	
7	1	4	5	3		8	6	
					1			4
9	4			5			1	8
						2		
3		2			8			
		1					5	3
4	9		3					
5				4		9	7	

SUDOKU - 388

Hard

4		2	7			6		
7			9	2	1	8		
	3	1			4		7	
			6					8
5								9
1		8	5	9			3	
	1	3	4				2	
6			2				1	
	7	9				4		

SUDOKU - 389

Hard

	5		9			7		4
		7				8		1
4							2	
								2
7	3	6	1			4		
			3					
		3			8			
1		2			7	9		5
		5		9	1			

SUDOKU - 390

Hard

7							9	
			9		1			4
	1	5	8					2
8	6		2	7				
4			6				2	7
5	2	7	1			9		
6			4					5
	7	4						
2			7		9		1	3

SUDOKU - 391

Hard

	5		4		9			
6					5	9		
	8		6		2	5	1	3
		3	8		1		9	
			2		4			
	4	6			3	1		
2				1	6			4
					7			
		5				2		

SUDOKU - 392

Hard

	7			9	6			4
	5						3	
1	4	9	8	5			6	2
	8	1	3		4			
				6			8	
			5				7	
	9		4	7	1		2	5
						9	4	
4	3			8	5			

SUDOKU - 393

Hard

5				3				4
	7	1				5		
					2			
	6	8	1				3	
				7		4	1	6
		4			9		5	
			9					8
				5		6	2	
			8			3		

SUDOKU - 394

Hard

	8	5					2	
6			1					8
3	2				8	6		9
		8						
	3					7		4
						8	3	2
	1				3	2	9	
					6			
	5		2	1		4		7

SUDOKU - 395

Hard

4		3		6				5
	7	6		4				
	2	5		8				
1	3		9	2			5	
7				5	4		9	
2				1		6	3	4
		7						
5	4						7	
6			4		8			

SUDOKU - 396

Hard

9					6		2	
		5			9	3		
						8		
	9					6	5	8
		1	9			7		2
5	7	3					4	
					8		1	
2	6							5
					5			

SUDOKU - 397

Hard

	1			9	3			
2	6					1		4
	7	5						
7		4					5	8
	2		4					
9	8			6		4		3
					9			
		3		5			9	

SUDOKU - 398

Hard

7					6			2
	2	9					6	1
4		1				8		7
				1				
	7		4	8				5
	1			7		3		6
1		7			8			
2		3		6				
					1	7	8	

SUDOKU - 399

Hard

7		3				1	6	9
9		2		6				
	8				9			2
	2			4		9		7
			1	3		2		4
							3	
2	3		6	5			9	
	6	5						
	7		4		3		8	6

SUDOKU - 400

Hard

4				1	8			
	7	9	2		4			
		3		5		4		
3	8		1		9	6	7	
	9				5		3	1
2	3			9		1		
								9
		8	4	3	1	7		

SUDOKU - 401

Hard

				8				
							7	4
					4			
	1	7	5			8		2
		5						7
3	8						4	
9					5		2	
	2	1			9		5	
6		8						

SUDOKU - 402

Hard

7							1	
		9		4		8		
						6	9	
		1				5		
9		3			6	7		1
				1			6	
			1		8	3		6
		8				4	5	7
	6			3	4		8	

SUDOKU - 403

Hard

					4			2
	4			8	9			7
		9	2	3		6	4	5
5					1			
		2		9				
7						5		
	2			4		7		
	5	1				2	9	

SUDOKU - 404

Hard

			9		7			
1			4				2	
	4			5	8		3	7
					4		5	
				9				
				8		7	9	
	1			4	5	2	8	9
9	6		8		2	3	7	
			7	3			6	

SUDOKU - 405

Hard

	9	5				4		8
	2			7				
		3	4	8	2	9		
							9	
9	3	4			8		6	
					7			5
8	5	9						3
2		6	8					
		7			5			

SUDOKU - 406

Hard

6		1	9	7				
				1		7	9	
	9	7			6	5	1	3
	7						6	
	1	2		5		8	7	4
9			8		7	2	3	
	2	8		6		1		
5	6	9						
		3			8	6		2

SUDOKU - 407

Hard

7					2		8	
				8	6			
		6	9				1	5
		4					9	1
		7		3			5	4
			2	4				
	7					5		
			4		1		7	
							6	

SUDOKU - 408

Hard

	7				5			
6		3	8	4				5
5	2	1		7			4	
				1				4
		4		9	3			
		7					8	
		5		8				7
			9				1	3
7	6							8

SUDOKU - 409

Hard

8		4		5		2	7	
	3			2				
			7					1
	8	2	9				1	
4				3	2	7		6
	7		4		5			
					3	5	6	2
	2		5		8		9	

SUDOKU - 410

Hard

		8				3		
			3					7
9	1	3	8	4	7	2		
		6			4		7	1
				3		9		
1	4				6		2	
			4		8			
	9			7		6		5
						7		

SUDOKU - 411

Hard

	7							
			5					8
	3	5						
				3				
		8			7	5	4	
	1			4			3	
	8	7					2	9
9			4			7		
			7		9	1	5	

SUDOKU - 412

Hard

			8	1				
1	8			7	6	2		4
7			3	2		8	9	1
		2						
5	6					4		
4	3				9			5
6						9		7
			6	5		1		3
		7	1				6	

SUDOKU - 413

Hard

				4		8		
					6	7		
6	2		7					
				7			5	
2	5				4		7	
		7	5			3		
				9				7
		2				5	1	
	6	4		2		9	8	3

SUDOKU - 414

Hard

						3		
				8		7	4	
2	3					6		1
9								3
	4		1			8		
	1	6			9	4		7
	6		3		7	1		
							7	
1			4				3	8

SUDOKU - 415
Hard

			2	7				4
6				5				
		5				7		
3	4							
				6	8			
	8		4		1			
1	6	4			2			3
7	9							
		8	6	9		4		7

SUDOKU - 416
Hard

	8							3
			6	3		9	1	8
	2				9		6	4
3				6	4			
4	6		7					
	9	8				2	4	
2				8				7
	7				6	3	5	
		6			1	4		

SUDOKU - 417
Hard

	6		3			4		
	9				1			
							3	9
			6		7			
				5				
8			1					4
4	8		5	1			6	
			7		4	9		
	2	7	9				4	

SUDOKU - 418
Hard

	6	7		2	5	4	3	
	8		9				2	
3				8				
1	9	3				2		
		5		1				4
						1	5	
5	4					7	9	2
	1	8				3		5

SUDOKU - 419
Hard

	3			8				4
	8	4		1	5			3
			7	3	4			
		2			6		7	
1	4		8	2				6
				9		1		
2		6	3	7				
	1	3		6				
		9	2	4		3	6	

SUDOKU - 420
Hard

2						4		
	7			8	4			2
				2	9			
5	8	9			2			
					5		2	
		4		9			5	6
		1				9		
8	9			1		2		
	6		9	5				

SUDOKU - 421

Hard

		7	1					
2	6				4		7	
3	5						6	
9	3				7		2	
6		5	3		8		4	
7								
1	9		7			4	3	
				9	3		5	
5			4				8	

SUDOKU - 422

Hard

					5			
	7				6			
5			7	9				4
				4				5
	5		2					
2				7		4	6	8
	8	6		5	7			
	3				4	9	1	
1		2						

SUDOKU - 423

Hard

	7			1				
	1	3		6		7		
		9		3	7			6
		5			4		9	1
8			5					
9	6			8		2		
	4	6						
				5				
		8				9		2

SUDOKU - 424

Hard

			2				1	6
							2	8
			6					3
	8							
			8	2		9	6	
9		2		7			3	
5	9	7	4		6			
6		3		8				
	1			3		6		7

SUDOKU - 425

Hard

		8					4	
	4					8		
6		9	4	5	8			1
	3	6		7		1	2	4
7					3			
		4		2			8	3
				3	5			7
		3						
			1	6	4		3	

SUDOKU - 426

Hard

		6	1	8		2		
4	2						6	
5						9	1	
		4		2				
			4	5	9	3	2	
		5		7	6	4		8
6					3			
			6			5		
1			7					

SUDOKU - 427

Hard

	4	7	6	5			9	8
	3							4
	8	6		9			7	
			1	2				
			4					
3	6		9					
6	9				2	1		
	1			7		6		
7							3	

SUDOKU - 428

Hard

6		4	9			3		
1				2		4		
	8					2		
2	3		4	6	9		5	
	1	5		3				6
5			7			6		9
7				8				3
	6	3						

SUDOKU - 429

Hard

5	1							
			5	9				3
6	8							
	2			3	9	4		
3	5							
9				7		3	1	2
8	9	7			4		5	
4			6					9
1		2						

SUDOKU - 430

Hard

			5			6		
		1	3	7	6			
	7		2	8				
	8				5			
	6		8	2				
	4			1		2	9	
6						8	2	
	1							
9		2			8	7		4

SUDOKU - 431

Hard

		8		9				
				4	7			
6						9		4
5	9			2		6	8	7
	3	6			9		2	
			8		5	4		
1		3			2	7	4	
2			9			3		
		9	7	8	3			

SUDOKU - 432

Hard

			4		9	7		
	4	1		6		8		
			7	1			2	
		6	5	3	8		9	1
		2		9		3	7	8
		8				6		
8				2				4
3					7			
				5				

SUDOKU - 433

Hard

	2	8	9				3	
	7		6				1	
		6		3		7	9	2
	4				8		5	
7	1				5		6	8
			2	7	9			
	9				1	3		
2	3							9
8			7	9		5		

SUDOKU - 434

Hard

7	2			6	1	8		
1		9		8			6	
8				7	3			
					8		5	
						6		
		6		5	9			
		2	5		6	1	7	
			3					
6		7		1		4	3	5

SUDOKU - 435

Hard

		4	7	5			2	6
6		3	1					
8	5	7				9	3	
		5						
2	6		8	3		7		
			5	4			9	
9								3
				1	4		8	
	4							5

SUDOKU - 436

Hard

	5			8	4	2		
			5	2				
		2						
		9	3	1	8		6	
8		6			7		5	
	4			5	2			
				9				
		4		3			1	7
								9

SUDOKU - 437

Hard

	9							
	7						2	9
			7					5
			5			7		
						4	1	2
			2				9	
	8	1		7	5	2		6
			8	2	3			1
9		5	1			8		

SUDOKU - 438

Hard

			4	9		7		
				2	7			
			1					4
			8		4		5	
		3	5		9			1
9		5	2			4	7	
	9			6		5		
	1				2	3	9	8
7			9	8		2	1	

SUDOKU - 439

Hard

	1		7					
	9	2	6	1		8		
	8	7			4	6	1	
				2			8	
5		8			7		9	
					6			
					2			9
	6			4			7	
		4	1		9			

SUDOKU - 440

Hard

9			6	3	5			
	3	2			9	6	7	
			8			9	1	
	9							8
	8							
7		5		6				
	6			9	4	3	2	
4						5		
		3	1					9

SUDOKU - 441

Hard

					5		7	
5		4			3	1	9	6
7	9		4	6		3		
							3	
9	1		5		7		8	4
3		8	9			7		5
	4	7			9		6	
					4			
								7

SUDOKU - 442

Hard

8								4
		2	6	4	9	8		
	7				8	3	5	
	1	6		3		5		
4							6	
					6	4		
5		8	7	2				
1			3			2		8
	2							

SUDOKU - 443

Hard

		4	5					
	9			2		6	5	8
	2	5			6	4		
	6							1
					3			5
	4	9	2					
1			9	6			8	
					5		6	9

SUDOKU - 444

Hard

1				7		6	3	
			2				4	
		7		6		5	2	
3		6	9		7	2		
			8			9	7	
	2			4				
9				8		4	6	5
		5		3			9	
	4			9			1	

SUDOKU - 445

Hard

			7				8	1
			8		2		3	
				3	9			
				6			1	7
5								
	8	1		7				
			9	8		1		
			4	2			9	
2				5	7		6	

SUDOKU - 446

Hard

				5		7	2	
2	7			4		5	1	
			2	9	7			
1		6	7			9		2
								5
	3	9		2		6		1
	2	7			3			8
	6		9		2			
		1						

SUDOKU - 447

Hard

	6	3			9			
	9						3	1
	1							9
1		4			5	9		
8	5					3	1	2
			8					
		5		9				
3					8		9	6
				6				

SUDOKU - 448

Hard

		9	2	3		8	1	
	8						5	
				8				
1	7	6	5					
9				2				
8		5			7			
		8			3			2
	4		8			1	3	
	1			7	2			

SUDOKU - 449

Hard

	9	2					5	
		8			4			
6	4	1			8	7		2
1		7		3	5	2		
				4			8	
	8				1		7	5
9					7	6		
8				1				
	2			5	6		1	7

SUDOKU - 450

Hard

					6		2	5
					2	9		
8		2	9					
3	4							9
7								
	2	9	4		7	1	6	
	3		6					4
6	1	4						2
9							3	

SUDOKU - 451

Hard

5	7		2				8	9
		2	8		6	1	5	4
1								
			6			4	3	
4								
3	6				2	7		
		5		1		6	9	7
							2	
							4	

SUDOKU - 452

Hard

						1		
	9			5		3	2	7
	5	7		2		9		4
		1						
		4			6	2		
	2		1	4			6	5
9			3			7		
6		3		1			9	
4	8			7				

SUDOKU - 453

Hard

	2	4	7	6	3			
	5							
				8			6	
4		2		7			3	6
			8		4	1		
5	7	1						9
	6		5	3			1	
	4	8			7		9	5
7	1		9	4	2			

SUDOKU - 454

Hard

9	4				8	2	5	
2				9		4		6
							9	1
3							8	
							4	
6	7		9		2	3		
8				4		5		
7		3					2	
4			2	7		1		8

SUDOKU - 455

Hard

					4		1	
			9		8		2	3
					2			
2								
	9	8	2		5			1
			4		7		9	
		6		8		2		
9		7			3			
				2				

SUDOKU - 456

Hard

				8		2		
		1			3		6	
	3							7
		4	7		8	6		
	9		2			8		
	8				9	5		2
8		3				1		5
4						3	8	
	6				1	7	2	4

SUDOKU - 457

Hard

		2		7				
	3		6		5			
		9						
		3			6			2
		6		3	7	9		
	2		9					3
	4			1			8	9
	6	5	7		8	1		4
9			4				5	

SUDOKU - 458

Hard

	4	3	6		1		7	9
5			7			4	1	
			3				6	
	2	7				9	8	4
		8	1			6		7
						3		
			8					
9				6				
7							4	6

SUDOKU - 459

Hard

4						6	2	
	2			4		1		7
		9		6				
	9				6			
5	6				2	4		1
							6	
	8	6			5	2		
9			3	2	4	8	7	
			6		8			

SUDOKU - 460

Hard

	5		6		8		3	
			7	3				8
		2						
	8	5		7	3	4	6	
		9					1	3
4				1				5
	2							
			1			3	4	
					9			

SUDOKU - 461

Hard

			7	9	8			2
			1				7	9
			2	4			3	
			5		1		2	
		3	4	7			5	
1								
		4			7	2	1	
2		8						
		7	9	2			8	

SUDOKU - 462

Hard

7			8				2	
1		5	2		4		3	
		4	7					
	3		1	4	8		7	
4	5			2	7			
	7				9			3
				1				
5		7		8			6	
	4							1

SUDOKU - 463

Hard

			4		9	2		6
4						9	5	
	2					8		
	7							
							2	5
1	5						6	
6	1			5		3		
	9		7	8				2
			6	9	3	5		

SUDOKU - 464

Hard

3	4			1		9	8	
		8						3
	9			4	3			
	7			3				
8								4
1		9		8				7
6	1	4			5	7	9	8
				6		3		1
	8	3		7	4			

SUDOKU - 465

Hard

6				5			1	
					7	3		9
		9						
	5		3				4	
			8	9	1		5	3
8	3	5						
		6			9	4	8	7
7			1	2	8	5		

SUDOKU - 466

Hard

	4						7	
		8	1					
				7		5	8	
			9		8		2	
		2		3	5			4
7		6	4	1	2			
		5	8					
				2	1			
		7				2	5	

SUDOKU - 467

Hard

	3							7
		5		7				
	8	7	6	2		1		
	5					4		
	4		3					
	9		5				6	2
2					9			
		8	1			9	2	
9			7		2	8		

SUDOKU - 468

Hard

			9					
	8	1		5		4	9	
				7	2	8		
		8	4					5
2						9		
5			2		9			
		3		2	6			
				8	4	3	2	9
	7			9		5		

SUDOKU - 469

Hard

2						6		
	4		7	1	2			
	5						2	
			1		5		3	6
			2				8	
1					6	4		
		4	9		8			3
5	9		6		1	2	4	
6	3						9	1

SUDOKU - 470

Hard

			6		5		3	
		4						6
9				7	2		8	
	9		4	1				
								4
4	1	6		8			5	
6		3				5	9	
1	5	9					6	
	2			6				1

SUDOKU - 471

Hard

	7		9			5		2
					8		7	
				2				
					5			
	5		6	8				7
				3		8	6	
	6	2			3		8	
		4		9	1	3	2	

SUDOKU - 472

Hard

			6					4
							1	2
		4			7	5		
		6		5	3		9	1
		5	2					8
				1		2	6	
	5		4					7
	7	9	1			8		
		1			5		4	6

SUDOKU - 473

Hard

	6		2		1			
	1					6	4	
	3		4	5		9	2	1
9		1	5				6	
	5				3			9
3		5		9				6
2			3			7		
1						2		5

SUDOKU - 474

Hard

2			3		8		1	9
9	8		2					
	3		9			4		
						8		
	1	5			3	9		
		6		2		3		
			4		2			
		2		8				
	4		7	6		2	9	

SUDOKU - 475

Hard

	1	3	7	6	4	2	9	
				1				
				8				
		8						5
	3	4					6	
	6		1				3	
4	7				2		1	
	2			7				6
8		1		3				

SUDOKU - 476

Hard

			7	5			4	2
		4			8	5	9	1
	9	5				6	3	
					6			
2			1					
				3	4		2	
					1			3
6		2	5	8				4
9	1				3			

SUDOKU - 477

Hard

		3		1			7	6
	1	2			6			5
	4	8				2	1	9
	7	1					4	8
				8				
				4				
	8		1			3	9	2
		9	2		8			
			9		4	6		

SUDOKU - 478

Hard

1			3	6				
	2					8		9
7				2	4	6		
		7	8					
9								
5	3		2		1	7		
	1				2		8	
8		5	4			9	6	2
							7	3

SUDOKU - 479

Hard

			2	7		8		
						6		7
3			7			9		5
	6		3			7		
	9	2	6			4	3	
	2	8		4				
4	1	3						
6		5		8	3			

SUDOKU - 480

Hard

			5		9		2	
		7	4	3				
		2			1			
	3	6	9	1			7	
				2				9
4				6		1		
2	9		1	4		5	6	
			2	5		9	4	8
5						3		

SUDOKU - 481

Hard

	8						6	5
								2
7	4				3	1		
							1	3
3					4			8
						6		
		9	7	1	5		2	
			4	6				
			8		2			

SUDOKU - 482

Hard

		8	2				1	
			8			7	9	
9								
							7	
	2		9	7				4
								9
	6	3		8	5	9		1
5			4		2			
7								

SUDOKU - 483

Hard

3	2		5					8
							7	
			3	4	8	5	1	
			7				6	
						9		
6			4			7		3
		9						4
			9					
8		3			4			

SUDOKU - 484

Hard

	5	6	4	9	1	7	8	
1				6				
	4					6		1
	1						4	
			7					
			5			9	6	7
	6	1	3					
	9				6	4		8
					4			

SUDOKU - 485

Hard

		5	6		4	8		3
			5					
	7		8	3	9		1	
	3						5	8
1					8	4		
	4		1					
	2		7	9	5		8	
		1	4			2	9	
6	5	9						

SUDOKU - 486

Hard

2				9				
			1		5	8		3
	5		6					
7				5				
4		1	7				9	
	3		9					
8	4			1	7	9		
6			5		3	7		8
	7	5	8					

SUDOKU - 487

Hard

			8					
3	4	1		7		8	9	
		6	9					
							7	
2			7	5	4	9		
4					8		5	2
				6			8	
			1		5		3	
					9	6		

SUDOKU - 488

Hard

		9				5	3	2
		6		4	2	1	8	9
5			9					6
		5		6				7
6		7				8		
	2		4			9		
3			7			2		
	7				5	6		
9	5				6	7		

SUDOKU - 489

Hard

	2	5			3			
		6		5				9
	1	3				6	8	5
2	4	8						
				8				
	9	7	2	4				
			5					
		9			6			
6	8						3	1

SUDOKU - 490

Hard

8							5	
	6	9		1	5		4	7
				6				
			4	9	6			
				2	8	4		
					7	1		
6		8			3			
	2					9		8

SUDOKU - 491

Hard

8						4	5	3
					5			
9					4	8		
	9		6	2	3		8	
	2				8			4
		3	4					6
			2	4	9			8
2			7	3				9
						7		

SUDOKU - 492

Hard

				9				6
		7						5
				5			3	7
		4				6		8
	9			6			2	
8	7		9	2		3		1
	8	2		4	9	5		3
								9
		9			1			

SUDOKU - 493

Hard

		4					9	1
		3		9				4
9	1				6	5	2	
	9	2	6			4	5	
	6					2		
3	7				2			6
5	4		1				7	
		1		6	9			
	3				4			

SUDOKU - 494

Hard

							3	2
3					7			
			5					
8					2			
1	4			6		2	5	8
9		2	3		1			6
6		7			5			
		1	9	7		3	2	5

SUDOKU - 495

Hard

					6			2
1			2	5		4		
	6		4		8		3	
6	2		9	4			8	
	7			3		9	4	
9	4	8			7			
	1		7			6		
				2				3
			6		3		1	4

SUDOKU - 496

Hard

3		9					2	8
		8						
2					5		4	
4				7				5
						2		7
6	5				8	4		
1				2	9	6		
	2							
			1			3	5	2

SUDOKU - 497

Hard

6		2						
4		3	1		2		5	
	1					6		
7	9						2	8
			2		4			
					1	5		7
9			8			2		5
3								4
						7		

SUDOKU - 498

Hard

		5			7		4	
			5					
	7			2			5	
		8	9			4	1	2
4		1			2			8
				8				7
						1		
		9		1			2	
8		7	2				9	6

SUDOKU - 499

Hard

4				6	8		2	
	2					5	6	
		3		2	4	7		
3			4					
2			7	8				3
1			6	9				
	6	7			3			
	4		1				3	

SUDOKU - 500

Hard

	3	8	7					
	1	9			3	5	7	4
		2						3
9		3			4	6		
						2	3	9
	6		9	3	8			
								8
			3	4		7		
				7				

SUDOKU - 501

Hard

		4	7	3				1
	3	7			8			
			4				3	
				7				
					5			
		5			3	6		
				2		5		
	1	9					6	3
	5	2			7	1		

SUDOKU - 502

Hard

								7
	4	6			7	5		
						1		
				4			6	
1	2			6		7	3	
		4	3				1	
4			5			3		
2		9		3	4	6		
		3	1					2

SUDOKU - 503

Hard

					5	7		9
		6				4		
7	5							
	2							5
			2	5	6	1		
			1		3			4
5								
		8			7	3		
	1				5			7

SUDOKU - 504

Hard

	7			1	2	6		
							7	
	9		3					
	4							1
	5		8		1		2	
		1	6		4	3		
	3		7		6	5		
9								
2	8	7	5					

SUDOKU - 1 (Solution)

Intermediate

1	9	7	2	8	6	4	3	5
8	5	6	9	4	3	7	2	1
3	2	4	5	7	1	8	9	6
4	7	8	6	3	9	1	5	2
5	6	3	7	1	2	9	8	4
2	1	9	8	5	4	3	6	7
7	3	5	4	6	8	2	1	9
6	8	2	1	9	7	5	4	3
9	4	1	3	2	5	6	7	8

SUDOKU - 2 (Solution)

Intermediate

8	4	9	5	6	1	3	2	7
5	3	2	9	4	7	1	8	6
6	7	1	8	2	3	5	9	4
4	2	7	3	8	5	9	6	1
9	1	8	4	7	6	2	5	3
3	6	5	1	9	2	7	4	8
2	8	6	7	3	9	4	1	5
7	5	4	2	1	8	6	3	9
1	9	3	6	5	4	8	7	2

SUDOKU - 3 (Solution)

Intermediate

2	5	8	7	3	4	9	1	6
1	7	4	8	6	9	3	2	5
3	9	6	2	1	5	8	4	7
4	3	2	1	9	7	6	5	8
9	8	1	4	5	6	2	7	3
7	6	5	3	8	2	4	9	1
6	1	9	5	4	3	7	8	2
8	2	3	9	7	1	5	6	4
5	4	7	6	2	8	1	3	9

SUDOKU - 4 (Solution)

Intermediate

1	6	4	3	5	7	2	9	8
2	8	9	1	4	6	7	3	5
3	5	7	8	2	9	1	6	4
7	3	8	6	1	5	9	4	2
5	2	6	9	8	4	3	1	7
4	9	1	7	3	2	5	8	6
8	7	5	4	9	3	6	2	1
9	4	2	5	6	1	8	7	3
6	1	3	2	7	8	4	5	9

SUDOKU - 5 (Solution)

Intermediate

8	1	5	7	9	6	3	4	2
4	9	2	5	3	1	7	8	6
7	3	6	4	8	2	5	1	9
3	6	1	8	7	5	2	9	4
9	7	4	6	2	3	8	5	1
2	5	8	9	1	4	6	3	7
1	4	3	2	6	8	9	7	5
6	8	9	1	5	7	4	2	3
5	2	7	3	4	9	1	6	8

SUDOKU - 6 (Solution)

Intermediate

3	6	7	5	1	2	9	8	4
9	8	5	6	7	4	3	2	1
1	2	4	3	9	8	6	5	7
6	7	2	1	8	9	4	3	5
4	1	9	2	3	5	7	6	8
8	5	3	7	4	6	2	1	9
7	4	6	8	5	3	1	9	2
2	9	8	4	6	1	5	7	3
5	3	1	9	2	7	8	4	6

SUDOKU - 7 (Solution)

Intermediate

7	6	5	4	3	9	2	1	8
9	8	1	7	2	6	3	5	4
2	3	4	1	5	8	9	6	7
3	5	8	9	7	1	6	4	2
6	1	2	5	8	4	7	3	9
4	7	9	2	6	3	1	8	5
1	2	6	8	4	7	5	9	3
8	9	7	3	1	5	4	2	6
5	4	3	6	9	2	8	7	1

SUDOKU - 8 (Solution)

Intermediate

2	7	3	6	1	8	9	5	4
5	8	9	4	3	7	6	2	1
6	1	4	2	5	9	7	3	8
4	6	1	7	2	3	8	9	5
7	3	5	9	8	4	2	1	6
9	2	8	5	6	1	3	4	7
1	9	2	8	7	5	4	6	3
3	4	7	1	9	6	5	8	2
8	5	6	3	4	2	1	7	9

SUDOKU - 9 (Solution)

Intermediate

8	5	9	3	7	4	6	2	1
7	1	2	9	6	5	4	3	8
4	6	3	2	8	1	7	5	9
1	2	4	6	5	9	3	8	7
9	7	5	8	2	3	1	6	4
6	3	8	4	1	7	5	9	2
5	8	6	1	4	2	9	7	3
3	4	7	5	9	8	2	1	6
2	9	1	7	3	6	8	4	5

SUDOKU - 10 (Solution)

Intermediate

7	4	5	8	1	3	9	2	6
8	2	6	5	4	9	1	3	7
9	1	3	7	2	6	8	4	5
1	3	7	2	8	5	6	9	4
4	8	9	6	7	1	2	5	3
6	5	2	9	3	4	7	1	8
2	9	8	4	5	7	3	6	1
5	7	1	3	6	2	4	8	9
3	6	4	1	9	8	5	7	2

SUDOKU - 11 (Solution)

Intermediate

3	5	9	8	4	1	6	7	2
6	8	2	3	7	9	4	1	5
4	1	7	6	2	5	3	8	9
7	4	5	1	8	3	9	2	6
2	6	3	5	9	7	8	4	1
1	9	8	2	6	4	7	5	3
5	7	1	4	3	6	2	9	8
8	3	4	9	1	2	5	6	7
9	2	6	7	5	8	1	3	4

SUDOKU - 12 (Solution)

Intermediate

9	4	5	7	1	6	8	2	3
7	1	3	9	2	8	5	4	6
2	8	6	5	3	4	7	9	1
1	6	2	3	7	5	4	8	9
4	9	7	2	8	1	3	6	5
5	3	8	6	4	9	1	7	2
3	7	1	4	9	2	6	5	8
6	2	4	8	5	3	9	1	7
8	5	9	1	6	7	2	3	4

SUDOKU - 13 (Solution)

Intermediate

8	9	4	5	6	2	7	3	1
7	1	6	9	3	4	8	2	5
3	2	5	8	7	1	4	9	6
9	6	8	2	1	5	3	7	4
5	7	2	4	8	3	1	6	9
4	3	1	7	9	6	5	8	2
6	4	7	3	5	9	2	1	8
1	5	3	6	2	8	9	4	7
2	8	9	1	4	7	6	5	3

SUDOKU - 14 (Solution)

Intermediate

9	3	7	1	6	5	4	2	8
4	8	1	7	3	2	5	9	6
6	2	5	8	9	4	3	7	1
3	7	2	9	5	1	8	6	4
1	5	6	4	7	8	9	3	2
8	4	9	6	2	3	7	1	5
2	6	3	5	8	7	1	4	9
5	9	4	3	1	6	2	8	7
7	1	8	2	4	9	6	5	3

SUDOKU - 15 (Solution)

Intermediate

2	4	1	9	7	3	6	8	5
7	6	5	2	8	4	3	9	1
9	3	8	5	6	1	7	4	2
6	5	9	3	1	2	4	7	8
3	7	4	6	5	8	1	2	9
8	1	2	7	4	9	5	3	6
1	9	7	4	2	5	8	6	3
5	2	6	8	3	7	9	1	4
4	8	3	1	9	6	2	5	7

SUDOKU - 16 (Solution)

Intermediate

2	1	3	6	4	7	9	8	5
9	8	7	5	2	3	4	1	6
4	5	6	8	1	9	2	3	7
7	9	4	2	5	1	8	6	3
5	6	1	9	3	8	7	2	4
3	2	8	7	6	4	5	9	1
1	7	9	3	8	5	6	4	2
8	4	2	1	7	6	3	5	9
6	3	5	4	9	2	1	7	8

SUDOKU - 17 (Solution)

Intermediate

4	1	2	7	3	5	9	6	8
3	7	8	1	6	9	4	2	5
9	6	5	8	2	4	7	1	3
8	4	7	2	5	6	1	3	9
5	2	3	9	8	1	6	7	4
6	9	1	4	7	3	5	8	2
1	3	4	6	9	8	2	5	7
2	5	9	3	1	7	8	4	6
7	8	6	5	4	2	3	9	1

SUDOKU - 18 (Solution)

Intermediate

8	7	9	1	3	2	6	5	4
6	3	2	8	5	4	7	9	1
5	1	4	9	6	7	8	3	2
4	9	3	6	1	8	5	2	7
7	8	6	3	2	5	1	4	9
1	2	5	4	7	9	3	8	6
2	6	7	5	9	3	4	1	8
9	5	8	7	4	1	2	6	3
3	4	1	2	8	6	9	7	5

SUDOKU - 19 (Solution)

Intermediate

5	3	7	4	2	9	8	1	6
6	9	4	8	3	1	2	5	7
2	8	1	5	6	7	4	3	9
9	1	8	2	5	4	6	7	3
4	5	2	6	7	3	9	8	1
3	7	6	9	1	8	5	4	2
7	4	9	3	8	2	1	6	5
1	2	5	7	4	6	3	9	8
8	6	3	1	9	5	7	2	4

SUDOKU - 20 (Solution)

Intermediate

4	6	2	7	8	1	5	9	3
9	7	8	4	3	5	1	2	6
3	5	1	2	9	6	7	8	4
6	3	5	9	2	7	8	4	1
7	8	4	1	6	3	9	5	2
1	2	9	5	4	8	3	6	7
5	9	6	3	7	2	4	1	8
8	1	3	6	5	4	2	7	9
2	4	7	8	1	9	6	3	5

SUDOKU - 21 (Solution)

Intermediate

9	6	8	7	2	3	4	5	1
4	5	2	1	8	6	3	7	9
3	7	1	9	5	4	2	8	6
1	9	3	6	4	8	5	2	7
7	8	5	3	1	2	9	6	4
2	4	6	5	7	9	1	3	8
6	1	9	8	3	5	7	4	2
5	2	7	4	6	1	8	9	3
8	3	4	2	9	7	6	1	5

SUDOKU - 22 (Solution)

Intermediate

1	9	4	7	5	3	8	2	6
6	2	3	1	4	8	9	5	7
5	8	7	2	6	9	3	1	4
2	1	5	3	9	4	6	7	8
8	7	9	5	1	6	4	3	2
4	3	6	8	7	2	5	9	1
3	4	1	6	2	5	7	8	9
7	6	8	9	3	1	2	4	5
9	5	2	4	8	7	1	6	3

SUDOKU - 23 (Solution)

Intermediate

6	3	7	4	5	8	2	1	9
1	8	5	3	9	2	6	7	4
9	4	2	7	6	1	3	8	5
7	1	3	9	2	4	5	6	8
8	9	4	5	7	6	1	3	2
5	2	6	1	8	3	9	4	7
2	7	1	6	4	9	8	5	3
3	5	9	8	1	7	4	2	6
4	6	8	2	3	5	7	9	1

SUDOKU - 24 (Solution)

Intermediate

3	4	6	5	7	9	1	8	2
7	9	8	2	3	1	6	5	4
2	5	1	8	4	6	7	9	3
6	7	9	4	8	3	2	1	5
1	2	4	6	5	7	8	3	9
8	3	5	1	9	2	4	7	6
9	8	3	7	2	4	5	6	1
4	6	7	3	1	5	9	2	8
5	1	2	9	6	8	3	4	7

SUDOKU - 25 (Solution)

Intermediate

4	8	5	1	9	7	2	6	3
2	1	9	4	6	3	7	8	5
6	3	7	8	5	2	1	9	4
8	7	4	2	1	6	5	3	9
1	9	2	5	3	4	8	7	6
5	6	3	7	8	9	4	2	1
7	4	6	9	2	5	3	1	8
9	2	8	3	4	1	6	5	7
3	5	1	6	7	8	9	4	2

SUDOKU - 26 (Solution)

Intermediate

7	1	9	4	8	3	6	5	2
8	2	5	9	6	1	4	3	7
3	6	4	7	5	2	8	1	9
6	9	3	5	2	8	7	4	1
4	7	1	6	3	9	2	8	5
5	8	2	1	7	4	3	9	6
1	4	6	8	9	7	5	2	3
2	5	8	3	1	6	9	7	4
9	3	7	2	4	5	1	6	8

SUDOKU - 27 (Solution)

Intermediate

7	6	2	3	8	4	5	9	1
1	3	9	5	7	2	4	8	6
4	5	8	9	1	6	2	7	3
3	2	1	4	5	8	7	6	9
9	4	6	7	2	3	1	5	8
5	8	7	6	9	1	3	4	2
6	1	3	8	4	7	9	2	5
2	7	5	1	6	9	8	3	4
8	9	4	2	3	5	6	1	7

SUDOKU - 28 (Solution)

Intermediate

5	1	4	8	3	9	6	2	7
6	7	2	1	4	5	9	8	3
9	3	8	2	6	7	4	5	1
7	6	3	4	9	2	8	1	5
4	2	1	7	5	8	3	6	9
8	9	5	3	1	6	7	4	2
3	5	9	6	8	1	2	7	4
1	8	7	9	2	4	5	3	6
2	4	6	5	7	3	1	9	8

SUDOKU - 29 (Solution)

Intermediate

6	2	3	5	7	1	8	4	9
1	7	4	3	9	8	6	2	5
9	5	8	2	6	4	7	1	3
5	3	9	1	2	6	4	7	8
2	6	7	4	8	3	9	5	1
4	8	1	9	5	7	2	3	6
3	9	6	7	4	5	1	8	2
7	1	2	8	3	9	5	6	4
8	4	5	6	1	2	3	9	7

SUDOKU - 30 (Solution)

Intermediate

3	8	7	6	5	1	9	2	4
6	2	1	9	7	4	5	8	3
5	4	9	3	8	2	6	7	1
1	3	8	2	4	5	7	9	6
9	5	2	7	1	6	4	3	8
7	6	4	8	3	9	1	5	2
2	7	6	1	9	8	3	4	5
8	9	5	4	6	3	2	1	7
4	1	3	5	2	7	8	6	9

SUDOKU - 31 (Solution)
Intermediate

6	3	5	8	1	2	9	4	7
8	9	7	4	3	5	1	6	2
2	4	1	6	9	7	3	5	8
1	2	4	9	8	3	6	7	5
9	6	8	5	7	1	2	3	4
7	5	3	2	4	6	8	9	1
3	7	2	1	5	9	4	8	6
5	8	6	3	2	4	7	1	9
4	1	9	7	6	8	5	2	3

SUDOKU - 32 (Solution)
Intermediate

8	4	9	1	6	7	2	3	5
1	3	6	4	5	2	7	8	9
7	2	5	9	3	8	1	6	4
9	6	3	7	8	5	4	2	1
4	8	7	2	9	1	6	5	3
2	5	1	3	4	6	9	7	8
6	1	4	8	2	3	5	9	7
3	7	2	5	1	9	8	4	6
5	9	8	6	7	4	3	1	2

SUDOKU - 33 (Solution)
Intermediate

9	5	8	3	4	7	6	1	2
4	6	1	2	5	8	9	3	7
3	7	2	1	6	9	4	5	8
1	4	5	9	8	3	2	7	6
7	2	9	5	1	6	8	4	3
6	8	3	4	7	2	1	9	5
8	9	7	6	3	4	5	2	1
5	3	4	8	2	1	7	6	9
2	1	6	7	9	5	3	8	4

SUDOKU - 34 (Solution)
Intermediate

7	9	8	4	6	1	3	5	2
6	2	3	7	9	5	1	8	4
5	1	4	8	3	2	7	6	9
8	4	6	5	1	9	2	7	3
3	7	1	6	2	8	4	9	5
2	5	9	3	7	4	6	1	8
1	3	5	9	4	6	8	2	7
4	8	2	1	5	7	9	3	6
9	6	7	2	8	3	5	4	1

SUDOKU - 35 (Solution)
Intermediate

4	7	2	5	8	9	1	6	3
6	3	9	7	1	4	2	8	5
1	5	8	6	2	3	9	4	7
9	6	3	2	5	8	7	1	4
7	8	5	9	4	1	6	3	2
2	4	1	3	6	7	5	9	8
8	2	7	1	3	6	4	5	9
5	1	4	8	9	2	3	7	6
3	9	6	4	7	5	8	2	1

SUDOKU - 36 (Solution)
Intermediate

3	6	4	2	8	7	1	9	5
5	1	2	4	9	3	7	8	6
8	9	7	6	5	1	2	4	3
1	8	3	9	2	4	5	6	7
6	2	5	3	7	8	9	1	4
7	4	9	1	6	5	8	3	2
9	5	1	7	4	6	3	2	8
4	3	8	5	1	2	6	7	9
2	7	6	8	3	9	4	5	1

SUDOKU - 37 (Solution)

Intermediate

8	2	4	6	7	5	1	9	3
5	9	1	4	3	8	6	7	2
3	6	7	9	1	2	8	4	5
9	3	5	1	8	6	7	2	4
6	1	2	3	4	7	9	5	8
7	4	8	5	2	9	3	6	1
4	8	6	7	5	1	2	3	9
1	5	9	2	6	3	4	8	7
2	7	3	8	9	4	5	1	6

SUDOKU - 38 (Solution)

Intermediate

2	1	5	7	3	4	6	9	8
8	9	4	2	1	6	5	7	3
3	6	7	8	9	5	2	1	4
4	5	6	1	7	9	3	8	2
9	8	2	4	5	3	7	6	1
7	3	1	6	8	2	9	4	5
5	7	8	9	2	1	4	3	6
6	2	9	3	4	8	1	5	7
1	4	3	5	6	7	8	2	9

SUDOKU - 39 (Solution)

Intermediate

5	7	1	4	8	6	2	3	9
4	6	3	9	2	5	1	7	8
8	2	9	1	3	7	4	6	5
6	4	5	3	9	1	7	8	2
9	3	8	7	6	2	5	4	1
7	1	2	8	5	4	3	9	6
1	5	7	6	4	8	9	2	3
2	9	6	5	7	3	8	1	4
3	8	4	2	1	9	6	5	7

SUDOKU - 40 (Solution)

Intermediate

9	1	3	8	2	6	5	7	4
2	4	7	1	5	9	3	6	8
8	5	6	7	4	3	9	2	1
6	2	1	5	9	4	7	8	3
3	7	4	2	8	1	6	5	9
5	8	9	6	3	7	1	4	2
4	6	8	9	1	5	2	3	7
7	9	2	3	6	8	4	1	5
1	3	5	4	7	2	8	9	6

SUDOKU - 41 (Solution)

Intermediate

6	7	1	2	9	3	4	8	5
8	5	2	6	1	4	3	7	9
9	3	4	8	5	7	6	1	2
7	4	8	5	6	9	2	3	1
2	9	6	4	3	1	8	5	7
3	1	5	7	8	2	9	4	6
5	2	3	9	7	8	1	6	4
4	8	7	1	2	6	5	9	3
1	6	9	3	4	5	7	2	8

SUDOKU - 42 (Solution)

Intermediate

9	7	6	8	1	4	2	3	5
5	2	3	6	7	9	8	4	1
4	8	1	3	5	2	6	9	7
6	1	8	7	9	3	5	2	4
2	3	9	1	4	5	7	6	8
7	4	5	2	6	8	9	1	3
1	9	4	5	2	7	3	8	6
8	5	2	4	3	6	1	7	9
3	6	7	9	8	1	4	5	2

SUDOKU - 43 (Solution)

Intermediate

8	7	4	1	5	3	9	2	6
2	6	1	7	8	9	5	3	4
9	5	3	4	6	2	7	1	8
6	4	2	3	9	5	8	7	1
3	8	5	2	1	7	6	4	9
7	1	9	6	4	8	2	5	3
4	3	8	5	2	6	1	9	7
1	2	6	9	7	4	3	8	5
5	9	7	8	3	1	4	6	2

SUDOKU - 44 (Solution)

Intermediate

8	7	1	2	9	3	5	4	6
3	9	5	6	4	8	7	2	1
6	4	2	1	5	7	3	9	8
2	1	6	5	8	9	4	7	3
4	8	9	7	3	2	1	6	5
7	5	3	4	1	6	2	8	9
1	2	4	8	6	5	9	3	7
5	3	8	9	7	4	6	1	2
9	6	7	3	2	1	8	5	4

SUDOKU - 45 (Solution)

Intermediate

2	9	5	4	1	3	7	8	6
4	3	8	2	6	7	1	9	5
6	7	1	8	9	5	2	4	3
5	2	4	6	3	1	8	7	9
3	8	7	9	2	4	5	6	1
9	1	6	5	7	8	3	2	4
8	6	2	3	5	9	4	1	7
7	5	9	1	4	2	6	3	8
1	4	3	7	8	6	9	5	2

SUDOKU - 46 (Solution)

Intermediate

7	2	4	3	1	5	6	8	9
3	8	9	6	2	4	7	1	5
1	6	5	9	7	8	4	2	3
6	1	3	5	4	7	2	9	8
5	4	8	1	9	2	3	6	7
9	7	2	8	6	3	1	5	4
8	3	7	2	5	6	9	4	1
4	9	6	7	8	1	5	3	2
2	5	1	4	3	9	8	7	6

SUDOKU - 47 (Solution)

Intermediate

6	9	1	4	7	5	3	8	2
2	8	7	1	3	9	4	6	5
5	4	3	6	2	8	9	1	7
4	2	6	3	9	7	8	5	1
9	3	8	2	5	1	6	7	4
7	1	5	8	4	6	2	9	3
8	6	2	7	1	3	5	4	9
3	7	9	5	8	4	1	2	6
1	5	4	9	6	2	7	3	8

SUDOKU - 48 (Solution)

Intermediate

6	1	5	8	4	9	3	2	7
2	8	4	5	3	7	9	6	1
3	9	7	6	2	1	4	5	8
5	4	3	7	6	2	8	1	9
1	2	9	4	8	5	7	3	6
7	6	8	9	1	3	2	4	5
4	3	6	1	7	8	5	9	2
8	5	2	3	9	6	1	7	4
9	7	1	2	5	4	6	8	3

SUDOKU - 49 (Solution)

Intermediate

7	5	9	8	6	4	2	1	3
4	6	2	3	5	1	7	8	9
1	3	8	7	2	9	4	5	6
3	2	6	4	7	8	1	9	5
5	9	7	1	3	6	8	2	4
8	4	1	2	9	5	3	6	7
2	8	5	6	4	7	9	3	1
9	1	4	5	8	3	6	7	2
6	7	3	9	1	2	5	4	8

SUDOKU - 50 (Solution)

Intermediate

8	7	2	3	1	9	6	5	4
3	5	4	8	6	7	1	9	2
6	9	1	2	4	5	7	3	8
1	3	5	9	2	6	8	4	7
4	6	9	7	5	8	2	1	3
2	8	7	4	3	1	5	6	9
7	4	6	1	8	3	9	2	5
5	2	8	6	9	4	3	7	1
9	1	3	5	7	2	4	8	6

SUDOKU - 51 (Solution)

Intermediate

6	3	4	5	8	7	9	2	1
8	9	2	4	1	3	6	5	7
5	7	1	6	2	9	3	8	4
1	8	6	2	3	4	5	7	9
4	2	7	9	6	5	8	1	3
9	5	3	8	7	1	2	4	6
7	6	8	1	9	2	4	3	5
2	1	5	3	4	6	7	9	8
3	4	9	7	5	8	1	6	2

SUDOKU - 52 (Solution)

Intermediate

2	8	9	1	7	6	3	5	4
3	4	1	8	5	2	6	9	7
7	6	5	9	4	3	8	1	2
4	2	6	7	3	5	1	8	9
1	3	7	4	8	9	5	2	6
9	5	8	6	2	1	7	4	3
5	9	4	3	1	7	2	6	8
6	1	3	2	9	8	4	7	5
8	7	2	5	6	4	9	3	1

SUDOKU - 53 (Solution)

Intermediate

9	2	4	1	8	5	7	6	3
1	3	7	6	9	2	5	8	4
8	5	6	7	3	4	2	9	1
3	7	1	4	2	8	9	5	6
5	9	8	3	7	6	1	4	2
6	4	2	9	5	1	8	3	7
2	1	3	8	6	9	4	7	5
7	8	5	2	4	3	6	1	9
4	6	9	5	1	7	3	2	8

SUDOKU - 54 (Solution)

Intermediate

6	7	2	9	1	4	5	8	3
4	5	1	2	3	8	9	6	7
9	8	3	5	7	6	4	2	1
1	4	8	7	5	9	6	3	2
3	6	5	8	2	1	7	9	4
2	9	7	6	4	3	1	5	8
8	2	6	1	9	7	3	4	5
7	3	9	4	8	5	2	1	6
5	1	4	3	6	2	8	7	9

SUDOKU - 55 (Solution)

Intermediate

6	1	7	9	3	5	4	8	2
9	3	4	2	8	7	6	5	1
8	5	2	6	4	1	7	9	3
3	6	8	4	5	2	9	1	7
4	7	9	1	6	8	3	2	5
5	2	1	3	7	9	8	6	4
1	9	3	7	2	6	5	4	8
2	4	5	8	9	3	1	7	6
7	8	6	5	1	4	2	3	9

SUDOKU - 56 (Solution)

Intermediate

4	6	5	8	9	7	2	1	3
3	2	7	6	5	1	8	9	4
1	8	9	2	3	4	5	6	7
7	1	3	5	4	6	9	8	2
5	9	2	1	7	8	3	4	6
6	4	8	9	2	3	1	7	5
9	5	4	7	1	2	6	3	8
2	3	6	4	8	9	7	5	1
8	7	1	3	6	5	4	2	9

SUDOKU - 57 (Solution)

Intermediate

3	6	5	9	2	1	7	4	8
9	1	4	6	8	7	2	5	3
8	2	7	3	4	5	6	9	1
6	5	8	2	1	9	4	3	7
7	3	9	4	5	6	8	1	2
1	4	2	8	7	3	5	6	9
4	7	3	1	6	8	9	2	5
2	8	1	5	9	4	3	7	6
5	9	6	7	3	2	1	8	4

SUDOKU - 58 (Solution)

Intermediate

2	7	1	5	9	6	8	3	4
3	9	5	2	8	4	6	7	1
6	8	4	1	7	3	9	5	2
7	3	8	6	5	2	1	4	9
9	4	6	3	1	8	7	2	5
5	1	2	9	4	7	3	6	8
8	5	3	7	2	1	4	9	6
4	6	9	8	3	5	2	1	7
1	2	7	4	6	9	5	8	3

SUDOKU - 59 (Solution)

Intermediate

8	6	2	4	3	9	7	1	5
3	9	7	2	1	5	4	8	6
4	1	5	8	7	6	9	3	2
1	5	4	9	8	2	3	6	7
9	7	8	1	6	3	2	5	4
2	3	6	5	4	7	8	9	1
6	4	3	7	5	8	1	2	9
7	8	9	6	2	1	5	4	3
5	2	1	3	9	4	6	7	8

SUDOKU - 60 (Solution)

Intermediate

3	1	4	6	2	9	5	7	8
5	2	8	7	3	1	6	9	4
6	9	7	4	8	5	3	2	1
9	3	5	2	4	6	1	8	7
8	7	2	1	5	3	9	4	6
1	4	6	9	7	8	2	3	5
2	6	9	8	1	4	7	5	3
7	8	3	5	6	2	4	1	9
4	5	1	3	9	7	8	6	2

SUDOKU - 61 (Solution)

Intermediate

6	2	3	8	4	7	5	1	9
1	8	4	3	5	9	6	2	7
7	9	5	1	6	2	8	3	4
2	7	8	4	9	6	1	5	3
9	4	1	2	3	5	7	8	6
5	3	6	7	1	8	4	9	2
4	5	2	9	7	1	3	6	8
8	1	7	6	2	3	9	4	5
3	6	9	5	8	4	2	7	1

SUDOKU - 62 (Solution)

Intermediate

2	5	4	8	9	1	7	6	3
6	9	1	3	4	7	8	2	5
8	3	7	2	6	5	4	1	9
1	6	2	5	7	4	3	9	8
7	8	5	6	3	9	2	4	1
3	4	9	1	2	8	6	5	7
9	2	6	7	5	3	1	8	4
5	7	8	4	1	2	9	3	6
4	1	3	9	8	6	5	7	2

SUDOKU - 63 (Solution)

Intermediate

2	1	3	4	6	5	9	7	8
8	9	6	2	7	3	1	5	4
4	5	7	8	1	9	2	3	6
6	4	9	3	2	7	8	1	5
1	2	5	6	9	8	3	4	7
3	7	8	5	4	1	6	9	2
9	6	4	1	5	2	7	8	3
7	3	2	9	8	4	5	6	1
5	8	1	7	3	6	4	2	9

SUDOKU - 64 (Solution)

Intermediate

5	1	8	7	9	4	6	2	3
6	3	4	5	8	2	1	7	9
2	9	7	3	1	6	8	4	5
3	8	6	9	2	1	4	5	7
1	2	9	4	5	7	3	8	6
4	7	5	8	6	3	9	1	2
7	4	1	6	3	5	2	9	8
8	6	2	1	7	9	5	3	4
9	5	3	2	4	8	7	6	1

SUDOKU - 65 (Solution)

Intermediate

4	7	8	6	2	5	3	9	1
6	9	5	8	3	1	4	2	7
3	2	1	7	9	4	8	6	5
2	3	4	9	8	7	1	5	6
9	1	7	3	5	6	2	4	8
5	8	6	1	4	2	9	7	3
7	4	2	5	1	3	6	8	9
8	5	3	2	6	9	7	1	4
1	6	9	4	7	8	5	3	2

SUDOKU - 66 (Solution)

Intermediate

5	1	8	6	9	3	2	4	7
6	2	3	5	7	4	1	8	9
9	7	4	2	8	1	6	5	3
8	3	5	1	6	9	4	7	2
1	6	7	8	4	2	9	3	5
4	9	2	3	5	7	8	6	1
7	5	1	4	2	8	3	9	6
3	4	9	7	1	6	5	2	8
2	8	6	9	3	5	7	1	4

SUDOKU - 67 (Solution)

Intermediate

8	2	3	9	6	5	4	1	7
5	6	7	1	4	8	3	2	9
1	4	9	7	2	3	5	6	8
6	1	2	5	9	7	8	3	4
7	3	4	2	8	1	6	9	5
9	5	8	4	3	6	1	7	2
3	9	5	6	7	4	2	8	1
4	7	6	8	1	2	9	5	3
2	8	1	3	5	9	7	4	6

SUDOKU - 68 (Solution)

Intermediate

2	7	1	9	3	4	8	6	5
6	5	9	8	1	7	2	4	3
3	4	8	2	6	5	1	9	7
4	9	5	3	2	1	7	8	6
7	6	2	5	8	9	3	1	4
1	8	3	4	7	6	9	5	2
9	1	6	7	4	2	5	3	8
5	3	7	6	9	8	4	2	1
8	2	4	1	5	3	6	7	9

SUDOKU - 69 (Solution)

Intermediate

7	4	5	1	8	9	3	2	6
6	8	3	5	4	2	9	1	7
9	1	2	3	7	6	5	8	4
3	6	1	4	9	7	8	5	2
4	5	8	6	2	3	7	9	1
2	7	9	8	5	1	4	6	3
8	9	6	7	1	4	2	3	5
1	2	7	9	3	5	6	4	8
5	3	4	2	6	8	1	7	9

SUDOKU - 70 (Solution)

Intermediate

7	6	4	8	2	1	3	5	9
1	5	9	3	4	6	7	8	2
3	8	2	7	5	9	1	6	4
6	4	1	2	8	3	9	7	5
2	3	8	9	7	5	4	1	6
9	7	5	6	1	4	8	2	3
5	1	6	4	3	7	2	9	8
8	9	3	1	6	2	5	4	7
4	2	7	5	9	8	6	3	1

SUDOKU - 71 (Solution)

Intermediate

1	4	7	6	2	3	8	9	5
9	6	8	7	1	5	2	3	4
5	2	3	9	4	8	7	1	6
3	1	2	8	5	7	4	6	9
7	9	4	2	6	1	3	5	8
6	8	5	3	9	4	1	7	2
8	7	9	4	3	6	5	2	1
2	3	1	5	8	9	6	4	7
4	5	6	1	7	2	9	8	3

SUDOKU - 72 (Solution)

Intermediate

8	2	7	1	3	9	4	5	6
9	1	5	4	2	6	3	7	8
4	3	6	5	8	7	1	9	2
2	9	1	6	4	5	8	3	7
5	6	3	7	9	8	2	4	1
7	8	4	2	1	3	5	6	9
6	4	9	8	5	2	7	1	3
1	7	2	3	6	4	9	8	5
3	5	8	9	7	1	6	2	4

SUDOKU - 73 (Solution)

Intermediate

4	7	5	3	8	9	2	6	1
2	8	6	4	7	1	3	9	5
3	9	1	6	5	2	7	8	4
6	4	8	7	1	5	9	3	2
5	2	9	8	3	6	4	1	7
1	3	7	9	2	4	6	5	8
8	6	3	5	4	7	1	2	9
9	1	4	2	6	8	5	7	3
7	5	2	1	9	3	8	4	6

SUDOKU - 74 (Solution)

Intermediate

5	8	2	1	9	7	6	4	3
1	3	6	4	8	5	9	2	7
4	7	9	6	3	2	1	5	8
3	9	7	5	1	8	2	6	4
6	4	8	2	7	9	3	1	5
2	5	1	3	4	6	8	7	9
8	6	5	7	2	3	4	9	1
7	1	3	9	6	4	5	8	2
9	2	4	8	5	1	7	3	6

SUDOKU - 75 (Solution)

Intermediate

8	1	3	9	6	4	7	2	5
4	6	7	5	8	2	1	3	9
9	5	2	3	1	7	4	8	6
5	2	8	7	3	6	9	4	1
3	4	1	8	5	9	2	6	7
7	9	6	2	4	1	8	5	3
6	3	4	1	9	8	5	7	2
2	8	9	6	7	5	3	1	4
1	7	5	4	2	3	6	9	8

SUDOKU - 76 (Solution)

Intermediate

3	1	6	7	9	5	4	2	8
9	8	5	4	1	2	7	3	6
7	4	2	6	8	3	1	5	9
6	7	3	2	5	4	8	9	1
5	9	1	8	3	6	2	7	4
8	2	4	9	7	1	3	6	5
2	6	7	5	4	8	9	1	3
4	3	9	1	6	7	5	8	2
1	5	8	3	2	9	6	4	7

SUDOKU - 77 (Solution)

Intermediate

1	3	7	9	2	8	5	6	4
4	6	2	7	5	1	8	9	3
8	5	9	4	3	6	7	2	1
2	9	4	6	1	5	3	7	8
5	7	8	2	4	3	9	1	6
3	1	6	8	7	9	4	5	2
9	2	3	5	6	4	1	8	7
7	8	1	3	9	2	6	4	5
6	4	5	1	8	7	2	3	9

SUDOKU - 78 (Solution)

Intermediate

3	2	7	1	4	8	9	5	6
6	4	5	3	7	9	8	1	2
1	8	9	2	5	6	3	4	7
8	9	2	4	3	5	7	6	1
7	6	3	8	1	2	5	9	4
5	1	4	6	9	7	2	8	3
2	7	8	5	6	4	1	3	9
9	3	6	7	8	1	4	2	5
4	5	1	9	2	3	6	7	8

SUDOKU - 79 (Solution)

Intermediate

4	6	3	2	5	9	8	7	1
5	8	1	7	4	6	3	9	2
7	9	2	3	1	8	6	5	4
2	4	5	6	8	1	9	3	7
3	7	8	4	9	2	1	6	5
9	1	6	5	3	7	2	4	8
6	5	7	8	2	3	4	1	9
1	2	4	9	6	5	7	8	3
8	3	9	1	7	4	5	2	6

SUDOKU - 80 (Solution)

Intermediate

2	7	1	9	6	8	4	3	5
8	3	9	1	5	4	7	2	6
5	6	4	2	7	3	9	1	8
4	2	8	3	9	5	1	6	7
9	1	3	6	8	7	5	4	2
7	5	6	4	1	2	3	8	9
3	8	5	7	4	6	2	9	1
1	4	7	8	2	9	6	5	3
6	9	2	5	3	1	8	7	4

SUDOKU - 81 (Solution)

Intermediate

8	3	1	9	4	7	2	6	5
4	6	9	2	5	1	7	8	3
5	7	2	3	6	8	9	4	1
3	8	5	6	7	9	1	2	4
6	2	4	5	1	3	8	9	7
9	1	7	8	2	4	5	3	6
7	4	6	1	8	2	3	5	9
1	9	8	4	3	5	6	7	2
2	5	3	7	9	6	4	1	8

SUDOKU - 82 (Solution)

Intermediate

9	4	6	5	8	7	2	1	3
7	1	5	6	3	2	9	8	4
2	3	8	9	1	4	6	7	5
8	7	9	2	6	5	4	3	1
1	6	2	8	4	3	5	9	7
3	5	4	7	9	1	8	6	2
5	8	3	1	2	6	7	4	9
6	2	1	4	7	9	3	5	8
4	9	7	3	5	8	1	2	6

SUDOKU - 83 (Solution)

Intermediate

9	1	7	6	8	4	5	3	2
8	3	2	1	5	7	9	4	6
5	6	4	2	9	3	7	1	8
6	9	5	8	7	1	4	2	3
7	4	1	5	3	2	8	6	9
3	2	8	9	4	6	1	7	5
2	7	9	3	1	5	6	8	4
1	5	6	4	2	8	3	9	7
4	8	3	7	6	9	2	5	1

SUDOKU - 84 (Solution)

Intermediate

6	9	7	4	3	8	5	2	1
4	5	1	7	2	9	6	8	3
8	2	3	5	1	6	7	4	9
1	3	5	2	8	7	9	6	4
7	8	4	6	9	5	3	1	2
9	6	2	1	4	3	8	5	7
5	1	9	3	6	2	4	7	8
3	4	6	8	7	1	2	9	5
2	7	8	9	5	4	1	3	6

SUDOKU - 85 (Solution)
Intermediate

2	5	4	6	8	1	9	7	3
9	1	6	3	5	7	8	4	2
3	7	8	9	2	4	5	1	6
1	8	2	4	6	3	7	9	5
6	9	7	8	1	5	2	3	4
5	4	3	2	7	9	1	6	8
8	2	1	7	4	6	3	5	9
7	6	9	5	3	2	4	8	1
4	3	5	1	9	8	6	2	7

SUDOKU - 86 (Solution)
Intermediate

2	3	4	9	6	7	5	1	8
5	9	6	8	4	1	2	3	7
1	7	8	5	3	2	4	9	6
8	1	5	7	2	9	6	4	3
9	4	7	6	1	3	8	2	5
6	2	3	4	8	5	1	7	9
7	5	2	1	9	6	3	8	4
4	6	1	3	7	8	9	5	2
3	8	9	2	5	4	7	6	1

SUDOKU - 87 (Solution)
Intermediate

7	2	5	6	1	4	9	8	3
6	4	8	2	3	9	7	5	1
3	1	9	8	7	5	6	4	2
8	9	3	4	5	1	2	7	6
4	6	2	9	8	7	1	3	5
1	5	7	3	6	2	8	9	4
9	7	1	5	2	3	4	6	8
5	8	4	1	9	6	3	2	7
2	3	6	7	4	8	5	1	9

SUDOKU - 88 (Solution)
Intermediate

6	2	9	8	7	1	5	4	3
8	7	3	6	5	4	2	9	1
4	5	1	9	3	2	6	7	8
1	6	8	2	4	9	7	3	5
3	4	7	1	6	5	9	8	2
5	9	2	7	8	3	1	6	4
2	8	4	5	9	7	3	1	6
9	1	6	3	2	8	4	5	7
7	3	5	4	1	6	8	2	9

SUDOKU - 89 (Solution)
Intermediate

3	6	2	7	8	1	9	4	5
5	1	7	3	4	9	8	6	2
4	8	9	6	5	2	7	3	1
6	7	8	1	2	4	5	9	3
9	4	5	8	6	3	1	2	7
1	2	3	9	7	5	4	8	6
8	3	6	4	1	7	2	5	9
7	5	4	2	9	6	3	1	8
2	9	1	5	3	8	6	7	4

SUDOKU - 90 (Solution)
Intermediate

7	8	1	6	9	4	3	5	2
9	6	2	7	5	3	1	8	4
3	4	5	1	8	2	6	9	7
5	3	8	2	7	6	9	4	1
2	1	9	8	4	5	7	3	6
4	7	6	3	1	9	5	2	8
1	5	7	4	3	8	2	6	9
6	9	4	5	2	1	8	7	3
8	2	3	9	6	7	4	1	5

SUDOKU - 91 (Solution)

Intermediate

9	8	4	1	3	7	2	6	5
7	2	5	9	8	6	1	4	3
6	1	3	4	5	2	8	7	9
1	6	9	2	7	5	4	3	8
8	4	7	3	6	9	5	1	2
3	5	2	8	1	4	7	9	6
2	3	6	5	4	1	9	8	7
4	9	8	7	2	3	6	5	1
5	7	1	6	9	8	3	2	4

SUDOKU - 92 (Solution)

Intermediate

9	7	6	3	5	8	2	4	1
3	8	4	9	2	1	6	5	7
1	5	2	7	4	6	3	9	8
5	3	8	6	1	4	7	2	9
7	4	1	2	9	3	5	8	6
2	6	9	5	8	7	4	1	3
4	2	3	8	7	9	1	6	5
6	9	5	1	3	2	8	7	4
8	1	7	4	6	5	9	3	2

SUDOKU - 93 (Solution)

Intermediate

7	3	5	2	6	1	9	8	4
6	8	1	5	4	9	2	3	7
2	4	9	3	7	8	5	1	6
5	9	4	6	8	3	7	2	1
1	2	7	9	5	4	3	6	8
3	6	8	1	2	7	4	5	9
9	7	2	8	3	6	1	4	5
8	1	3	4	9	5	6	7	2
4	5	6	7	1	2	8	9	3

SUDOKU - 94 (Solution)

Intermediate

9	4	1	3	5	8	2	6	7
5	8	7	2	6	1	9	4	3
6	3	2	7	9	4	8	1	5
1	9	3	8	7	2	6	5	4
4	6	5	1	3	9	7	8	2
2	7	8	5	4	6	1	3	9
8	1	9	4	2	3	5	7	6
3	5	6	9	1	7	4	2	8
7	2	4	6	8	5	3	9	1

SUDOKU - 95 (Solution)

Intermediate

6	1	7	9	2	3	8	4	5
2	8	9	5	7	4	3	6	1
3	4	5	8	6	1	2	9	7
5	2	6	1	8	9	4	7	3
4	3	1	2	5	7	6	8	9
7	9	8	3	4	6	5	1	2
9	5	4	7	3	8	1	2	6
8	7	3	6	1	2	9	5	4
1	6	2	4	9	5	7	3	8

SUDOKU - 96 (Solution)

Intermediate

7	5	3	6	8	4	2	9	1
4	1	8	5	2	9	6	3	7
6	9	2	3	1	7	8	5	4
8	6	5	9	7	1	4	2	3
3	7	1	4	5	2	9	6	8
2	4	9	8	6	3	7	1	5
5	2	6	7	3	8	1	4	9
1	8	4	2	9	5	3	7	6
9	3	7	1	4	6	5	8	2

SUDOKU - 97 (Solution)

Intermediate

7	9	8	4	5	3	6	1	2
1	4	5	9	2	6	3	7	8
2	3	6	7	1	8	4	9	5
6	5	9	3	8	7	1	2	4
8	1	2	6	4	5	7	3	9
3	7	4	1	9	2	8	5	6
4	8	3	2	7	9	5	6	1
5	2	7	8	6	1	9	4	3
9	6	1	5	3	4	2	8	7

SUDOKU - 98 (Solution)

Intermediate

7	8	6	2	3	9	1	5	4
4	1	5	7	8	6	2	3	9
2	3	9	5	1	4	8	6	7
1	6	2	3	4	8	7	9	5
8	7	3	9	5	2	6	4	1
9	5	4	1	6	7	3	8	2
3	4	1	8	7	5	9	2	6
5	9	8	6	2	1	4	7	3
6	2	7	4	9	3	5	1	8

SUDOKU - 99 (Solution)

Intermediate

9	4	8	5	7	1	3	6	2
7	6	5	3	9	2	4	8	1
1	2	3	8	4	6	9	5	7
2	9	7	1	5	8	6	3	4
5	8	6	4	3	7	1	2	9
4	3	1	2	6	9	5	7	8
3	1	4	7	8	5	2	9	6
8	5	9	6	2	4	7	1	3
6	7	2	9	1	3	8	4	5

SUDOKU - 100 (Solution)

Intermediate

3	1	7	9	2	5	6	4	8
8	2	4	7	1	6	9	3	5
5	6	9	3	4	8	2	1	7
2	5	3	4	8	7	1	9	6
9	4	1	6	5	2	7	8	3
7	8	6	1	3	9	4	5	2
1	7	5	2	9	3	8	6	4
4	3	2	8	6	1	5	7	9
6	9	8	5	7	4	3	2	1

SUDOKU - 101 (Solution)

Intermediate

4	9	2	8	7	6	5	1	3
5	7	3	4	1	9	2	8	6
8	6	1	3	2	5	7	9	4
2	4	6	5	8	1	9	3	7
1	3	5	9	4	7	8	6	2
9	8	7	6	3	2	4	5	1
7	1	9	2	5	3	6	4	8
3	5	4	7	6	8	1	2	9
6	2	8	1	9	4	3	7	5

SUDOKU - 102 (Solution)

Intermediate

9	2	6	5	1	7	3	4	8
8	1	5	6	3	4	7	9	2
7	3	4	9	8	2	5	6	1
4	9	8	2	5	1	6	3	7
1	5	2	7	6	3	4	8	9
6	7	3	4	9	8	1	2	5
2	4	1	8	7	6	9	5	3
3	8	9	1	4	5	2	7	6
5	6	7	3	2	9	8	1	4

SUDOKU - 103 (Solution)

Intermediate

6	8	3	5	7	2	4	9	1
1	2	7	4	6	9	5	8	3
9	5	4	1	8	3	6	7	2
3	9	8	7	4	5	1	2	6
2	6	5	9	3	1	8	4	7
7	4	1	8	2	6	3	5	9
5	3	9	2	1	8	7	6	4
4	1	2	6	5	7	9	3	8
8	7	6	3	9	4	2	1	5

SUDOKU - 104 (Solution)

Intermediate

9	6	3	4	7	5	2	8	1
7	5	4	8	2	1	6	9	3
1	2	8	6	3	9	7	5	4
4	7	5	9	8	2	3	1	6
2	3	9	5	1	6	4	7	8
8	1	6	7	4	3	5	2	9
6	8	1	3	5	7	9	4	2
3	4	7	2	9	8	1	6	5
5	9	2	1	6	4	8	3	7

SUDOKU - 105 (Solution)

Intermediate

6	3	2	4	9	1	5	7	8
4	1	7	3	5	8	6	9	2
8	5	9	2	7	6	4	3	1
2	9	6	7	8	3	1	4	5
1	4	3	9	6	5	8	2	7
7	8	5	1	2	4	9	6	3
3	6	1	8	4	2	7	5	9
9	2	4	5	1	7	3	8	6
5	7	8	6	3	9	2	1	4

SUDOKU - 106 (Solution)

Intermediate

2	5	8	9	6	1	3	4	7
7	4	6	8	5	3	2	1	9
1	3	9	7	2	4	6	8	5
9	6	2	5	1	8	4	7	3
5	1	3	6	4	7	9	2	8
4	8	7	3	9	2	1	5	6
6	7	1	4	3	5	8	9	2
8	9	4	2	7	6	5	3	1
3	2	5	1	8	9	7	6	4

SUDOKU - 107 (Solution)

Intermediate

4	1	3	6	8	2	5	9	7
2	9	8	3	5	7	4	1	6
7	6	5	9	4	1	3	8	2
9	8	2	1	3	5	6	7	4
1	4	7	8	2	6	9	5	3
3	5	6	4	7	9	1	2	8
6	2	4	5	9	8	7	3	1
8	3	9	7	1	4	2	6	5
5	7	1	2	6	3	8	4	9

SUDOKU - 108 (Solution)

Intermediate

8	6	5	9	7	2	1	3	4
7	2	3	4	8	1	9	6	5
9	1	4	3	5	6	2	8	7
4	5	6	8	2	3	7	1	9
1	9	2	5	6	7	3	4	8
3	7	8	1	4	9	6	5	2
2	4	9	6	3	8	5	7	1
5	3	7	2	1	4	8	9	6
6	8	1	7	9	5	4	2	3

SUDOKU - 109 (Solution)

Intermediate

1	7	2	5	4	3	8	9	6
6	9	3	8	2	7	4	5	1
8	5	4	9	1	6	7	3	2
5	6	8	3	7	2	9	1	4
9	2	1	6	8	4	3	7	5
3	4	7	1	9	5	2	6	8
4	3	6	7	5	8	1	2	9
2	1	5	4	3	9	6	8	7
7	8	9	2	6	1	5	4	3

SUDOKU - 110 (Solution)

Intermediate

2	4	9	6	8	3	5	7	1
5	7	3	4	9	1	2	6	8
8	6	1	7	5	2	9	3	4
7	5	6	1	3	8	4	9	2
4	3	8	2	7	9	1	5	6
9	1	2	5	4	6	3	8	7
3	2	5	8	6	4	7	1	9
1	8	7	9	2	5	6	4	3
6	9	4	3	1	7	8	2	5

SUDOKU - 111 (Solution)

Intermediate

1	2	4	7	3	8	9	5	6
9	8	7	6	5	4	2	1	3
3	5	6	9	1	2	4	7	8
8	7	3	5	4	1	6	2	9
4	6	9	3	2	7	5	8	1
2	1	5	8	6	9	7	3	4
7	9	1	2	8	6	3	4	5
5	4	2	1	9	3	8	6	7
6	3	8	4	7	5	1	9	2

SUDOKU - 112 (Solution)

Intermediate

7	6	8	9	2	1	4	5	3
4	5	2	3	7	6	1	9	8
3	1	9	5	4	8	6	7	2
5	9	7	8	6	2	3	1	4
6	3	4	7	1	9	2	8	5
2	8	1	4	5	3	7	6	9
8	7	3	1	9	4	5	2	6
1	4	6	2	8	5	9	3	7
9	2	5	6	3	7	8	4	1

SUDOKU - 113 (Solution)

Intermediate

6	1	5	7	2	8	3	9	4
2	8	9	4	1	3	7	6	5
4	7	3	5	9	6	1	8	2
8	6	7	1	5	9	2	4	3
1	5	2	3	6	4	9	7	8
3	9	4	2	8	7	6	5	1
9	2	6	8	3	5	4	1	7
7	3	8	9	4	1	5	2	6
5	4	1	6	7	2	8	3	9

SUDOKU - 114 (Solution)

Intermediate

5	4	8	7	1	3	9	6	2
2	3	1	4	9	6	7	8	5
6	9	7	2	8	5	4	3	1
9	6	3	5	2	4	8	1	7
1	5	2	6	7	8	3	9	4
8	7	4	1	3	9	5	2	6
3	2	6	9	5	7	1	4	8
7	1	9	8	4	2	6	5	3
4	8	5	3	6	1	2	7	9

SUDOKU - 115 (Solution)
Intermediate

3	8	6	4	7	5	1	9	2
7	9	4	6	2	1	3	5	8
5	2	1	9	3	8	6	4	7
4	6	5	2	9	3	8	7	1
9	3	7	8	1	4	5	2	6
2	1	8	7	5	6	4	3	9
8	4	2	5	6	9	7	1	3
1	5	9	3	8	7	2	6	4
6	7	3	1	4	2	9	8	5

SUDOKU - 116 (Solution)
Intermediate

4	5	1	3	6	7	9	8	2
2	7	6	1	9	8	5	3	4
8	3	9	2	4	5	7	1	6
5	1	7	8	3	4	2	6	9
3	6	8	5	2	9	1	4	7
9	2	4	7	1	6	8	5	3
6	8	5	9	7	3	4	2	1
1	9	3	4	5	2	6	7	8
7	4	2	6	8	1	3	9	5

SUDOKU - 117 (Solution)
Intermediate

7	9	4	1	6	5	3	2	8
1	5	3	8	4	2	7	6	9
2	8	6	3	7	9	5	4	1
4	2	5	6	1	3	8	9	7
3	1	7	2	9	8	4	5	6
9	6	8	7	5	4	2	1	3
5	7	1	4	8	6	9	3	2
8	4	2	9	3	1	6	7	5
6	3	9	5	2	7	1	8	4

SUDOKU - 118 (Solution)
Intermediate

2	4	7	9	8	6	3	5	1
8	9	1	7	5	3	2	4	6
3	5	6	2	1	4	8	7	9
6	3	9	8	7	2	5	1	4
4	7	5	1	3	9	6	8	2
1	2	8	6	4	5	9	3	7
5	6	4	3	9	1	7	2	8
9	8	3	4	2	7	1	6	5
7	1	2	5	6	8	4	9	3

SUDOKU - 119 (Solution)
Intermediate

3	1	2	4	5	8	6	9	7
7	5	9	1	2	6	4	8	3
4	8	6	3	7	9	2	5	1
2	6	7	8	4	3	5	1	9
1	9	3	2	6	5	8	7	4
8	4	5	7	9	1	3	6	2
6	3	4	5	1	7	9	2	8
5	2	1	9	8	4	7	3	6
9	7	8	6	3	2	1	4	5

SUDOKU - 120 (Solution)
Intermediate

8	2	1	4	5	9	7	3	6
3	6	7	8	2	1	4	9	5
5	4	9	6	3	7	8	2	1
2	8	3	5	6	4	1	7	9
7	9	6	2	1	8	3	5	4
1	5	4	7	9	3	6	8	2
4	7	5	1	8	2	9	6	3
9	1	2	3	7	6	5	4	8
6	3	8	9	4	5	2	1	7

SUDOKU - 121 (Solution)

Intermediate

3	8	1	9	7	5	4	2	6
7	6	2	1	3	4	5	8	9
4	9	5	2	6	8	3	7	1
5	4	7	3	1	9	8	6	2
6	3	9	7	8	2	1	5	4
1	2	8	5	4	6	7	9	3
9	7	6	4	5	1	2	3	8
2	1	3	8	9	7	6	4	5
8	5	4	6	2	3	9	1	7

SUDOKU - 122 (Solution)

Intermediate

3	4	8	7	6	5	1	9	2
6	1	9	2	8	4	7	5	3
5	2	7	1	3	9	4	6	8
4	9	6	3	2	8	5	1	7
1	8	3	9	5	7	6	2	4
2	7	5	4	1	6	8	3	9
8	3	2	6	7	1	9	4	5
7	6	4	5	9	3	2	8	1
9	5	1	8	4	2	3	7	6

SUDOKU - 123 (Solution)

Intermediate

1	2	6	8	3	7	5	9	4
5	9	4	2	6	1	7	3	8
8	7	3	9	4	5	1	2	6
4	6	9	3	5	2	8	7	1
7	1	2	6	8	9	4	5	3
3	5	8	1	7	4	9	6	2
9	4	1	5	2	6	3	8	7
2	8	7	4	9	3	6	1	5
6	3	5	7	1	8	2	4	9

SUDOKU - 124 (Solution)

Intermediate

4	5	1	3	6	7	9	8	2
3	8	9	2	1	5	6	7	4
6	2	7	8	9	4	1	5	3
9	7	6	4	3	1	5	2	8
5	1	2	7	8	9	3	4	6
8	3	4	5	2	6	7	9	1
7	6	5	1	4	8	2	3	9
2	9	8	6	5	3	4	1	7
1	4	3	9	7	2	8	6	5

SUDOKU - 125 (Solution)

Intermediate

5	8	4	9	1	3	6	2	7
7	3	2	4	6	5	9	1	8
6	1	9	8	2	7	5	3	4
1	4	6	7	5	9	2	8	3
2	7	8	3	4	6	1	5	9
3	9	5	1	8	2	4	7	6
9	6	3	2	7	1	8	4	5
4	2	7	5	9	8	3	6	1
8	5	1	6	3	4	7	9	2

SUDOKU - 126 (Solution)

Intermediate

2	3	9	8	5	7	1	6	4
1	5	7	9	6	4	3	2	8
6	4	8	1	2	3	5	9	7
4	8	1	5	9	6	2	7	3
7	2	3	4	8	1	9	5	6
9	6	5	7	3	2	8	4	1
8	9	4	6	1	5	7	3	2
3	1	6	2	7	9	4	8	5
5	7	2	3	4	8	6	1	9

SUDOKU - 127 (Solution)
Intermediate

5	9	6	8	3	2	7	4	1
8	7	2	5	1	4	6	3	9
3	1	4	7	6	9	8	5	2
2	8	3	4	7	5	1	9	6
9	5	1	2	8	6	3	7	4
4	6	7	3	9	1	2	8	5
6	3	5	9	2	7	4	1	8
7	2	9	1	4	8	5	6	3
1	4	8	6	5	3	9	2	7

SUDOKU - 128 (Solution)
Intermediate

9	6	3	4	8	1	2	5	7
2	8	1	5	6	7	4	9	3
4	5	7	9	2	3	8	1	6
7	1	9	6	4	8	5	3	2
6	3	5	2	1	9	7	8	4
8	4	2	3	7	5	9	6	1
1	2	6	8	9	4	3	7	5
3	9	4	7	5	6	1	2	8
5	7	8	1	3	2	6	4	9

SUDOKU - 129 (Solution)
Intermediate

6	8	4	5	9	1	3	2	7
9	2	1	8	7	3	6	4	5
5	3	7	2	6	4	8	1	9
3	9	8	6	1	7	4	5	2
7	6	2	4	3	5	9	8	1
4	1	5	9	8	2	7	6	3
2	4	3	7	5	6	1	9	8
1	5	9	3	4	8	2	7	6
8	7	6	1	2	9	5	3	4

SUDOKU - 130 (Solution)
Intermediate

3	7	2	6	4	8	5	9	1
8	4	5	2	9	1	3	7	6
6	1	9	7	5	3	2	4	8
4	5	8	3	7	6	9	1	2
2	3	6	4	1	9	8	5	7
7	9	1	8	2	5	4	6	3
9	2	3	5	6	7	1	8	4
1	8	7	9	3	4	6	2	5
5	6	4	1	8	2	7	3	9

SUDOKU - 131 (Solution)
Intermediate

4	9	3	1	6	8	7	5	2
1	7	2	9	3	5	4	6	8
6	8	5	7	4	2	9	3	1
2	3	9	8	5	7	1	4	6
7	6	8	2	1	4	3	9	5
5	1	4	6	9	3	2	8	7
8	4	7	5	2	9	6	1	3
3	2	1	4	8	6	5	7	9
9	5	6	3	7	1	8	2	4

SUDOKU - 132 (Solution)
Intermediate

5	7	9	6	3	4	1	8	2
8	3	6	5	1	2	4	7	9
4	2	1	7	8	9	5	3	6
6	1	7	9	5	8	2	4	3
3	5	4	1	2	7	9	6	8
9	8	2	4	6	3	7	5	1
2	4	5	8	9	6	3	1	7
7	9	8	3	4	1	6	2	5
1	6	3	2	7	5	8	9	4

SUDOKU - 133 (Solution)
Intermediate

6	2	3	5	4	9	7	8	1
7	4	5	8	2	1	3	6	9
1	9	8	6	3	7	2	4	5
8	5	4	1	6	3	9	7	2
2	7	6	9	5	4	1	3	8
3	1	9	7	8	2	4	5	6
5	3	1	2	7	6	8	9	4
4	6	2	3	9	8	5	1	7
9	8	7	4	1	5	6	2	3

SUDOKU - 134 (Solution)
Intermediate

1	2	8	7	4	6	3	9	5
7	6	3	9	8	5	4	1	2
5	4	9	2	3	1	7	6	8
6	1	2	3	5	4	9	8	7
8	7	5	6	2	9	1	3	4
9	3	4	8	1	7	2	5	6
3	5	7	4	9	8	6	2	1
4	9	1	5	6	2	8	7	3
2	8	6	1	7	3	5	4	9

SUDOKU - 135 (Solution)
Intermediate

6	1	3	7	9	2	8	5	4
2	7	4	8	6	5	1	9	3
8	5	9	1	4	3	7	6	2
3	6	5	9	1	4	2	7	8
1	9	2	3	7	8	6	4	5
4	8	7	2	5	6	3	1	9
9	3	1	4	8	7	5	2	6
7	2	6	5	3	9	4	8	1
5	4	8	6	2	1	9	3	7

SUDOKU - 136 (Solution)
Intermediate

4	8	6	2	7	9	1	5	3
9	3	2	5	6	1	8	4	7
5	1	7	3	4	8	2	6	9
8	4	9	1	2	6	3	7	5
1	2	3	4	5	7	9	8	6
6	7	5	8	9	3	4	2	1
7	5	4	9	3	2	6	1	8
3	6	1	7	8	4	5	9	2
2	9	8	6	1	5	7	3	4

SUDOKU - 137 (Solution)
Intermediate

8	2	6	1	5	7	9	4	3
1	3	5	9	8	4	2	6	7
4	7	9	2	6	3	8	1	5
2	6	1	5	9	8	3	7	4
3	9	4	6	7	1	5	8	2
5	8	7	4	3	2	1	9	6
7	1	8	3	4	5	6	2	9
9	4	3	8	2	6	7	5	1
6	5	2	7	1	9	4	3	8

SUDOKU - 138 (Solution)
Intermediate

6	2	4	8	5	3	1	9	7
7	9	1	4	2	6	5	8	3
8	3	5	9	7	1	6	2	4
4	5	8	2	9	7	3	6	1
9	7	6	1	3	4	2	5	8
2	1	3	6	8	5	7	4	9
1	8	7	5	4	2	9	3	6
3	4	2	7	6	9	8	1	5
5	6	9	3	1	8	4	7	2

SUDOKU - 139 (Solution)

Intermediate

7	3	1	9	8	2	6	5	4
9	8	4	7	6	5	2	1	3
6	2	5	4	3	1	8	7	9
5	1	3	2	4	9	7	8	6
2	9	7	6	5	8	3	4	1
4	6	8	1	7	3	5	9	2
1	7	2	8	9	6	4	3	5
8	5	6	3	1	4	9	2	7
3	4	9	5	2	7	1	6	8

SUDOKU - 140 (Solution)

Intermediate

9	4	6	8	5	1	2	3	7
7	1	5	6	2	3	8	9	4
8	3	2	4	9	7	1	5	6
6	7	4	5	3	8	9	1	2
3	9	1	2	6	4	7	8	5
2	5	8	7	1	9	6	4	3
4	6	9	1	7	5	3	2	8
5	2	3	9	8	6	4	7	1
1	8	7	3	4	2	5	6	9

SUDOKU - 141 (Solution)

Intermediate

9	5	6	7	1	4	8	3	2
3	1	8	6	2	5	9	4	7
4	2	7	3	8	9	1	6	5
1	7	9	4	5	6	3	2	8
5	4	3	8	7	2	6	9	1
8	6	2	1	9	3	5	7	4
6	3	1	5	4	7	2	8	9
7	9	5	2	6	8	4	1	3
2	8	4	9	3	1	7	5	6

SUDOKU - 142 (Solution)

Intermediate

7	1	3	5	9	8	4	2	6
9	4	8	2	1	6	3	5	7
2	5	6	7	4	3	9	8	1
8	6	9	1	7	4	2	3	5
1	3	5	9	8	2	6	7	4
4	7	2	3	6	5	8	1	9
3	8	1	4	5	9	7	6	2
5	2	4	6	3	7	1	9	8
6	9	7	8	2	1	5	4	3

SUDOKU - 143 (Solution)

Intermediate

7	2	6	1	5	4	9	3	8
8	9	4	6	2	3	5	1	7
5	1	3	8	9	7	2	4	6
2	5	9	4	1	6	8	7	3
3	7	1	2	8	5	4	6	9
4	6	8	7	3	9	1	2	5
6	3	2	5	4	8	7	9	1
9	4	5	3	7	1	6	8	2
1	8	7	9	6	2	3	5	4

SUDOKU - 144 (Solution)

Intermediate

3	7	5	6	8	4	2	9	1
4	1	8	5	2	9	6	7	3
9	2	6	3	1	7	4	5	8
5	6	9	8	4	2	3	1	7
8	4	7	9	3	1	5	6	2
1	3	2	7	5	6	8	4	9
6	5	3	1	7	8	9	2	4
7	9	4	2	6	3	1	8	5
2	8	1	4	9	5	7	3	6

SUDOKU - 145 (Solution)
Intermediate

5	6	4	9	2	1	7	8	3
1	2	3	4	8	7	9	5	6
7	9	8	3	6	5	2	1	4
8	3	7	1	9	2	4	6	5
2	5	1	6	3	4	8	9	7
6	4	9	7	5	8	3	2	1
3	1	6	8	7	9	5	4	2
4	8	2	5	1	3	6	7	9
9	7	5	2	4	6	1	3	8

SUDOKU - 146 (Solution)
Intermediate

6	8	5	2	9	4	1	3	7
4	3	7	6	1	5	9	8	2
9	2	1	8	7	3	5	6	4
3	7	4	5	6	9	2	1	8
2	6	9	1	3	8	4	7	5
1	5	8	4	2	7	6	9	3
7	9	6	3	5	2	8	4	1
8	1	2	7	4	6	3	5	9
5	4	3	9	8	1	7	2	6

SUDOKU - 147 (Solution)
Intermediate

7	9	2	8	4	3	1	5	6
5	8	3	6	1	7	2	4	9
1	4	6	9	5	2	8	3	7
6	5	9	7	3	8	4	1	2
8	2	4	1	6	5	7	9	3
3	7	1	2	9	4	5	6	8
2	6	5	4	8	9	3	7	1
4	1	7	3	2	6	9	8	5
9	3	8	5	7	1	6	2	4

SUDOKU - 148 (Solution)
Intermediate

9	6	5	3	4	2	7	1	8
4	8	2	6	7	1	3	9	5
7	1	3	5	8	9	4	6	2
8	2	7	9	5	4	6	3	1
3	4	9	1	6	8	2	5	7
6	5	1	7	2	3	9	8	4
5	9	6	2	1	7	8	4	3
2	3	4	8	9	5	1	7	6
1	7	8	4	3	6	5	2	9

SUDOKU - 149 (Solution)
Intermediate

5	1	4	2	3	7	8	6	9
2	3	6	9	1	8	4	5	7
9	7	8	4	6	5	2	3	1
3	2	5	1	9	4	7	8	6
8	4	9	7	2	6	3	1	5
1	6	7	5	8	3	9	2	4
4	8	1	3	5	9	6	7	2
6	9	2	8	7	1	5	4	3
7	5	3	6	4	2	1	9	8

SUDOKU - 150 (Solution)
Intermediate

7	4	6	5	8	2	3	9	1
8	3	5	9	7	1	4	2	6
1	2	9	3	6	4	7	5	8
4	8	2	1	5	6	9	3	7
9	5	1	4	3	7	8	6	2
6	7	3	2	9	8	1	4	5
2	6	4	8	1	3	5	7	9
3	9	8	7	2	5	6	1	4
5	1	7	6	4	9	2	8	3

SUDOKU - 151 (Solution)
Intermediate

1	3	5	7	2	6	4	9	8
6	2	4	3	8	9	1	5	7
7	8	9	5	4	1	6	3	2
4	6	3	9	7	5	8	2	1
5	9	8	1	6	2	7	4	3
2	7	1	4	3	8	5	6	9
9	1	6	8	5	3	2	7	4
3	4	2	6	1	7	9	8	5
8	5	7	2	9	4	3	1	6

SUDOKU - 152 (Solution)
Intermediate

7	1	2	6	8	3	9	4	5
6	8	5	2	4	9	3	7	1
9	4	3	5	7	1	2	6	8
4	9	8	3	5	7	1	2	6
3	5	7	1	6	2	4	8	9
2	6	1	4	9	8	7	5	3
8	3	9	7	2	5	6	1	4
1	7	4	8	3	6	5	9	2
5	2	6	9	1	4	8	3	7

SUDOKU - 153 (Solution)
Intermediate

4	1	5	2	6	9	3	7	8
9	3	7	5	1	8	4	6	2
8	6	2	4	7	3	5	9	1
1	7	8	9	5	4	2	3	6
6	4	9	1	3	2	7	8	5
5	2	3	6	8	7	9	1	4
3	9	4	8	2	6	1	5	7
2	5	6	7	9	1	8	4	3
7	8	1	3	4	5	6	2	9

SUDOKU - 154 (Solution)
Intermediate

2	5	9	8	1	3	7	4	6
1	7	3	6	9	4	8	5	2
6	4	8	5	7	2	3	1	9
8	1	7	2	3	9	4	6	5
5	2	6	7	4	8	9	3	1
9	3	4	1	6	5	2	7	8
7	8	1	4	2	6	5	9	3
3	6	2	9	5	7	1	8	4
4	9	5	3	8	1	6	2	7

SUDOKU - 155 (Solution)
Intermediate

7	2	9	3	5	4	6	1	8
4	8	1	2	7	6	9	5	3
5	6	3	1	8	9	4	7	2
2	7	4	5	9	8	3	6	1
8	3	6	4	1	7	5	2	9
1	9	5	6	2	3	8	4	7
3	1	2	8	4	5	7	9	6
9	5	8	7	6	1	2	3	4
6	4	7	9	3	2	1	8	5

SUDOKU - 156 (Solution)
Intermediate

6	3	4	9	2	5	1	8	7
7	2	1	6	3	8	9	5	4
9	8	5	4	7	1	2	3	6
1	7	8	2	9	3	4	6	5
2	6	3	7	5	4	8	1	9
4	5	9	8	1	6	7	2	3
8	1	6	5	4	9	3	7	2
3	4	2	1	6	7	5	9	8
5	9	7	3	8	2	6	4	1

SUDOKU - 157 (Solution)

Intermediate

5	8	1	4	3	7	2	6	9
4	3	6	5	2	9	1	7	8
2	7	9	8	1	6	4	3	5
8	4	7	1	6	3	5	9	2
3	6	2	9	8	5	7	1	4
9	1	5	2	7	4	6	8	3
1	5	4	6	9	8	3	2	7
6	9	3	7	5	2	8	4	1
7	2	8	3	4	1	9	5	6

SUDOKU - 158 (Solution)

Intermediate

8	4	5	9	7	2	6	1	3
6	3	9	4	8	1	2	5	7
7	1	2	3	6	5	9	8	4
2	7	8	5	4	3	1	9	6
1	9	3	8	2	6	7	4	5
5	6	4	1	9	7	8	3	2
4	5	6	2	1	9	3	7	8
9	8	7	6	3	4	5	2	1
3	2	1	7	5	8	4	6	9

SUDOKU - 159 (Solution)

Intermediate

7	8	2	6	9	5	4	3	1
9	1	5	2	3	4	7	6	8
4	3	6	8	7	1	9	5	2
6	9	8	3	4	2	1	7	5
3	4	7	1	5	6	2	8	9
5	2	1	9	8	7	6	4	3
1	6	4	5	2	3	8	9	7
2	5	9	7	6	8	3	1	4
8	7	3	4	1	9	5	2	6

SUDOKU - 160 (Solution)

Intermediate

8	6	9	1	7	5	3	2	4
5	1	7	4	2	3	6	8	9
2	4	3	8	9	6	5	1	7
9	3	8	2	4	1	7	5	6
7	2	4	5	6	9	1	3	8
1	5	6	3	8	7	4	9	2
6	9	5	7	3	2	8	4	1
3	8	2	6	1	4	9	7	5
4	7	1	9	5	8	2	6	3

SUDOKU - 161 (Solution)

Intermediate

8	2	4	5	7	3	6	9	1
3	9	6	4	2	1	8	5	7
7	1	5	8	6	9	3	4	2
2	3	7	6	5	4	1	8	9
5	8	9	7	1	2	4	6	3
6	4	1	9	3	8	2	7	5
4	5	2	3	9	6	7	1	8
9	6	3	1	8	7	5	2	4
1	7	8	2	4	5	9	3	6

SUDOKU - 162 (Solution)

Intermediate

5	8	3	9	2	7	6	1	4
1	9	2	3	6	4	7	8	5
4	7	6	8	1	5	2	9	3
6	5	1	2	4	3	8	7	9
9	2	8	5	7	1	4	3	6
7	3	4	6	8	9	1	5	2
8	6	5	1	3	2	9	4	7
2	4	9	7	5	8	3	6	1
3	1	7	4	9	6	5	2	8

SUDOKU - 163 (Solution)

Intermediate

2	6	8	7	1	5	9	4	3
4	7	9	2	3	8	5	6	1
1	5	3	6	9	4	2	7	8
6	9	5	1	4	3	8	2	7
3	4	7	8	2	9	1	5	6
8	1	2	5	6	7	3	9	4
9	3	6	4	8	2	7	1	5
7	2	4	3	5	1	6	8	9
5	8	1	9	7	6	4	3	2

SUDOKU - 164 (Solution)

Intermediate

9	5	2	1	7	4	8	6	3
3	6	4	8	9	2	5	7	1
1	8	7	6	3	5	9	4	2
8	3	1	2	4	6	7	9	5
7	9	6	5	8	3	2	1	4
4	2	5	9	1	7	3	8	6
6	4	8	3	5	9	1	2	7
2	1	3	7	6	8	4	5	9
5	7	9	4	2	1	6	3	8

SUDOKU - 165 (Solution)

Intermediate

1	9	6	3	7	4	8	2	5
2	4	7	1	8	5	3	6	9
8	3	5	6	2	9	7	1	4
9	6	1	5	4	7	2	8	3
3	8	4	2	1	6	9	5	7
5	7	2	8	9	3	1	4	6
7	5	8	9	6	2	4	3	1
6	2	9	4	3	1	5	7	8
4	1	3	7	5	8	6	9	2

SUDOKU - 166 (Solution)

Intermediate

9	1	8	4	5	2	3	6	7
6	3	2	9	7	1	5	8	4
4	7	5	8	3	6	2	9	1
3	5	7	6	9	4	8	1	2
8	4	9	2	1	5	6	7	3
2	6	1	7	8	3	9	4	5
7	2	3	1	6	8	4	5	9
5	9	6	3	4	7	1	2	8
1	8	4	5	2	9	7	3	6

SUDOKU - 167 (Solution)

Intermediate

3	1	5	7	2	9	6	8	4
2	4	8	6	1	3	7	9	5
7	6	9	5	8	4	3	2	1
5	9	4	2	3	7	8	1	6
1	8	3	9	5	6	4	7	2
6	2	7	8	4	1	5	3	9
4	7	2	3	9	5	1	6	8
8	3	1	4	6	2	9	5	7
9	5	6	1	7	8	2	4	3

SUDOKU - 168 (Solution)

Intermediate

6	5	7	4	1	8	9	2	3
4	9	2	3	6	5	7	8	1
1	3	8	9	7	2	4	5	6
5	7	9	6	2	1	3	4	8
8	6	1	5	3	4	2	9	7
2	4	3	8	9	7	1	6	5
3	8	6	1	4	9	5	7	2
9	2	5	7	8	3	6	1	4
7	1	4	2	5	6	8	3	9

SUDOKU - 169 (Solution)

Intermediate

1	3	5	2	9	7	6	8	4
2	4	7	8	5	6	1	9	3
8	9	6	1	3	4	2	7	5
3	7	8	5	2	9	4	1	6
9	5	2	6	4	1	7	3	8
6	1	4	3	7	8	9	5	2
7	2	1	4	8	3	5	6	9
4	8	9	7	6	5	3	2	1
5	6	3	9	1	2	8	4	7

SUDOKU - 170 (Solution)

Intermediate

3	7	4	9	2	8	5	6	1
8	5	2	7	1	6	3	9	4
1	6	9	3	5	4	2	7	8
5	8	1	6	3	9	7	4	2
4	3	7	2	8	1	6	5	9
9	2	6	5	4	7	1	8	3
7	1	5	4	9	2	8	3	6
2	9	3	8	6	5	4	1	7
6	4	8	1	7	3	9	2	5

SUDOKU - 171 (Solution)

Intermediate

1	6	8	2	3	7	5	4	9
5	4	9	1	6	8	7	3	2
7	3	2	5	4	9	1	8	6
3	8	5	9	7	1	2	6	4
2	1	7	6	8	4	3	9	5
4	9	6	3	2	5	8	1	7
8	7	3	4	9	2	6	5	1
6	5	4	7	1	3	9	2	8
9	2	1	8	5	6	4	7	3

SUDOKU - 172 (Solution)

Intermediate

8	3	6	5	9	1	2	7	4
7	9	1	2	4	8	3	5	6
2	5	4	6	7	3	8	9	1
3	8	2	4	5	9	6	1	7
9	4	7	3	1	6	5	2	8
1	6	5	8	2	7	9	4	3
5	1	8	7	6	2	4	3	9
6	2	9	1	3	4	7	8	5
4	7	3	9	8	5	1	6	2

SUDOKU - 173 (Solution)

Intermediate

2	6	9	7	5	3	1	4	8
4	7	3	9	1	8	2	6	5
8	1	5	2	4	6	9	7	3
7	2	8	3	9	1	4	5	6
1	3	6	5	8	4	7	9	2
5	9	4	6	7	2	3	8	1
6	4	7	1	2	5	8	3	9
3	8	1	4	6	9	5	2	7
9	5	2	8	3	7	6	1	4

SUDOKU - 174 (Solution)

Intermediate

3	1	6	2	7	4	8	5	9
2	8	9	1	5	3	6	4	7
7	4	5	9	6	8	3	1	2
8	9	2	4	1	5	7	3	6
1	5	7	3	9	6	4	2	8
4	6	3	7	8	2	1	9	5
6	2	1	5	4	7	9	8	3
5	7	4	8	3	9	2	6	1
9	3	8	6	2	1	5	7	4

SUDOKU - 175 (Solution)
Intermediate

1	4	8	2	9	5	6	7	3
3	6	7	1	8	4	2	5	9
5	9	2	3	6	7	8	1	4
9	1	3	6	5	2	7	4	8
8	5	4	9	7	3	1	2	6
7	2	6	8	4	1	3	9	5
6	7	1	5	3	9	4	8	2
2	3	5	4	1	8	9	6	7
4	8	9	7	2	6	5	3	1

SUDOKU - 176 (Solution)
Intermediate

9	4	6	5	8	1	2	7	3
7	8	2	4	6	3	1	5	9
5	1	3	9	7	2	6	8	4
1	2	5	7	9	8	3	4	6
6	9	7	3	1	4	5	2	8
4	3	8	2	5	6	7	9	1
2	6	9	8	3	5	4	1	7
3	7	4	1	2	9	8	6	5
8	5	1	6	4	7	9	3	2

SUDOKU - 177 (Solution)
Intermediate

2	4	1	3	7	5	6	9	8
3	8	6	9	2	4	5	1	7
7	5	9	8	6	1	2	4	3
8	6	2	5	3	9	1	7	4
1	3	4	7	8	2	9	5	6
5	9	7	1	4	6	3	8	2
9	7	3	2	1	8	4	6	5
4	1	8	6	5	3	7	2	9
6	2	5	4	9	7	8	3	1

SUDOKU - 178 (Solution)
Intermediate

4	3	1	9	8	2	6	5	7
5	7	9	3	6	1	4	8	2
2	6	8	4	7	5	1	3	9
3	9	6	1	2	4	5	7	8
7	4	5	6	3	8	9	2	1
8	1	2	7	5	9	3	4	6
1	8	3	2	4	6	7	9	5
9	5	4	8	1	7	2	6	3
6	2	7	5	9	3	8	1	4

SUDOKU - 179 (Solution)
Intermediate

3	4	5	8	9	2	7	1	6
2	7	6	5	4	1	3	8	9
1	8	9	3	6	7	4	2	5
7	3	1	6	8	9	5	4	2
5	6	4	1	2	3	9	7	8
9	2	8	4	7	5	6	3	1
6	9	3	7	1	8	2	5	4
4	1	7	2	5	6	8	9	3
8	5	2	9	3	4	1	6	7

SUDOKU - 180 (Solution)
Intermediate

6	1	8	7	3	2	4	9	5
7	2	3	4	9	5	1	8	6
5	4	9	1	8	6	3	2	7
8	7	5	6	1	4	2	3	9
4	6	2	9	5	3	8	7	1
3	9	1	2	7	8	6	5	4
1	3	7	8	6	9	5	4	2
2	8	6	5	4	7	9	1	3
9	5	4	3	2	1	7	6	8

SUDOKU - 181 (Solution)

Intermediate

1	4	7	6	2	8	9	5	3
9	8	5	7	1	3	6	2	4
6	2	3	4	5	9	7	1	8
3	1	4	5	9	7	2	8	6
8	6	2	3	4	1	5	7	9
7	5	9	8	6	2	4	3	1
4	3	8	2	7	6	1	9	5
5	7	1	9	3	4	8	6	2
2	9	6	1	8	5	3	4	7

SUDOKU - 182 (Solution)

Intermediate

6	7	4	3	5	1	2	8	9
5	3	1	8	9	2	6	7	4
8	9	2	7	6	4	5	1	3
3	5	6	4	7	8	9	2	1
2	8	7	6	1	9	4	3	5
1	4	9	2	3	5	8	6	7
7	6	5	9	8	3	1	4	2
4	1	8	5	2	7	3	9	6
9	2	3	1	4	6	7	5	8

SUDOKU - 183 (Solution)

Intermediate

5	8	3	9	2	6	1	4	7
9	1	7	3	5	4	6	2	8
2	4	6	1	7	8	3	5	9
7	9	2	6	8	3	5	1	4
4	5	1	2	9	7	8	6	3
3	6	8	4	1	5	7	9	2
8	3	4	5	6	2	9	7	1
1	2	5	7	3	9	4	8	6
6	7	9	8	4	1	2	3	5

SUDOKU - 184 (Solution)

Intermediate

6	9	5	1	4	8	3	7	2
4	1	8	2	3	7	6	5	9
7	2	3	9	6	5	8	4	1
9	3	2	4	7	1	5	6	8
8	7	6	3	5	9	2	1	4
5	4	1	6	8	2	7	9	3
2	5	7	8	1	4	9	3	6
3	8	4	7	9	6	1	2	5
1	6	9	5	2	3	4	8	7

SUDOKU - 185 (Solution)

Intermediate

7	2	5	3	1	6	8	9	4
8	3	6	7	9	4	1	5	2
1	4	9	2	5	8	6	3	7
6	9	4	5	7	2	3	1	8
3	5	7	1	8	9	2	4	6
2	8	1	6	4	3	9	7	5
5	6	3	4	2	1	7	8	9
4	1	8	9	6	7	5	2	3
9	7	2	8	3	5	4	6	1

SUDOKU - 186 (Solution)

Intermediate

1	8	6	9	4	5	2	3	7
7	2	3	8	6	1	9	4	5
4	5	9	2	7	3	1	6	8
3	6	7	1	9	8	5	2	4
9	4	2	3	5	7	8	1	6
5	1	8	6	2	4	3	7	9
6	7	1	5	8	2	4	9	3
2	9	5	4	3	6	7	8	1
8	3	4	7	1	9	6	5	2

SUDOKU - 187 (Solution)

Intermediate

8	5	7	6	9	3	2	1	4
4	2	1	8	5	7	3	6	9
6	3	9	1	4	2	5	8	7
7	8	5	4	6	9	1	2	3
3	4	6	7	2	1	8	9	5
9	1	2	5	3	8	4	7	6
2	6	8	3	7	5	9	4	1
5	9	4	2	1	6	7	3	8
1	7	3	9	8	4	6	5	2

SUDOKU - 188 (Solution)

Intermediate

7	2	9	3	4	5	8	1	6
6	4	3	8	9	1	7	5	2
1	5	8	2	6	7	9	4	3
5	8	6	1	7	3	2	9	4
9	7	2	4	8	6	5	3	1
3	1	4	9	5	2	6	7	8
4	3	5	7	2	8	1	6	9
2	9	7	6	1	4	3	8	5
8	6	1	5	3	9	4	2	7

SUDOKU - 189 (Solution)

Intermediate

5	1	6	3	7	9	8	2	4
3	8	4	5	1	2	9	6	7
9	2	7	6	4	8	5	1	3
1	7	9	4	2	5	3	8	6
8	4	3	1	6	7	2	5	9
2	6	5	8	9	3	7	4	1
6	3	8	7	5	1	4	9	2
4	5	2	9	3	6	1	7	8
7	9	1	2	8	4	6	3	5

SUDOKU - 190 (Solution)

Intermediate

7	2	8	1	3	6	9	4	5
6	9	1	4	2	5	8	3	7
4	5	3	8	9	7	6	1	2
5	1	2	3	4	8	7	6	9
8	6	7	9	5	1	3	2	4
9	3	4	6	7	2	1	5	8
3	8	9	2	6	4	5	7	1
2	7	6	5	1	9	4	8	3
1	4	5	7	8	3	2	9	6

SUDOKU - 191 (Solution)

Intermediate

7	1	3	6	5	9	4	2	8
2	5	9	1	4	8	3	6	7
4	6	8	7	2	3	5	1	9
1	8	5	3	6	7	2	9	4
6	2	7	5	9	4	8	3	1
3	9	4	2	8	1	7	5	6
9	3	2	8	7	6	1	4	5
8	4	1	9	3	5	6	7	2
5	7	6	4	1	2	9	8	3

SUDOKU - 192 (Solution)

Intermediate

3	5	6	7	1	4	2	8	9
7	2	1	3	9	8	4	5	6
8	4	9	5	2	6	7	3	1
1	7	5	8	6	9	3	4	2
6	8	4	2	3	7	1	9	5
9	3	2	4	5	1	8	6	7
5	6	7	1	4	3	9	2	8
2	1	3	9	8	5	6	7	4
4	9	8	6	7	2	5	1	3

SUDOKU - 193 (Solution)

Intermediate

6	3	4	9	1	8	2	5	7
2	8	1	3	7	5	4	6	9
5	7	9	6	4	2	8	3	1
8	5	2	1	9	6	7	4	3
4	1	3	5	2	7	9	8	6
9	6	7	8	3	4	5	1	2
3	9	8	2	5	1	6	7	4
7	2	5	4	6	3	1	9	8
1	4	6	7	8	9	3	2	5

SUDOKU - 194 (Solution)

Intermediate

4	3	8	9	5	1	2	7	6
6	2	7	8	4	3	9	1	5
9	1	5	7	2	6	3	8	4
5	9	6	1	7	8	4	2	3
1	8	2	5	3	4	6	9	7
3	7	4	2	6	9	8	5	1
7	5	3	6	8	2	1	4	9
2	6	1	4	9	7	5	3	8
8	4	9	3	1	5	7	6	2

SUDOKU - 195 (Solution)

Intermediate

9	7	1	5	2	4	3	6	8
3	2	5	7	8	6	4	9	1
4	6	8	9	3	1	2	5	7
5	8	4	6	1	9	7	2	3
2	3	6	8	5	7	1	4	9
7	1	9	2	4	3	6	8	5
6	9	3	4	7	5	8	1	2
8	4	7	1	9	2	5	3	6
1	5	2	3	6	8	9	7	4

SUDOKU - 196 (Solution)

Intermediate

6	1	5	7	8	3	9	2	4
3	8	2	6	9	4	5	1	7
4	9	7	2	5	1	8	6	3
8	2	6	4	3	7	1	5	9
9	5	4	1	6	8	3	7	2
7	3	1	5	2	9	6	4	8
1	4	8	3	7	6	2	9	5
2	7	3	9	1	5	4	8	6
5	6	9	8	4	2	7	3	1

SUDOKU - 197 (Solution)

Intermediate

1	8	5	9	4	7	2	6	3
6	4	9	8	3	2	5	7	1
2	3	7	1	6	5	9	8	4
5	7	4	6	2	1	3	9	8
9	2	1	5	8	3	7	4	6
8	6	3	4	7	9	1	2	5
4	9	2	3	5	8	6	1	7
3	1	6	7	9	4	8	5	2
7	5	8	2	1	6	4	3	9

SUDOKU - 198 (Solution)

Intermediate

4	1	3	7	2	6	8	5	9
8	6	9	1	4	5	7	3	2
5	7	2	9	8	3	4	6	1
2	5	4	3	1	9	6	8	7
6	9	1	4	7	8	5	2	3
3	8	7	6	5	2	9	1	4
1	4	6	5	3	7	2	9	8
7	2	5	8	9	1	3	4	6
9	3	8	2	6	4	1	7	5

SUDOKU - 199 (Solution)
Intermediate

9	7	4	3	5	1	2	6	8
2	6	8	4	7	9	5	1	3
3	5	1	8	2	6	7	4	9
4	2	5	6	9	8	3	7	1
6	3	9	7	1	2	8	5	4
8	1	7	5	3	4	9	2	6
7	8	6	2	4	3	1	9	5
1	4	2	9	8	5	6	3	7
5	9	3	1	6	7	4	8	2

SUDOKU - 200 (Solution)
Intermediate

8	6	3	2	4	7	5	1	9
4	2	1	3	9	5	6	7	8
9	5	7	8	1	6	2	3	4
5	8	4	1	2	9	3	6	7
3	1	9	6	7	4	8	5	2
2	7	6	5	8	3	4	9	1
7	3	8	4	5	1	9	2	6
6	9	2	7	3	8	1	4	5
1	4	5	9	6	2	7	8	3

SUDOKU - 201 (Solution)
Intermediate

7	2	8	4	6	3	9	5	1
9	1	6	2	8	5	3	7	4
5	3	4	7	1	9	6	2	8
8	5	7	1	2	6	4	3	9
6	4	3	8	9	7	5	1	2
2	9	1	3	5	4	7	8	6
4	6	2	5	7	1	8	9	3
3	8	5	9	4	2	1	6	7
1	7	9	6	3	8	2	4	5

SUDOKU - 202 (Solution)
Intermediate

4	9	3	6	2	1	8	7	5
5	6	2	4	7	8	3	1	9
8	7	1	9	5	3	4	6	2
2	8	9	5	6	4	1	3	7
7	4	6	3	1	2	9	5	8
3	1	5	7	8	9	6	2	4
9	2	4	1	3	5	7	8	6
1	5	7	8	4	6	2	9	3
6	3	8	2	9	7	5	4	1

SUDOKU - 203 (Solution)
Intermediate

2	3	7	8	9	5	1	6	4
9	8	5	6	4	1	3	7	2
4	6	1	7	3	2	8	9	5
5	7	2	1	6	3	4	8	9
8	9	6	5	7	4	2	1	3
3	1	4	2	8	9	6	5	7
7	5	3	4	1	6	9	2	8
6	4	8	9	2	7	5	3	1
1	2	9	3	5	8	7	4	6

SUDOKU - 204 (Solution)
Intermediate

6	3	5	9	4	8	7	2	1
9	2	8	1	6	7	4	5	3
1	4	7	2	3	5	9	8	6
5	1	2	7	9	3	8	6	4
3	6	4	5	8	2	1	9	7
8	7	9	6	1	4	5	3	2
2	8	3	4	7	9	6	1	5
7	9	1	3	5	6	2	4	8
4	5	6	8	2	1	3	7	9

SUDOKU - 205 (Solution)
Intermediate

7	2	1	5	6	4	9	8	3
3	9	8	1	7	2	5	4	6
5	6	4	9	8	3	2	1	7
8	7	9	4	1	6	3	5	2
2	3	5	8	9	7	4	6	1
1	4	6	2	3	5	8	7	9
6	5	7	3	2	8	1	9	4
9	8	3	7	4	1	6	2	5
4	1	2	6	5	9	7	3	8

SUDOKU - 206 (Solution)
Intermediate

5	1	4	6	9	3	2	7	8
2	9	8	1	4	7	5	3	6
3	6	7	8	5	2	9	4	1
9	2	6	4	1	5	7	8	3
1	4	5	7	3	8	6	9	2
7	8	3	2	6	9	1	5	4
8	3	2	5	7	1	4	6	9
6	7	9	3	2	4	8	1	5
4	5	1	9	8	6	3	2	7

SUDOKU - 207 (Solution)
Intermediate

1	2	6	7	9	5	3	4	8
4	3	9	2	6	8	1	7	5
5	8	7	4	1	3	9	2	6
9	5	1	6	4	2	8	3	7
6	4	2	8	3	7	5	9	1
8	7	3	9	5	1	2	6	4
3	6	8	5	7	9	4	1	2
7	9	5	1	2	4	6	8	3
2	1	4	3	8	6	7	5	9

SUDOKU - 208 (Solution)
Intermediate

8	3	9	2	4	7	1	5	6
6	7	2	1	5	3	8	9	4
1	4	5	6	8	9	7	2	3
3	2	6	9	7	5	4	1	8
5	8	1	4	2	6	3	7	9
4	9	7	3	1	8	2	6	5
7	5	4	8	9	1	6	3	2
9	6	8	7	3	2	5	4	1
2	1	3	5	6	4	9	8	7

SUDOKU - 209 (Solution)
Intermediate

1	7	4	5	8	6	3	2	9
6	5	8	9	2	3	1	7	4
3	9	2	1	4	7	8	5	6
4	2	5	6	3	9	7	8	1
8	1	7	2	5	4	6	9	3
9	3	6	7	1	8	2	4	5
7	8	3	4	9	1	5	6	2
2	4	1	8	6	5	9	3	7
5	6	9	3	7	2	4	1	8

SUDOKU - 210 (Solution)
Intermediate

7	1	3	4	6	2	8	9	5
5	6	9	8	1	7	4	3	2
4	8	2	3	5	9	7	1	6
8	9	4	5	7	1	2	6	3
6	2	1	9	4	3	5	8	7
3	5	7	6	2	8	9	4	1
2	7	6	1	8	4	3	5	9
9	4	5	2	3	6	1	7	8
1	3	8	7	9	5	6	2	4

SUDOKU - 211 (Solution)

Intermediate

8	3	5	6	2	7	1	9	4
2	4	7	9	5	1	3	6	8
6	9	1	3	4	8	2	5	7
9	8	4	7	6	2	5	1	3
1	7	6	8	3	5	9	4	2
5	2	3	4	1	9	7	8	6
4	6	9	5	7	3	8	2	1
3	1	8	2	9	6	4	7	5
7	5	2	1	8	4	6	3	9

SUDOKU - 212 (Solution)

Intermediate

7	2	1	6	3	4	9	5	8
8	3	9	2	7	5	6	4	1
5	6	4	9	1	8	3	2	7
6	4	7	3	5	9	1	8	2
2	9	5	1	8	6	7	3	4
1	8	3	7	4	2	5	9	6
4	7	6	5	2	3	8	1	9
9	5	8	4	6	1	2	7	3
3	1	2	8	9	7	4	6	5

SUDOKU - 213 (Solution)

Intermediate

1	4	7	8	5	9	2	3	6
6	3	5	7	4	2	1	9	8
8	2	9	3	6	1	7	5	4
2	5	3	9	8	4	6	1	7
4	6	1	2	7	5	3	8	9
7	9	8	1	3	6	5	4	2
9	1	4	6	2	3	8	7	5
3	8	2	5	9	7	4	6	1
5	7	6	4	1	8	9	2	3

SUDOKU - 214 (Solution)

Intermediate

8	5	7	3	9	2	1	6	4
1	9	2	6	8	4	7	3	5
4	6	3	1	7	5	2	9	8
6	1	9	4	5	8	3	2	7
7	4	8	9	2	3	5	1	6
3	2	5	7	6	1	4	8	9
5	7	1	8	3	6	9	4	2
9	8	4	2	1	7	6	5	3
2	3	6	5	4	9	8	7	1

SUDOKU - 215 (Solution)

Intermediate

4	3	6	2	5	7	9	8	1
5	2	7	9	1	8	6	4	3
8	1	9	3	4	6	2	5	7
6	5	8	1	2	3	7	9	4
3	9	1	8	7	4	5	2	6
7	4	2	5	6	9	3	1	8
1	8	3	6	9	2	4	7	5
2	6	4	7	8	5	1	3	9
9	7	5	4	3	1	8	6	2

SUDOKU - 216 (Solution)

Intermediate

3	6	4	1	9	5	2	7	8
2	5	9	3	7	8	1	6	4
7	8	1	6	4	2	3	9	5
5	4	8	7	2	1	6	3	9
6	9	7	5	8	3	4	2	1
1	3	2	9	6	4	8	5	7
4	7	5	2	1	6	9	8	3
9	1	6	8	3	7	5	4	2
8	2	3	4	5	9	7	1	6

SUDOKU - 217 (Solution)

Intermediate

8	6	4	7	5	3	1	9	2
5	2	3	8	9	1	7	6	4
1	9	7	2	6	4	5	3	8
7	8	5	1	3	2	9	4	6
6	1	2	5	4	9	8	7	3
4	3	9	6	7	8	2	1	5
3	4	1	9	2	5	6	8	7
2	7	8	3	1	6	4	5	9
9	5	6	4	8	7	3	2	1

SUDOKU - 218 (Solution)

Intermediate

2	1	7	8	9	5	6	4	3
9	5	4	3	2	6	7	1	8
6	8	3	1	7	4	9	5	2
3	6	5	9	1	2	4	8	7
7	9	2	5	4	8	1	3	6
1	4	8	6	3	7	5	2	9
8	3	1	4	6	9	2	7	5
5	2	9	7	8	1	3	6	4
4	7	6	2	5	3	8	9	1

SUDOKU - 219 (Solution)

Intermediate

8	3	7	2	4	5	6	1	9
9	1	5	8	6	7	4	2	3
2	4	6	1	9	3	8	7	5
5	9	8	4	1	6	7	3	2
3	2	4	7	5	9	1	6	8
7	6	1	3	2	8	5	9	4
4	5	9	6	7	2	3	8	1
1	7	3	9	8	4	2	5	6
6	8	2	5	3	1	9	4	7

SUDOKU - 220 (Solution)

Intermediate

2	5	6	1	4	7	8	9	3
8	9	7	3	6	5	2	1	4
1	4	3	9	2	8	5	6	7
4	1	5	6	7	2	3	8	9
9	3	2	4	8	1	6	7	5
7	6	8	5	9	3	1	4	2
6	2	9	8	5	4	7	3	1
5	8	1	7	3	9	4	2	6
3	7	4	2	1	6	9	5	8

SUDOKU - 221 (Solution)

Intermediate

4	9	5	2	3	1	8	7	6
3	7	6	5	8	9	4	1	2
1	8	2	7	4	6	3	9	5
2	4	7	9	1	5	6	8	3
5	1	8	3	6	2	7	4	9
6	3	9	8	7	4	5	2	1
7	2	3	6	9	8	1	5	4
8	5	1	4	2	3	9	6	7
9	6	4	1	5	7	2	3	8

SUDOKU - 222 (Solution)

Intermediate

3	4	8	9	1	6	2	7	5
5	1	7	4	8	2	6	3	9
6	2	9	7	3	5	8	1	4
2	7	6	8	4	3	5	9	1
9	3	4	6	5	1	7	2	8
8	5	1	2	9	7	3	4	6
1	8	3	5	7	4	9	6	2
7	6	5	1	2	9	4	8	3
4	9	2	3	6	8	1	5	7

SUDOKU - 223 (Solution)

Intermediate

5	7	1	6	9	8	3	2	4
8	2	6	7	3	4	9	1	5
9	4	3	2	5	1	6	8	7
7	6	4	1	8	5	2	9	3
1	5	9	4	2	3	7	6	8
3	8	2	9	6	7	4	5	1
2	3	5	8	4	9	1	7	6
4	9	7	5	1	6	8	3	2
6	1	8	3	7	2	5	4	9

SUDOKU - 224 (Solution)

Intermediate

6	3	7	9	5	4	8	1	2
4	2	9	8	3	1	5	7	6
5	8	1	2	7	6	4	3	9
1	9	2	5	8	3	7	6	4
3	7	6	1	4	2	9	5	8
8	4	5	6	9	7	3	2	1
7	6	8	3	1	9	2	4	5
9	1	4	7	2	5	6	8	3
2	5	3	4	6	8	1	9	7

SUDOKU - 225 (Solution)

Intermediate

3	6	1	7	9	5	8	2	4
2	8	7	6	4	1	3	5	9
5	9	4	3	8	2	7	6	1
4	2	5	8	1	3	6	9	7
9	3	8	2	6	7	4	1	5
7	1	6	4	5	9	2	8	3
8	7	9	1	2	4	5	3	6
1	4	2	5	3	6	9	7	8
6	5	3	9	7	8	1	4	2

SUDOKU - 226 (Solution)

Intermediate

1	8	2	4	6	5	9	3	7
7	5	4	2	3	9	1	8	6
3	9	6	7	1	8	2	5	4
8	1	7	6	2	3	5	4	9
9	2	5	1	8	4	6	7	3
6	4	3	9	5	7	8	2	1
4	3	1	5	9	2	7	6	8
5	7	9	8	4	6	3	1	2
2	6	8	3	7	1	4	9	5

SUDOKU - 227 (Solution)

Intermediate

6	2	7	3	9	1	8	5	4
8	5	1	7	4	6	9	3	2
4	3	9	2	8	5	7	1	6
3	9	4	1	5	2	6	7	8
1	8	2	4	6	7	5	9	3
7	6	5	9	3	8	2	4	1
9	1	6	5	2	4	3	8	7
2	4	3	8	7	9	1	6	5
5	7	8	6	1	3	4	2	9

SUDOKU - 228 (Solution)

Intermediate

5	3	1	4	8	7	9	6	2
6	4	2	3	9	5	1	7	8
8	9	7	1	6	2	5	3	4
2	6	3	5	7	1	4	8	9
9	7	5	8	4	6	3	2	1
1	8	4	2	3	9	7	5	6
3	1	6	9	5	8	2	4	7
4	2	8	7	1	3	6	9	5
7	5	9	6	2	4	8	1	3

SUDOKU - 229 (Solution)
Intermediate

8	5	6	9	1	7	2	3	4
9	7	2	4	5	3	1	8	6
3	1	4	2	6	8	7	9	5
7	4	5	8	3	1	9	6	2
1	2	3	6	9	4	8	5	7
6	8	9	7	2	5	3	4	1
5	6	8	1	7	9	4	2	3
4	3	1	5	8	2	6	7	9
2	9	7	3	4	6	5	1	8

SUDOKU - 230 (Solution)
Intermediate

3	1	5	8	9	6	7	4	2
9	2	4	1	3	7	5	6	8
6	8	7	5	2	4	3	1	9
7	6	9	2	5	8	4	3	1
5	3	1	6	4	9	2	8	7
2	4	8	3	7	1	9	5	6
4	5	6	7	1	2	8	9	3
8	9	2	4	6	3	1	7	5
1	7	3	9	8	5	6	2	4

SUDOKU - 231 (Solution)
Intermediate

3	2	4	9	7	1	5	8	6
5	6	1	8	4	2	3	9	7
8	7	9	5	3	6	4	2	1
4	5	6	1	8	9	2	7	3
9	8	3	7	2	5	6	1	4
2	1	7	3	6	4	8	5	9
6	9	2	4	5	7	1	3	8
7	4	8	2	1	3	9	6	5
1	3	5	6	9	8	7	4	2

SUDOKU - 232 (Solution)
Intermediate

7	2	4	6	3	5	9	8	1
5	6	1	4	8	9	7	3	2
3	9	8	2	7	1	4	5	6
8	4	6	9	1	3	5	2	7
9	5	7	8	2	6	1	4	3
2	1	3	5	4	7	6	9	8
4	8	9	1	6	2	3	7	5
6	3	2	7	5	4	8	1	9
1	7	5	3	9	8	2	6	4

SUDOKU - 233 (Solution)
Intermediate

7	5	9	6	1	8	2	4	3
4	2	8	7	3	5	6	1	9
6	1	3	2	9	4	7	5	8
8	6	7	1	5	2	9	3	4
9	4	2	3	8	7	5	6	1
5	3	1	4	6	9	8	7	2
2	9	4	5	7	3	1	8	6
1	8	5	9	4	6	3	2	7
3	7	6	8	2	1	4	9	5

SUDOKU - 234 (Solution)
Intermediate

9	2	5	7	3	8	4	1	6
8	4	3	1	9	6	2	5	7
7	6	1	4	5	2	8	9	3
2	8	6	3	1	4	5	7	9
3	9	4	5	6	7	1	8	2
1	5	7	2	8	9	3	6	4
4	1	9	6	2	5	7	3	8
5	7	8	9	4	3	6	2	1
6	3	2	8	7	1	9	4	5

SUDOKU - 235 (Solution)

Intermediate

2	1	3	6	9	4	7	8	5
9	6	7	8	2	5	4	3	1
5	8	4	1	3	7	9	6	2
4	2	5	3	1	9	6	7	8
6	9	8	7	4	2	5	1	3
7	3	1	5	8	6	2	4	9
1	5	9	4	7	3	8	2	6
3	4	6	2	5	8	1	9	7
8	7	2	9	6	1	3	5	4

SUDOKU - 236 (Solution)

Intermediate

6	9	1	4	3	8	5	7	2
5	4	2	7	1	6	3	9	8
7	8	3	9	5	2	4	1	6
9	1	5	6	4	7	8	2	3
3	2	7	5	8	1	6	4	9
8	6	4	3	2	9	7	5	1
2	7	6	8	9	5	1	3	4
1	3	8	2	7	4	9	6	5
4	5	9	1	6	3	2	8	7

SUDOKU - 237 (Solution)

Intermediate

7	9	1	6	8	3	5	4	2
5	6	4	1	9	2	8	7	3
8	3	2	5	7	4	6	9	1
9	5	3	2	4	8	7	1	6
1	7	6	3	5	9	4	2	8
4	2	8	7	6	1	9	3	5
6	1	9	4	2	5	3	8	7
2	4	5	8	3	7	1	6	9
3	8	7	9	1	6	2	5	4

SUDOKU - 238 (Solution)

Intermediate

2	8	1	5	3	4	9	7	6
3	5	4	9	6	7	8	1	2
9	6	7	2	8	1	3	4	5
8	3	6	1	2	5	7	9	4
4	9	2	8	7	6	1	5	3
1	7	5	4	9	3	2	6	8
5	2	8	6	1	9	4	3	7
6	1	3	7	4	8	5	2	9
7	4	9	3	5	2	6	8	1

SUDOKU - 239 (Solution)

Intermediate

9	6	3	4	7	2	5	8	1
7	5	4	3	8	1	9	6	2
1	2	8	6	9	5	4	7	3
5	7	6	8	2	4	3	1	9
4	1	9	5	6	3	7	2	8
8	3	2	9	1	7	6	5	4
2	8	5	7	4	9	1	3	6
3	4	1	2	5	6	8	9	7
6	9	7	1	3	8	2	4	5

SUDOKU - 240 (Solution)

Intermediate

7	6	9	8	3	1	2	4	5
8	2	3	5	9	4	1	6	7
5	1	4	6	7	2	9	3	8
6	8	1	7	4	9	3	5	2
9	5	2	1	6	3	7	8	4
4	3	7	2	8	5	6	9	1
1	9	6	4	5	7	8	2	3
2	4	8	3	1	6	5	7	9
3	7	5	9	2	8	4	1	6

SUDOKU - 241 (Solution)

Intermediate

9	4	6	7	3	2	1	5	8
1	5	3	4	8	6	7	9	2
7	2	8	5	1	9	6	4	3
5	8	9	3	4	1	2	7	6
3	7	2	8	6	5	9	1	4
6	1	4	9	2	7	3	8	5
8	3	7	2	9	4	5	6	1
4	9	1	6	5	3	8	2	7
2	6	5	1	7	8	4	3	9

SUDOKU - 242 (Solution)

Intermediate

4	3	2	6	5	9	8	1	7
1	8	5	7	3	2	6	4	9
6	9	7	8	4	1	2	3	5
8	1	3	2	9	6	5	7	4
5	2	9	3	7	4	1	6	8
7	4	6	1	8	5	9	2	3
3	6	4	9	1	8	7	5	2
2	5	8	4	6	7	3	9	1
9	7	1	5	2	3	4	8	6

SUDOKU - 243 (Solution)

Intermediate

5	4	6	8	2	3	7	9	1
7	2	3	4	9	1	5	8	6
8	1	9	6	5	7	4	2	3
3	7	5	2	4	9	6	1	8
9	8	1	7	6	5	3	4	2
4	6	2	3	1	8	9	7	5
1	5	4	9	3	2	8	6	7
2	9	7	5	8	6	1	3	4
6	3	8	1	7	4	2	5	9

SUDOKU - 244 (Solution)

Intermediate

7	9	1	3	8	4	6	2	5
8	6	2	5	1	7	9	3	4
4	3	5	9	2	6	1	8	7
9	8	7	1	6	3	4	5	2
6	2	4	7	5	9	8	1	3
5	1	3	8	4	2	7	6	9
2	7	6	4	3	8	5	9	1
3	5	9	6	7	1	2	4	8
1	4	8	2	9	5	3	7	6

SUDOKU - 245 (Solution)

Intermediate

6	7	2	3	1	5	4	9	8
5	9	1	8	7	4	2	6	3
8	3	4	6	9	2	5	1	7
7	4	6	1	8	9	3	5	2
9	1	8	2	5	3	7	4	6
3	2	5	7	4	6	1	8	9
1	6	3	4	2	8	9	7	5
2	5	7	9	6	1	8	3	4
4	8	9	5	3	7	6	2	1

SUDOKU - 246 (Solution)

Intermediate

7	4	3	9	2	1	8	6	5
9	8	1	6	5	4	7	3	2
5	2	6	3	8	7	9	1	4
3	1	4	8	7	9	2	5	6
6	9	2	1	4	5	3	8	7
8	5	7	2	6	3	4	9	1
4	6	8	5	9	2	1	7	3
2	3	5	7	1	8	6	4	9
1	7	9	4	3	6	5	2	8

SUDOKU - 247 (Solution)

Intermediate

8	5	3	9	2	7	6	1	4
1	6	9	4	5	3	8	2	7
7	4	2	6	1	8	5	3	9
6	1	5	2	4	9	3	7	8
2	3	7	8	6	1	4	9	5
9	8	4	3	7	5	1	6	2
5	2	8	1	9	6	7	4	3
4	7	6	5	3	2	9	8	1
3	9	1	7	8	4	2	5	6

SUDOKU - 248 (Solution)

Intermediate

2	9	8	1	3	5	7	4	6
6	1	4	2	7	9	5	3	8
3	7	5	8	4	6	1	2	9
7	3	9	4	2	1	8	6	5
1	4	2	6	5	8	9	7	3
5	8	6	7	9	3	4	1	2
4	6	7	9	8	2	3	5	1
8	5	1	3	6	7	2	9	4
9	2	3	5	1	4	6	8	7

SUDOKU - 249 (Solution)

Intermediate

1	3	7	5	2	6	4	8	9
2	6	5	8	9	4	3	1	7
9	8	4	7	1	3	5	6	2
4	9	2	6	8	5	7	3	1
6	1	3	4	7	2	9	5	8
7	5	8	9	3	1	6	2	4
3	2	6	1	4	7	8	9	5
5	4	9	2	6	8	1	7	3
8	7	1	3	5	9	2	4	6

SUDOKU - 250 (Solution)

Intermediate

4	7	8	1	5	9	3	6	2
5	6	9	2	7	3	1	8	4
3	2	1	6	4	8	7	9	5
2	5	3	7	9	1	8	4	6
6	8	7	3	2	4	5	1	9
1	9	4	8	6	5	2	7	3
7	4	6	5	1	2	9	3	8
8	1	5	9	3	6	4	2	7
9	3	2	4	8	7	6	5	1

SUDOKU - 251 (Solution)

Intermediate

3	7	9	1	5	8	2	6	4
4	6	2	3	9	7	8	5	1
8	5	1	6	4	2	7	9	3
5	2	4	7	8	6	1	3	9
1	3	8	9	2	4	5	7	6
6	9	7	5	1	3	4	2	8
2	4	3	8	6	5	9	1	7
7	1	5	4	3	9	6	8	2
9	8	6	2	7	1	3	4	5

SUDOKU - 252 (Solution)

Intermediate

3	7	9	8	2	1	4	5	6
4	1	2	5	7	6	8	3	9
5	8	6	3	9	4	1	7	2
7	2	4	6	3	5	9	8	1
1	5	8	9	4	7	2	6	3
6	9	3	2	1	8	7	4	5
2	4	7	1	6	3	5	9	8
8	3	1	4	5	9	6	2	7
9	6	5	7	8	2	3	1	4

SUDOKU - 253 (Solution)
Intermediate

5	8	7	4	1	2	9	3	6
3	6	2	8	9	5	4	7	1
1	9	4	6	3	7	8	2	5
8	4	6	3	5	1	7	9	2
7	1	9	2	6	4	3	5	8
2	3	5	7	8	9	1	6	4
9	7	1	5	4	6	2	8	3
4	5	3	9	2	8	6	1	7
6	2	8	1	7	3	5	4	9

SUDOKU - 254 (Solution)
Intermediate

5	2	6	4	7	8	1	3	9
8	1	9	2	3	5	7	4	6
4	3	7	9	6	1	2	8	5
7	9	1	5	8	4	6	2	3
3	6	5	7	1	2	8	9	4
2	8	4	6	9	3	5	1	7
6	4	2	8	5	9	3	7	1
1	7	8	3	4	6	9	5	2
9	5	3	1	2	7	4	6	8

SUDOKU - 255 (Solution)
Intermediate

3	9	7	1	6	8	2	5	4
5	2	4	7	9	3	6	1	8
8	6	1	2	4	5	7	3	9
9	7	2	6	8	1	5	4	3
4	5	3	9	7	2	8	6	1
6	1	8	5	3	4	9	7	2
7	4	5	8	1	9	3	2	6
1	8	6	3	2	7	4	9	5
2	3	9	4	5	6	1	8	7

SUDOKU - 256 (Solution)
Intermediate

2	7	4	8	1	9	6	3	5
9	1	8	6	5	3	4	7	2
6	5	3	4	7	2	8	9	1
8	2	1	9	4	6	3	5	7
3	6	7	1	2	5	9	8	4
5	4	9	7	3	8	1	2	6
7	8	6	5	9	4	2	1	3
4	3	5	2	8	1	7	6	9
1	9	2	3	6	7	5	4	8

SUDOKU - 257 (Solution)
Intermediate

5	3	8	4	9	6	2	7	1
4	2	7	5	3	1	9	6	8
9	6	1	7	8	2	4	5	3
8	5	4	6	1	9	3	2	7
3	1	6	2	5	7	8	9	4
7	9	2	8	4	3	6	1	5
6	7	3	1	2	8	5	4	9
2	4	9	3	7	5	1	8	6
1	8	5	9	6	4	7	3	2

SUDOKU - 258 (Solution)
Intermediate

7	6	4	8	5	3	1	9	2
5	2	3	7	1	9	6	4	8
1	9	8	4	2	6	3	5	7
9	8	1	2	4	7	5	6	3
3	4	2	6	9	5	8	7	1
6	7	5	1	3	8	4	2	9
2	1	7	3	6	4	9	8	5
8	5	6	9	7	1	2	3	4
4	3	9	5	8	2	7	1	6

SUDOKU - 259 (Solution)

Intermediate

7	8	4	9	6	1	5	3	2
9	3	2	5	8	7	1	4	6
5	6	1	4	2	3	9	7	8
3	4	7	1	5	2	6	8	9
8	2	5	6	3	9	7	1	4
1	9	6	8	7	4	2	5	3
4	5	3	2	1	6	8	9	7
2	1	9	7	4	8	3	6	5
6	7	8	3	9	5	4	2	1

SUDOKU - 260 (Solution)

Intermediate

7	1	2	6	8	3	9	5	4
3	9	6	2	4	5	8	1	7
4	5	8	1	9	7	2	6	3
1	3	5	9	6	4	7	8	2
8	4	9	5	7	2	6	3	1
2	6	7	8	3	1	5	4	9
6	8	3	4	2	9	1	7	5
5	2	4	7	1	8	3	9	6
9	7	1	3	5	6	4	2	8

SUDOKU - 261 (Solution)

Intermediate

9	5	8	2	6	7	3	4	1
3	1	4	5	8	9	6	2	7
2	6	7	3	1	4	9	8	5
1	2	9	6	7	8	5	3	4
6	4	3	9	5	1	2	7	8
7	8	5	4	3	2	1	9	6
8	3	1	7	2	5	4	6	9
5	9	2	8	4	6	7	1	3
4	7	6	1	9	3	8	5	2

SUDOKU - 262 (Solution)

Intermediate

9	4	7	5	1	2	3	8	6
5	2	3	9	8	6	7	4	1
6	1	8	3	4	7	5	2	9
7	6	9	8	3	1	2	5	4
1	3	4	2	9	5	6	7	8
8	5	2	7	6	4	9	1	3
4	9	5	1	2	3	8	6	7
2	8	1	6	7	9	4	3	5
3	7	6	4	5	8	1	9	2

SUDOKU - 263 (Solution)

Intermediate

6	7	3	1	9	8	2	4	5
8	1	5	2	3	4	9	6	7
9	4	2	5	7	6	1	8	3
5	9	4	3	8	1	6	7	2
3	2	7	9	6	5	8	1	4
1	6	8	4	2	7	3	5	9
4	8	9	7	1	3	5	2	6
7	3	6	8	5	2	4	9	1
2	5	1	6	4	9	7	3	8

SUDOKU - 264 (Solution)

Intermediate

7	5	3	9	8	2	4	1	6
1	8	9	3	4	6	2	5	7
4	2	6	7	1	5	8	3	9
3	1	4	5	9	8	7	6	2
9	6	8	2	3	7	5	4	1
2	7	5	1	6	4	9	8	3
8	9	7	6	5	1	3	2	4
6	4	2	8	7	3	1	9	5
5	3	1	4	2	9	6	7	8

SUDOKU - 265 (Solution)
Intermediate

2	1	7	4	8	5	9	3	6
3	6	9	2	7	1	4	8	5
4	8	5	9	6	3	1	7	2
9	3	4	1	2	8	6	5	7
1	2	8	7	5	6	3	9	4
5	7	6	3	9	4	8	2	1
6	5	1	8	3	7	2	4	9
8	4	2	5	1	9	7	6	3
7	9	3	6	4	2	5	1	8

SUDOKU - 266 (Solution)
Intermediate

2	8	9	3	4	1	5	6	7
1	7	3	8	5	6	9	2	4
5	4	6	2	9	7	3	8	1
7	2	5	4	6	8	1	3	9
8	9	4	5	1	3	6	7	2
3	6	1	7	2	9	8	4	5
9	3	8	1	7	4	2	5	6
6	5	7	9	3	2	4	1	8
4	1	2	6	8	5	7	9	3

SUDOKU - 267 (Solution)
Intermediate

3	4	8	9	1	6	7	2	5
2	6	1	5	4	7	8	3	9
7	9	5	2	8	3	4	6	1
6	2	3	8	5	9	1	7	4
1	5	7	4	3	2	6	9	8
4	8	9	7	6	1	3	5	2
8	7	2	3	9	4	5	1	6
5	3	6	1	2	8	9	4	7
9	1	4	6	7	5	2	8	3

SUDOKU - 268 (Solution)
Intermediate

9	2	1	7	6	5	3	8	4
7	3	8	9	4	1	2	5	6
4	6	5	8	2	3	9	7	1
3	9	6	2	1	8	5	4	7
8	4	7	6	5	9	1	3	2
5	1	2	4	3	7	6	9	8
1	5	4	3	8	6	7	2	9
6	8	9	5	7	2	4	1	3
2	7	3	1	9	4	8	6	5

SUDOKU - 269 (Solution)
Intermediate

3	4	8	1	5	6	7	9	2
6	9	2	3	8	7	4	5	1
5	7	1	9	4	2	6	8	3
1	8	6	5	9	4	3	2	7
2	3	7	8	6	1	5	4	9
9	5	4	7	2	3	1	6	8
4	6	3	2	1	8	9	7	5
7	2	9	4	3	5	8	1	6
8	1	5	6	7	9	2	3	4

SUDOKU - 270 (Solution)
Intermediate

4	7	6	9	5	3	1	2	8
1	5	2	4	6	8	9	3	7
8	3	9	1	7	2	6	5	4
7	6	1	8	9	5	2	4	3
5	4	3	6	2	7	8	1	9
2	9	8	3	4	1	7	6	5
9	1	4	5	8	6	3	7	2
6	8	7	2	3	4	5	9	1
3	2	5	7	1	9	4	8	6

SUDOKU - 271 (Solution)
Intermediate

4	8	2	1	7	5	3	9	6
3	1	6	9	2	4	8	7	5
9	5	7	3	8	6	1	2	4
1	3	8	2	6	7	5	4	9
5	2	9	4	3	8	7	6	1
6	7	4	5	1	9	2	3	8
8	6	1	7	4	3	9	5	2
7	4	5	8	9	2	6	1	3
2	9	3	6	5	1	4	8	7

SUDOKU - 272 (Solution)
Intermediate

4	6	2	5	9	1	3	7	8
5	8	1	2	3	7	4	6	9
9	3	7	8	6	4	2	5	1
8	5	9	6	1	3	7	2	4
3	7	6	9	4	2	8	1	5
1	2	4	7	8	5	9	3	6
7	9	5	1	2	8	6	4	3
2	4	8	3	5	6	1	9	7
6	1	3	4	7	9	5	8	2

SUDOKU - 273 (Solution)
Intermediate

6	8	5	1	9	7	2	4	3
4	2	9	3	5	8	6	7	1
3	1	7	2	4	6	9	5	8
2	9	4	5	8	3	7	1	6
1	3	6	4	7	2	5	8	9
5	7	8	6	1	9	3	2	4
9	4	1	7	3	5	8	6	2
8	5	2	9	6	1	4	3	7
7	6	3	8	2	4	1	9	5

SUDOKU - 274 (Solution)
Intermediate

4	6	7	8	2	3	9	5	1
8	5	3	4	1	9	2	6	7
2	1	9	5	6	7	8	3	4
5	9	6	3	7	2	1	4	8
3	8	1	9	5	4	6	7	2
7	4	2	6	8	1	3	9	5
6	7	8	2	9	5	4	1	3
1	2	4	7	3	6	5	8	9
9	3	5	1	4	8	7	2	6

SUDOKU - 275 (Solution)
Intermediate

7	6	8	2	5	1	3	9	4
4	5	2	3	7	9	6	8	1
1	9	3	6	8	4	5	2	7
9	2	4	8	1	5	7	6	3
6	3	5	9	2	7	4	1	8
8	1	7	4	6	3	2	5	9
2	7	9	1	3	6	8	4	5
5	4	6	7	9	8	1	3	2
3	8	1	5	4	2	9	7	6

SUDOKU - 276 (Solution)
Intermediate

2	9	6	4	1	5	7	3	8
4	7	1	6	3	8	2	9	5
5	8	3	7	9	2	4	6	1
8	3	9	5	7	6	1	4	2
6	5	4	1	2	3	9	8	7
7	1	2	9	8	4	3	5	6
1	6	8	3	4	7	5	2	9
3	2	7	8	5	9	6	1	4
9	4	5	2	6	1	8	7	3

SUDOKU - 277 (Solution)

Intermediate

9	5	3	8	1	6	7	4	2
4	2	8	9	3	7	1	6	5
1	7	6	4	2	5	8	9	3
3	4	1	2	7	8	6	5	9
6	8	5	1	4	9	3	2	7
7	9	2	6	5	3	4	8	1
5	6	7	3	8	2	9	1	4
8	3	4	5	9	1	2	7	6
2	1	9	7	6	4	5	3	8

SUDOKU - 278 (Solution)

Intermediate

6	1	3	9	8	7	2	4	5
7	4	5	1	3	2	6	9	8
2	8	9	5	4	6	3	1	7
5	2	8	4	9	1	7	6	3
4	6	1	3	7	8	9	5	2
3	9	7	2	6	5	4	8	1
9	7	4	8	5	3	1	2	6
1	5	6	7	2	9	8	3	4
8	3	2	6	1	4	5	7	9

SUDOKU - 279 (Solution)

Intermediate

4	3	5	2	8	6	9	7	1
2	7	8	1	5	9	6	4	3
6	1	9	3	7	4	5	8	2
5	4	3	8	1	2	7	6	9
1	9	7	5	6	3	8	2	4
8	6	2	4	9	7	3	1	5
3	8	6	9	4	1	2	5	7
9	5	1	7	2	8	4	3	6
7	2	4	6	3	5	1	9	8

SUDOKU - 280 (Solution)

Intermediate

5	2	9	4	1	3	7	8	6
1	8	4	5	6	7	9	3	2
6	7	3	9	8	2	5	4	1
3	1	5	8	4	9	2	6	7
2	6	7	3	5	1	8	9	4
4	9	8	2	7	6	1	5	3
7	3	1	6	9	5	4	2	8
9	4	2	1	3	8	6	7	5
8	5	6	7	2	4	3	1	9

SUDOKU - 281 (Solution)

Intermediate

9	5	1	7	2	4	3	6	8
2	8	4	3	1	6	5	9	7
7	6	3	9	8	5	1	2	4
3	1	8	5	9	7	6	4	2
5	2	7	4	6	1	8	3	9
4	9	6	2	3	8	7	5	1
6	4	5	8	7	2	9	1	3
1	7	9	6	4	3	2	8	5
8	3	2	1	5	9	4	7	6

SUDOKU - 282 (Solution)

Intermediate

5	6	9	1	3	4	2	8	7
4	3	8	9	7	2	5	6	1
1	7	2	5	8	6	3	4	9
9	5	3	2	6	7	4	1	8
8	4	6	3	5	1	7	9	2
2	1	7	4	9	8	6	3	5
3	9	4	7	1	5	8	2	6
7	8	1	6	2	3	9	5	4
6	2	5	8	4	9	1	7	3

SUDOKU - 283 (Solution)
Intermediate

6	4	9	5	1	7	8	3	2
3	2	5	4	8	6	7	1	9
1	8	7	2	9	3	6	5	4
9	3	8	6	7	2	1	4	5
7	1	4	8	3	5	9	2	6
2	5	6	9	4	1	3	7	8
4	7	2	3	6	8	5	9	1
8	9	3	1	5	4	2	6	7
5	6	1	7	2	9	4	8	3

SUDOKU - 284 (Solution)
Intermediate

1	8	5	4	3	2	9	6	7
3	6	4	5	9	7	1	2	8
2	7	9	8	6	1	4	3	5
7	9	3	6	8	5	2	4	1
8	5	2	3	1	4	6	7	9
4	1	6	2	7	9	8	5	3
6	2	7	9	5	8	3	1	4
9	3	1	7	4	6	5	8	2
5	4	8	1	2	3	7	9	6

SUDOKU - 285 (Solution)
Intermediate

8	5	9	6	1	4	7	2	3
1	6	4	3	2	7	5	8	9
2	7	3	5	8	9	1	4	6
9	1	6	2	7	3	8	5	4
7	4	8	1	9	5	3	6	2
5	3	2	4	6	8	9	7	1
6	8	5	9	3	2	4	1	7
4	9	1	7	5	6	2	3	8
3	2	7	8	4	1	6	9	5

SUDOKU - 286 (Solution)
Intermediate

2	4	6	8	3	7	5	1	9
7	3	5	4	9	1	6	2	8
9	1	8	6	2	5	3	7	4
8	6	1	5	7	3	9	4	2
3	5	9	1	4	2	7	8	6
4	7	2	9	6	8	1	5	3
1	8	4	3	5	9	2	6	7
5	9	7	2	8	6	4	3	1
6	2	3	7	1	4	8	9	5

SUDOKU - 287 (Solution)
Intermediate

8	9	7	2	3	1	5	4	6
2	5	3	8	4	6	7	1	9
6	4	1	9	7	5	3	8	2
7	8	5	4	9	2	1	6	3
9	6	4	5	1	3	2	7	8
1	3	2	6	8	7	9	5	4
5	7	9	3	6	4	8	2	1
4	2	8	1	5	9	6	3	7
3	1	6	7	2	8	4	9	5

SUDOKU - 288 (Solution)
Intermediate

8	6	3	2	1	9	4	7	5
2	1	4	3	7	5	8	6	9
7	5	9	8	4	6	2	3	1
5	3	2	4	6	1	7	9	8
9	4	1	5	8	7	6	2	3
6	7	8	9	3	2	1	5	4
4	9	6	7	5	8	3	1	2
1	8	5	6	2	3	9	4	7
3	2	7	1	9	4	5	8	6

SUDOKU - 289 (Solution)

Intermediate

2	4	7	8	9	6	1	3	5
5	1	3	7	2	4	6	8	9
8	9	6	1	3	5	2	7	4
6	2	5	3	1	8	9	4	7
1	8	9	6	4	7	3	5	2
3	7	4	9	5	2	8	6	1
7	6	1	4	8	9	5	2	3
4	3	2	5	6	1	7	9	8
9	5	8	2	7	3	4	1	6

SUDOKU - 290 (Solution)

Intermediate

9	7	5	3	6	8	2	4	1
8	2	1	7	9	4	3	5	6
6	4	3	2	5	1	8	9	7
3	1	2	5	7	6	4	8	9
7	8	9	4	3	2	1	6	5
5	6	4	1	8	9	7	2	3
2	5	6	8	1	7	9	3	4
4	3	7	9	2	5	6	1	8
1	9	8	6	4	3	5	7	2

SUDOKU - 291 (Solution)

Intermediate

7	4	8	1	6	5	2	3	9
3	6	9	2	8	4	1	7	5
2	1	5	3	7	9	8	4	6
4	3	2	5	1	8	6	9	7
1	5	7	9	3	6	4	2	8
9	8	6	4	2	7	3	5	1
5	9	1	8	4	3	7	6	2
6	2	4	7	5	1	9	8	3
8	7	3	6	9	2	5	1	4

SUDOKU - 292 (Solution)

Intermediate

1	7	4	2	6	3	5	9	8
3	2	6	5	8	9	4	7	1
8	5	9	7	1	4	3	6	2
9	6	5	8	2	1	7	4	3
4	1	3	6	9	7	8	2	5
2	8	7	3	4	5	6	1	9
5	9	8	4	7	2	1	3	6
6	4	1	9	3	8	2	5	7
7	3	2	1	5	6	9	8	4

SUDOKU - 293 (Solution)

Intermediate

4	1	9	7	2	5	3	8	6
3	5	7	4	6	8	2	1	9
2	6	8	1	9	3	4	5	7
9	8	1	5	3	6	7	2	4
5	2	4	8	7	9	6	3	1
6	7	3	2	4	1	8	9	5
8	3	5	6	1	4	9	7	2
7	9	6	3	5	2	1	4	8
1	4	2	9	8	7	5	6	3

SUDOKU - 294 (Solution)

Intermediate

4	5	6	1	7	3	9	2	8
2	3	7	8	4	9	5	6	1
1	9	8	5	6	2	4	7	3
9	4	5	6	2	1	3	8	7
3	7	2	4	8	5	6	1	9
8	6	1	9	3	7	2	5	4
5	8	3	7	9	6	1	4	2
6	2	4	3	1	8	7	9	5
7	1	9	2	5	4	8	3	6

SUDOKU - 295 (Solution)
Intermediate

7	8	5	4	1	6	3	9	2
4	3	6	5	9	2	8	1	7
1	2	9	3	8	7	5	4	6
6	9	1	8	3	4	2	7	5
3	7	2	6	5	1	9	8	4
5	4	8	2	7	9	6	3	1
2	5	7	9	4	8	1	6	3
8	6	4	1	2	3	7	5	9
9	1	3	7	6	5	4	2	8

SUDOKU - 296 (Solution)
Intermediate

2	4	1	8	5	7	9	6	3
6	5	8	1	9	3	7	4	2
9	7	3	2	6	4	1	5	8
7	3	9	6	1	2	5	8	4
4	8	5	7	3	9	2	1	6
1	2	6	5	4	8	3	9	7
5	6	7	4	2	1	8	3	9
3	1	2	9	8	6	4	7	5
8	9	4	3	7	5	6	2	1

SUDOKU - 297 (Solution)
Intermediate

9	4	5	2	3	1	8	7	6
3	7	6	5	8	9	4	1	2
1	8	2	7	4	6	3	9	5
4	1	7	3	6	5	9	2	8
2	5	8	4	9	7	1	6	3
6	3	9	1	2	8	5	4	7
8	9	3	6	1	2	7	5	4
7	6	1	8	5	4	2	3	9
5	2	4	9	7	3	6	8	1

SUDOKU - 298 (Solution)
Intermediate

2	6	1	3	5	4	8	7	9
3	4	9	7	1	8	5	6	2
5	8	7	2	6	9	4	3	1
6	1	5	9	8	7	3	2	4
7	9	4	6	3	2	1	5	8
8	2	3	5	4	1	6	9	7
4	7	6	8	9	5	2	1	3
1	3	2	4	7	6	9	8	5
9	5	8	1	2	3	7	4	6

SUDOKU - 299 (Solution)
Intermediate

7	4	2	5	6	3	1	8	9
5	9	6	4	8	1	7	2	3
1	3	8	2	7	9	6	4	5
3	5	1	7	2	6	4	9	8
4	2	7	8	9	5	3	6	1
6	8	9	3	1	4	2	5	7
8	1	4	6	5	7	9	3	2
9	6	5	1	3	2	8	7	4
2	7	3	9	4	8	5	1	6

SUDOKU - 300 (Solution)
Intermediate

3	4	8	9	1	7	2	5	6
1	7	6	8	5	2	4	3	9
5	9	2	4	3	6	7	8	1
2	8	7	6	9	1	5	4	3
6	5	1	7	4	3	9	2	8
4	3	9	2	8	5	1	6	7
8	2	3	5	7	9	6	1	4
9	6	4	1	2	8	3	7	5
7	1	5	3	6	4	8	9	2

SUDOKU - 301 (Solution)

Intermediate

6	3	4	9	7	5	8	2	1
5	7	2	4	1	8	3	6	9
9	1	8	2	6	3	4	5	7
2	5	3	7	8	4	1	9	6
7	4	1	5	9	6	2	8	3
8	9	6	1	3	2	5	7	4
1	2	9	8	4	7	6	3	5
4	6	5	3	2	9	7	1	8
3	8	7	6	5	1	9	4	2

SUDOKU - 302 (Solution)

Intermediate

2	5	9	3	7	6	8	4	1
4	7	8	1	2	9	6	5	3
3	1	6	4	8	5	9	2	7
1	2	7	8	4	3	5	6	9
8	4	5	9	6	7	3	1	2
6	9	3	2	5	1	4	7	8
5	8	4	7	3	2	1	9	6
7	6	1	5	9	8	2	3	4
9	3	2	6	1	4	7	8	5

SUDOKU - 303 (Solution)

Intermediate

3	8	5	2	6	4	9	1	7
4	6	9	8	7	1	2	3	5
7	2	1	3	9	5	6	8	4
9	7	2	1	3	8	4	5	6
1	4	8	9	5	6	7	2	3
6	5	3	7	4	2	8	9	1
8	3	4	5	2	7	1	6	9
5	1	6	4	8	9	3	7	2
2	9	7	6	1	3	5	4	8

SUDOKU - 304 (Solution)

Intermediate

1	9	7	2	8	5	4	3	6
6	2	4	3	7	9	5	8	1
3	8	5	6	1	4	9	2	7
9	4	2	1	3	7	8	6	5
7	5	3	4	6	8	2	1	9
8	6	1	9	5	2	7	4	3
2	3	9	7	4	6	1	5	8
5	7	6	8	2	1	3	9	4
4	1	8	5	9	3	6	7	2

SUDOKU - 305 (Solution)

Intermediate

9	1	3	6	2	7	8	5	4
2	6	4	8	1	5	9	3	7
5	7	8	4	3	9	1	2	6
3	2	6	5	9	4	7	8	1
8	9	7	3	6	1	2	4	5
4	5	1	7	8	2	3	6	9
1	4	5	2	7	3	6	9	8
7	8	2	9	5	6	4	1	3
6	3	9	1	4	8	5	7	2

SUDOKU - 306 (Solution)

Intermediate

2	4	6	1	9	5	3	7	8
1	9	5	3	8	7	2	4	6
8	3	7	4	6	2	9	5	1
3	8	9	2	7	6	5	1	4
6	1	4	8	5	3	7	2	9
5	7	2	9	4	1	8	6	3
7	5	8	6	3	4	1	9	2
4	2	3	7	1	9	6	8	5
9	6	1	5	2	8	4	3	7

SUDOKU - 307 (Solution)
Intermediate

8	3	5	7	2	1	9	6	4
7	2	4	3	9	6	5	1	8
9	6	1	4	8	5	3	7	2
3	9	2	6	1	7	4	8	5
1	8	7	9	5	4	2	3	6
4	5	6	2	3	8	1	9	7
6	7	3	5	4	9	8	2	1
2	4	8	1	6	3	7	5	9
5	1	9	8	7	2	6	4	3

SUDOKU - 308 (Solution)
Intermediate

4	5	9	2	1	7	8	6	3
1	6	3	5	4	8	7	2	9
8	7	2	3	9	6	4	5	1
5	3	1	7	6	9	2	8	4
7	2	8	1	3	4	5	9	6
9	4	6	8	2	5	3	1	7
2	8	4	6	7	1	9	3	5
6	9	5	4	8	3	1	7	2
3	1	7	9	5	2	6	4	8

SUDOKU - 309 (Solution)
Intermediate

8	9	1	2	6	5	3	7	4
2	6	7	8	4	3	5	9	1
3	4	5	7	1	9	6	2	8
6	5	9	3	8	2	4	1	7
1	3	8	9	7	4	2	6	5
7	2	4	1	5	6	9	8	3
5	7	3	6	2	8	1	4	9
4	8	6	5	9	1	7	3	2
9	1	2	4	3	7	8	5	6

SUDOKU - 310 (Solution)
Intermediate

7	8	2	4	6	3	5	1	9
9	5	1	7	2	8	4	6	3
3	6	4	5	1	9	8	7	2
8	9	3	2	4	1	6	5	7
1	7	6	3	8	5	2	9	4
4	2	5	6	9	7	1	3	8
6	3	8	9	5	2	7	4	1
2	4	9	1	7	6	3	8	5
5	1	7	8	3	4	9	2	6

SUDOKU - 311 (Solution)
Intermediate

1	3	6	2	7	4	9	8	5
9	8	7	5	6	1	3	2	4
4	2	5	9	3	8	7	6	1
2	9	8	7	1	3	4	5	6
6	7	4	8	2	5	1	9	3
3	5	1	6	4	9	8	7	2
5	6	3	4	8	7	2	1	9
8	1	2	3	9	6	5	4	7
7	4	9	1	5	2	6	3	8

SUDOKU - 312 (Solution)
Intermediate

9	7	3	5	4	1	8	2	6
6	4	8	9	7	2	1	3	5
1	5	2	8	3	6	4	7	9
8	1	7	6	2	5	3	9	4
4	6	5	3	1	9	2	8	7
2	3	9	7	8	4	6	5	1
7	9	1	2	6	8	5	4	3
3	8	6	4	5	7	9	1	2
5	2	4	1	9	3	7	6	8

SUDOKU - 313 (Solution)
Intermediate

4	3	5	6	8	1	2	9	7
8	7	6	9	2	4	5	3	1
1	2	9	3	7	5	8	4	6
3	4	8	2	9	7	6	1	5
7	6	2	5	1	3	4	8	9
5	9	1	8	4	6	7	2	3
9	8	3	7	6	2	1	5	4
2	1	7	4	5	9	3	6	8
6	5	4	1	3	8	9	7	2

SUDOKU - 314 (Solution)
Intermediate

8	3	5	4	6	1	7	9	2
6	9	4	8	2	7	1	3	5
2	1	7	3	9	5	6	4	8
9	7	8	6	3	4	2	5	1
1	6	3	5	8	2	4	7	9
4	5	2	7	1	9	8	6	3
5	4	1	9	7	8	3	2	6
7	2	6	1	5	3	9	8	4
3	8	9	2	4	6	5	1	7

SUDOKU - 315 (Solution)
Intermediate

5	1	2	4	6	8	3	7	9
9	6	3	2	5	7	8	1	4
7	8	4	3	1	9	2	5	6
4	2	1	7	8	5	6	9	3
8	5	9	6	3	1	7	4	2
3	7	6	9	2	4	5	8	1
2	9	7	8	4	3	1	6	5
1	3	8	5	9	6	4	2	7
6	4	5	1	7	2	9	3	8

SUDOKU - 316 (Solution)
Intermediate

4	7	3	5	8	9	2	1	6
2	9	5	7	1	6	8	4	3
1	8	6	3	2	4	7	5	9
9	5	2	4	3	8	1	6	7
8	4	7	2	6	1	3	9	5
3	6	1	9	7	5	4	2	8
7	2	4	6	5	3	9	8	1
6	3	8	1	9	2	5	7	4
5	1	9	8	4	7	6	3	2

SUDOKU - 317 (Solution)
Intermediate

8	1	6	9	4	3	5	7	2
5	4	9	1	7	2	3	6	8
7	2	3	8	6	5	9	1	4
3	7	2	6	1	9	4	8	5
1	8	4	2	5	7	6	9	3
9	6	5	3	8	4	1	2	7
2	3	8	4	9	1	7	5	6
6	5	1	7	3	8	2	4	9
4	9	7	5	2	6	8	3	1

SUDOKU - 318 (Solution)
Intermediate

9	4	5	3	7	8	6	2	1
7	3	6	1	9	2	4	5	8
8	2	1	5	4	6	9	3	7
1	9	8	2	6	7	3	4	5
4	5	3	8	1	9	7	6	2
6	7	2	4	3	5	8	1	9
2	6	4	9	8	1	5	7	3
3	1	9	7	5	4	2	8	6
5	8	7	6	2	3	1	9	4

SUDOKU - 319 (Solution)

Intermediate

9	4	7	5	3	8	2	1	6
6	1	3	4	9	2	5	7	8
5	8	2	1	6	7	4	9	3
2	6	9	7	4	3	8	5	1
3	7	4	8	1	5	9	6	2
1	5	8	6	2	9	3	4	7
8	3	5	9	7	6	1	2	4
4	9	6	2	8	1	7	3	5
7	2	1	3	5	4	6	8	9

SUDOKU - 320 (Solution)

Intermediate

4	2	7	9	8	5	3	6	1
9	5	8	6	3	1	4	2	7
1	6	3	2	4	7	9	5	8
8	3	2	1	6	4	7	9	5
6	9	4	7	5	8	1	3	2
5	7	1	3	9	2	8	4	6
7	4	6	5	1	9	2	8	3
3	1	9	8	2	6	5	7	4
2	8	5	4	7	3	6	1	9

SUDOKU - 321 (Solution)

Intermediate

5	1	2	4	9	3	7	8	6
8	3	9	5	7	6	2	1	4
6	7	4	1	2	8	5	9	3
7	2	1	6	5	9	4	3	8
9	6	5	3	8	4	1	2	7
3	4	8	2	1	7	6	5	9
1	8	3	7	6	2	9	4	5
2	9	7	8	4	5	3	6	1
4	5	6	9	3	1	8	7	2

SUDOKU - 322 (Solution)

Intermediate

8	1	3	6	7	9	4	5	2
6	5	9	4	2	8	1	3	7
2	7	4	1	3	5	6	8	9
9	8	1	2	6	7	3	4	5
4	3	2	5	8	1	7	9	6
5	6	7	3	9	4	8	2	1
1	2	8	7	5	3	9	6	4
3	4	6	9	1	2	5	7	8
7	9	5	8	4	6	2	1	3

SUDOKU - 323 (Solution)

Intermediate

1	4	3	6	2	9	7	8	5
5	8	2	7	3	1	4	9	6
6	9	7	5	8	4	1	2	3
8	1	9	3	7	6	5	4	2
4	3	6	9	5	2	8	1	7
7	2	5	4	1	8	6	3	9
2	6	1	8	9	5	3	7	4
3	5	8	2	4	7	9	6	1
9	7	4	1	6	3	2	5	8

SUDOKU - 324 (Solution)

Intermediate

7	8	1	6	2	4	3	5	9
9	4	5	8	1	3	2	6	7
6	2	3	7	5	9	1	4	8
3	9	8	1	6	5	7	2	4
2	6	4	9	7	8	5	3	1
5	1	7	3	4	2	9	8	6
4	3	9	5	8	1	6	7	2
1	7	2	4	3	6	8	9	5
8	5	6	2	9	7	4	1	3

SUDOKU - 325 (Solution)

Intermediate

4	8	1	9	3	7	6	5	2
6	2	3	5	8	1	4	7	9
5	7	9	4	6	2	3	8	1
7	6	8	3	2	4	1	9	5
3	1	2	6	9	5	7	4	8
9	4	5	7	1	8	2	6	3
8	9	6	1	7	3	5	2	4
1	5	7	2	4	9	8	3	6
2	3	4	8	5	6	9	1	7

SUDOKU - 326 (Solution)

Intermediate

1	5	2	4	6	9	3	7	8
9	4	8	3	7	1	5	2	6
6	3	7	2	5	8	4	1	9
5	9	3	8	4	7	1	6	2
7	1	4	9	2	6	8	3	5
8	2	6	5	1	3	9	4	7
4	6	1	7	9	5	2	8	3
2	8	9	6	3	4	7	5	1
3	7	5	1	8	2	6	9	4

SUDOKU - 327 (Solution)

Intermediate

7	6	5	4	9	8	3	2	1
9	8	1	7	3	2	4	6	5
4	2	3	6	5	1	7	8	9
6	5	4	2	1	9	8	3	7
1	7	2	8	6	3	5	9	4
3	9	8	5	4	7	6	1	2
2	3	7	1	8	4	9	5	6
5	1	9	3	7	6	2	4	8
8	4	6	9	2	5	1	7	3

SUDOKU - 328 (Solution)

Intermediate

7	5	1	9	2	8	6	3	4
2	9	3	1	4	6	8	7	5
6	8	4	7	5	3	1	9	2
9	2	6	3	7	5	4	8	1
1	4	5	6	8	9	7	2	3
3	7	8	4	1	2	9	5	6
8	1	2	5	6	7	3	4	9
5	6	9	8	3	4	2	1	7
4	3	7	2	9	1	5	6	8

SUDOKU - 329 (Solution)

Intermediate

2	6	8	9	5	1	4	7	3
7	5	1	6	3	4	9	8	2
9	3	4	7	2	8	1	6	5
5	7	3	4	8	9	2	1	6
6	4	9	5	1	2	8	3	7
8	1	2	3	7	6	5	4	9
3	9	5	8	4	7	6	2	1
1	8	7	2	6	5	3	9	4
4	2	6	1	9	3	7	5	8

SUDOKU - 330 (Solution)

Intermediate

3	2	5	6	9	4	7	8	1
9	6	1	7	8	3	5	4	2
4	7	8	2	5	1	9	3	6
7	3	6	5	2	9	4	1	8
8	5	9	4	1	6	3	2	7
2	1	4	8	3	7	6	9	5
1	4	2	9	7	5	8	6	3
6	8	7	3	4	2	1	5	9
5	9	3	1	6	8	2	7	4

SUDOKU - 331 (Solution)

Intermediate

7	1	6	9	5	4	3	2	8
9	8	5	1	2	3	7	6	4
4	2	3	6	7	8	9	5	1
2	3	4	7	8	1	6	9	5
1	7	8	5	9	6	2	4	3
5	6	9	3	4	2	1	8	7
8	4	7	2	3	9	5	1	6
6	5	2	4	1	7	8	3	9
3	9	1	8	6	5	4	7	2

SUDOKU - 332 (Solution)

Intermediate

5	8	7	4	1	2	9	3	6
3	4	6	7	9	5	2	1	8
1	2	9	3	6	8	7	4	5
2	6	4	8	5	9	3	7	1
8	9	5	1	7	3	6	2	4
7	3	1	6	2	4	5	8	9
6	1	3	5	8	7	4	9	2
9	7	8	2	4	6	1	5	3
4	5	2	9	3	1	8	6	7

SUDOKU - 333 (Solution)

Intermediate

6	8	5	4	1	3	7	9	2
7	3	4	5	9	2	8	6	1
9	2	1	7	6	8	3	5	4
4	7	6	8	5	1	9	2	3
2	9	8	6	3	4	1	7	5
1	5	3	9	2	7	6	4	8
5	1	2	3	7	9	4	8	6
8	6	7	1	4	5	2	3	9
3	4	9	2	8	6	5	1	7

SUDOKU - 334 (Solution)

Intermediate

5	9	6	8	1	4	7	2	3
7	8	4	5	3	2	1	9	6
1	2	3	7	9	6	8	5	4
4	6	7	1	8	9	2	3	5
8	5	1	6	2	3	4	7	9
9	3	2	4	7	5	6	1	8
6	7	9	3	4	1	5	8	2
2	1	5	9	6	8	3	4	7
3	4	8	2	5	7	9	6	1

SUDOKU - 335 (Solution)

Intermediate

7	4	6	8	2	5	1	3	9
1	8	5	4	3	9	2	6	7
2	9	3	1	6	7	5	8	4
8	1	7	5	4	6	9	2	3
5	2	4	7	9	3	8	1	6
6	3	9	2	8	1	7	4	5
4	6	1	9	5	8	3	7	2
9	7	2	3	1	4	6	5	8
3	5	8	6	7	2	4	9	1

SUDOKU - 336 (Solution)

Intermediate

7	4	5	1	2	3	8	6	9
2	1	3	9	6	8	4	7	5
8	9	6	4	5	7	3	2	1
4	3	8	6	9	1	2	5	7
5	2	9	8	7	4	6	1	3
6	7	1	2	3	5	9	4	8
9	8	4	5	1	6	7	3	2
1	6	7	3	8	2	5	9	4
3	5	2	7	4	9	1	8	6

SUDOKU - 337 (Solution)
Intermediate

3	9	4	7	6	5	8	2	1
5	8	1	4	3	2	6	7	9
6	7	2	9	1	8	4	3	5
2	5	7	1	4	6	3	9	8
9	4	8	5	2	3	7	1	6
1	3	6	8	9	7	5	4	2
4	2	5	3	8	9	1	6	7
8	1	9	6	7	4	2	5	3
7	6	3	2	5	1	9	8	4

SUDOKU - 338 (Solution)
Intermediate

8	4	7	1	6	5	3	9	2
3	2	6	9	8	7	1	4	5
1	5	9	4	3	2	7	8	6
6	7	2	3	4	9	8	5	1
4	9	1	6	5	8	2	7	3
5	8	3	7	2	1	9	6	4
7	1	5	2	9	4	6	3	8
2	3	4	8	7	6	5	1	9
9	6	8	5	1	3	4	2	7

SUDOKU - 339 (Solution)
Intermediate

9	8	2	3	4	5	7	1	6
1	5	6	9	8	7	4	2	3
4	3	7	2	1	6	8	9	5
5	4	9	8	7	2	6	3	1
3	7	8	6	9	1	5	4	2
6	2	1	5	3	4	9	7	8
8	1	5	4	2	9	3	6	7
2	6	4	7	5	3	1	8	9
7	9	3	1	6	8	2	5	4

SUDOKU - 340 (Solution)
Intermediate

8	1	4	7	2	5	9	3	6
9	6	2	4	8	3	1	7	5
5	3	7	9	1	6	4	8	2
7	8	9	2	4	1	5	6	3
6	2	1	3	5	7	8	4	9
3	4	5	8	6	9	7	2	1
4	9	6	5	7	2	3	1	8
2	7	3	1	9	8	6	5	4
1	5	8	6	3	4	2	9	7

SUDOKU - 341 (Solution)
Intermediate

8	6	2	1	4	3	5	9	7
1	4	5	2	9	7	8	3	6
7	9	3	8	6	5	1	4	2
9	3	7	4	5	6	2	1	8
4	8	6	7	1	2	9	5	3
2	5	1	9	3	8	7	6	4
3	1	8	5	2	4	6	7	9
6	2	9	3	7	1	4	8	5
5	7	4	6	8	9	3	2	1

SUDOKU - 342 (Solution)
Intermediate

2	3	6	8	7	4	1	5	9
7	1	5	3	2	9	4	6	8
4	8	9	6	1	5	7	3	2
1	2	8	5	4	3	9	7	6
5	6	3	7	9	1	2	8	4
9	7	4	2	6	8	5	1	3
3	4	1	9	5	6	8	2	7
6	9	2	1	8	7	3	4	5
8	5	7	4	3	2	6	9	1

SUDOKU - 343 (Solution)

Intermediate

9	4	3	2	1	5	8	7	6
2	1	6	9	7	8	4	3	5
8	5	7	4	3	6	9	1	2
1	7	9	6	4	2	3	5	8
4	8	5	7	9	3	2	6	1
6	3	2	8	5	1	7	9	4
7	6	8	5	2	9	1	4	3
5	9	1	3	8	4	6	2	7
3	2	4	1	6	7	5	8	9

SUDOKU - 344 (Solution)

Intermediate

6	7	4	3	1	5	8	2	9
5	8	1	7	9	2	3	4	6
9	3	2	8	4	6	5	7	1
8	2	6	1	5	7	9	3	4
3	4	9	2	6	8	7	1	5
7	1	5	4	3	9	6	8	2
2	9	7	5	8	1	4	6	3
4	6	8	9	2	3	1	5	7
1	5	3	6	7	4	2	9	8

SUDOKU - 345 (Solution)

Intermediate

8	2	4	1	6	7	3	9	5
1	3	5	4	8	9	7	2	6
7	9	6	5	3	2	8	4	1
2	7	8	9	4	1	6	5	3
3	6	9	7	5	8	4	1	2
4	5	1	6	2	3	9	8	7
6	4	7	2	9	5	1	3	8
9	8	2	3	1	6	5	7	4
5	1	3	8	7	4	2	6	9

SUDOKU - 346 (Solution)

Intermediate

5	1	9	3	2	7	6	4	8
7	8	4	5	1	6	9	2	3
3	6	2	9	4	8	1	5	7
6	5	1	4	7	3	8	9	2
4	7	8	6	9	2	5	3	1
2	9	3	1	8	5	7	6	4
8	2	5	7	3	9	4	1	6
1	3	6	8	5	4	2	7	9
9	4	7	2	6	1	3	8	5

SUDOKU - 347 (Solution)

Intermediate

9	5	2	1	4	3	7	8	6
1	4	3	6	7	8	5	9	2
6	8	7	2	5	9	4	1	3
8	6	4	7	9	5	3	2	1
5	2	9	8	3	1	6	4	7
3	7	1	4	2	6	8	5	9
2	3	6	9	8	4	1	7	5
4	9	5	3	1	7	2	6	8
7	1	8	5	6	2	9	3	4

SUDOKU - 348 (Solution)

Intermediate

9	2	4	1	8	3	5	7	6
3	7	6	5	2	9	4	1	8
5	1	8	4	6	7	3	2	9
1	4	5	2	7	6	9	8	3
2	9	7	8	3	5	6	4	1
6	8	3	9	4	1	7	5	2
8	5	2	3	9	4	1	6	7
4	6	9	7	1	8	2	3	5
7	3	1	6	5	2	8	9	4

SUDOKU - 349 (Solution)

Intermediate

3	8	4	1	5	9	7	6	2
5	1	6	2	3	7	9	8	4
7	9	2	4	8	6	3	5	1
2	3	8	9	7	1	5	4	6
6	4	5	8	2	3	1	9	7
9	7	1	5	6	4	8	2	3
1	6	9	7	4	5	2	3	8
8	5	3	6	1	2	4	7	9
4	2	7	3	9	8	6	1	5

SUDOKU - 350 (Solution)

Intermediate

1	3	5	7	6	9	2	8	4
4	9	2	1	3	8	7	5	6
8	7	6	2	4	5	3	9	1
7	1	8	6	2	3	9	4	5
2	6	3	9	5	4	8	1	7
9	5	4	8	7	1	6	2	3
6	8	7	4	1	2	5	3	9
5	2	1	3	9	6	4	7	8
3	4	9	5	8	7	1	6	2

SUDOKU - 351 (Solution)

Intermediate

7	1	3	9	5	4	6	2	8
8	9	4	2	1	6	3	5	7
2	5	6	8	7	3	9	4	1
1	6	5	7	3	9	4	8	2
3	4	8	1	2	5	7	6	9
9	7	2	6	4	8	1	3	5
4	3	9	5	8	7	2	1	6
5	2	7	4	6	1	8	9	3
6	8	1	3	9	2	5	7	4

SUDOKU - 352 (Solution)

Intermediate

1	4	5	3	8	9	6	2	7
8	3	2	5	7	6	4	1	9
9	6	7	2	4	1	8	5	3
5	1	3	6	9	8	7	4	2
6	7	9	4	2	5	1	3	8
2	8	4	1	3	7	5	9	6
7	5	1	9	6	2	3	8	4
3	9	8	7	1	4	2	6	5
4	2	6	8	5	3	9	7	1

SUDOKU - 353 (Solution)

Intermediate

5	8	6	4	9	1	2	7	3
2	3	4	7	5	8	1	9	6
7	1	9	2	3	6	8	5	4
8	4	2	3	6	7	9	1	5
6	9	1	8	2	5	3	4	7
3	7	5	1	4	9	6	8	2
1	2	3	5	8	4	7	6	9
9	5	7	6	1	2	4	3	8
4	6	8	9	7	3	5	2	1

SUDOKU - 354 (Solution)

Intermediate

8	2	1	4	9	6	7	3	5
9	6	3	5	7	1	8	2	4
7	4	5	8	2	3	1	6	9
2	9	6	3	5	8	4	1	7
1	7	4	9	6	2	3	5	8
5	3	8	1	4	7	6	9	2
3	5	2	6	8	4	9	7	1
6	8	7	2	1	9	5	4	3
4	1	9	7	3	5	2	8	6

SUDOKU - 355 (Solution)

Intermediate

9	5	6	1	2	4	7	8	3
8	4	1	7	6	3	9	5	2
2	3	7	5	8	9	6	1	4
5	7	8	6	4	1	2	3	9
4	2	9	8	3	5	1	7	6
1	6	3	9	7	2	5	4	8
6	9	5	4	1	8	3	2	7
3	1	4	2	9	7	8	6	5
7	8	2	3	5	6	4	9	1

SUDOKU - 356 (Solution)

Intermediate

4	7	2	6	9	3	1	8	5
3	5	8	2	4	1	7	6	9
9	6	1	7	5	8	3	4	2
2	4	7	8	6	9	5	3	1
8	3	6	1	2	5	9	7	4
1	9	5	3	7	4	6	2	8
6	1	4	5	3	2	8	9	7
5	2	3	9	8	7	4	1	6
7	8	9	4	1	6	2	5	3

SUDOKU - 357 (Solution)

Intermediate

6	8	7	5	1	2	9	4	3
9	3	5	7	8	4	2	1	6
4	1	2	9	6	3	8	5	7
1	7	6	8	2	9	5	3	4
3	4	9	1	7	5	6	2	8
5	2	8	4	3	6	1	7	9
2	9	3	6	5	7	4	8	1
8	5	4	3	9	1	7	6	2
7	6	1	2	4	8	3	9	5

SUDOKU - 358 (Solution)

Intermediate

1	8	4	6	5	2	9	3	7
5	9	3	1	8	7	2	4	6
2	7	6	3	9	4	5	8	1
9	4	8	5	6	1	3	7	2
6	3	2	7	4	8	1	9	5
7	1	5	9	2	3	4	6	8
8	5	1	4	7	9	6	2	3
3	2	9	8	1	6	7	5	4
4	6	7	2	3	5	8	1	9

SUDOKU - 359 (Solution)

Intermediate

5	6	4	3	9	2	7	1	8
7	8	9	6	4	1	3	2	5
2	1	3	5	7	8	4	9	6
8	9	7	4	1	6	5	3	2
1	5	2	8	3	7	9	6	4
3	4	6	2	5	9	1	8	7
6	3	1	7	8	4	2	5	9
9	7	8	1	2	5	6	4	3
4	2	5	9	6	3	8	7	1

SUDOKU - 360 (Solution)

Intermediate

8	6	2	4	3	9	7	1	5
3	1	7	6	8	5	2	9	4
4	5	9	1	7	2	3	6	8
6	3	1	2	9	8	5	4	7
2	8	4	5	6	7	9	3	1
7	9	5	3	4	1	8	2	6
5	2	8	9	1	6	4	7	3
1	7	3	8	2	4	6	5	9
9	4	6	7	5	3	1	8	2

SUDOKU - 361 (Solution)
Intermediate

1	4	9	5	6	8	7	3	2
2	8	3	1	4	7	9	6	5
7	5	6	9	3	2	1	8	4
6	7	1	3	9	4	2	5	8
3	9	4	8	2	5	6	1	7
5	2	8	6	7	1	3	4	9
4	3	7	2	8	6	5	9	1
9	1	2	4	5	3	8	7	6
8	6	5	7	1	9	4	2	3

SUDOKU - 362 (Solution)
Intermediate

6	9	5	2	1	4	3	8	7
3	4	7	8	6	9	2	1	5
2	1	8	3	5	7	4	9	6
1	3	4	7	8	2	5	6	9
5	7	9	1	3	6	8	2	4
8	2	6	9	4	5	7	3	1
7	5	3	6	9	8	1	4	2
9	8	2	4	7	1	6	5	3
4	6	1	5	2	3	9	7	8

SUDOKU - 363 (Solution)
Intermediate

9	4	8	7	6	2	5	3	1
6	7	2	3	5	1	4	9	8
3	1	5	9	4	8	6	7	2
5	2	7	8	3	4	9	1	6
1	8	9	6	2	7	3	5	4
4	3	6	1	9	5	2	8	7
2	9	1	4	8	3	7	6	5
8	6	4	5	7	9	1	2	3
7	5	3	2	1	6	8	4	9

SUDOKU - 364 (Solution)
Intermediate

9	3	4	2	5	6	1	7	8
6	2	1	4	8	7	3	9	5
7	8	5	3	1	9	4	2	6
5	6	7	9	4	8	2	1	3
3	9	8	1	2	5	6	4	7
4	1	2	6	7	3	8	5	9
8	4	6	7	9	1	5	3	2
2	7	3	5	6	4	9	8	1
1	5	9	8	3	2	7	6	4

SUDOKU - 365 (Solution)
Intermediate

5	9	1	2	7	6	8	3	4
2	4	7	8	1	3	9	6	5
6	8	3	4	5	9	1	2	7
9	1	4	7	6	2	3	5	8
7	6	8	3	9	5	2	4	1
3	5	2	1	8	4	6	7	9
8	3	6	9	4	7	5	1	2
1	7	5	6	2	8	4	9	3
4	2	9	5	3	1	7	8	6

SUDOKU - 366 (Solution)
Intermediate

7	8	9	1	3	2	6	5	4
6	3	2	8	5	4	7	9	1
5	1	4	7	9	6	3	2	8
1	4	5	2	7	3	8	6	9
2	6	7	4	8	9	1	3	5
3	9	8	5	6	1	2	4	7
9	7	1	6	2	5	4	8	3
8	5	6	3	4	7	9	1	2
4	2	3	9	1	8	5	7	6

SUDOKU - 367 (Solution)
Intermediate

9	8	1	7	6	3	5	4	2
4	3	2	8	5	1	7	9	6
6	5	7	2	9	4	1	8	3
3	1	9	4	2	6	8	7	5
8	2	5	9	1	7	3	6	4
7	6	4	5	3	8	9	2	1
1	7	8	3	4	2	6	5	9
5	4	6	1	7	9	2	3	8
2	9	3	6	8	5	4	1	7

SUDOKU - 368 (Solution)
Intermediate

3	2	5	9	6	8	7	1	4
4	8	1	5	7	3	6	2	9
6	9	7	4	2	1	3	5	8
7	6	3	1	4	2	8	9	5
8	5	2	6	9	7	4	3	1
9	1	4	3	8	5	2	6	7
5	7	9	2	3	4	1	8	6
1	3	8	7	5	6	9	4	2
2	4	6	8	1	9	5	7	3

SUDOKU - 369 (Solution)
Intermediate

8	9	1	5	6	7	4	3	2
2	6	5	1	3	4	8	9	7
4	3	7	8	9	2	1	5	6
6	7	4	3	2	5	9	1	8
5	8	3	7	1	9	6	2	4
9	1	2	4	8	6	5	7	3
1	2	8	9	4	3	7	6	5
7	4	6	2	5	1	3	8	9
3	5	9	6	7	8	2	4	1

SUDOKU - 370 (Solution)
Intermediate

8	5	7	1	3	9	4	2	6
6	2	1	7	8	4	3	9	5
4	3	9	5	2	6	8	7	1
3	6	4	9	7	8	5	1	2
7	9	8	2	1	5	6	4	3
5	1	2	6	4	3	7	8	9
9	7	6	8	5	2	1	3	4
1	4	5	3	9	7	2	6	8
2	8	3	4	6	1	9	5	7

SUDOKU - 371 (Solution)
Intermediate

9	8	6	3	7	1	2	4	5
1	3	5	2	4	6	7	9	8
7	2	4	9	5	8	3	6	1
2	9	8	5	1	7	4	3	6
6	7	3	8	2	4	5	1	9
4	5	1	6	9	3	8	2	7
8	1	7	4	3	9	6	5	2
5	4	9	7	6	2	1	8	3
3	6	2	1	8	5	9	7	4

SUDOKU - 372 (Solution)
Intermediate

4	3	6	1	7	9	5	8	2
2	8	1	4	6	5	7	9	3
9	5	7	3	8	2	1	4	6
7	6	9	8	3	4	2	1	5
5	1	8	6	2	7	9	3	4
3	4	2	5	9	1	6	7	8
1	7	4	2	5	3	8	6	9
8	9	5	7	4	6	3	2	1
6	2	3	9	1	8	4	5	7

SUDOKU - 373 (Solution)

Intermediate

1	8	5	4	9	3	7	6	2
6	2	3	1	7	8	9	4	5
7	9	4	2	6	5	3	8	1
9	7	8	3	2	1	6	5	4
4	5	1	7	8	6	2	3	9
2	3	6	9	5	4	1	7	8
5	4	7	6	1	2	8	9	3
3	6	2	8	4	9	5	1	7
8	1	9	5	3	7	4	2	6

SUDOKU - 374 (Solution)

Intermediate

6	9	8	5	2	1	4	7	3
7	1	4	6	8	3	2	5	9
3	5	2	7	4	9	1	6	8
5	6	1	4	7	8	3	9	2
9	8	3	1	6	2	7	4	5
4	2	7	3	9	5	6	8	1
1	4	5	8	3	6	9	2	7
8	7	9	2	1	4	5	3	6
2	3	6	9	5	7	8	1	4

SUDOKU - 375 (Solution)

Intermediate

2	7	3	8	4	5	6	1	9
6	4	9	7	1	2	8	5	3
1	5	8	6	9	3	2	7	4
5	9	7	2	3	6	1	4	8
8	6	2	1	5	4	9	3	7
4	3	1	9	7	8	5	2	6
7	2	5	3	6	9	4	8	1
9	1	4	5	8	7	3	6	2
3	8	6	4	2	1	7	9	5

SUDOKU - 376 (Solution)

Intermediate

7	9	6	3	4	1	8	5	2
2	3	5	6	8	7	4	9	1
1	4	8	5	2	9	3	6	7
5	7	9	8	1	2	6	4	3
3	2	4	9	5	6	1	7	8
6	8	1	4	7	3	9	2	5
8	1	2	7	6	4	5	3	9
4	5	3	2	9	8	7	1	6
9	6	7	1	3	5	2	8	4

SUDOKU - 377 (Solution)

Intermediate

3	5	7	2	1	6	4	9	8
6	1	4	8	7	9	3	2	5
9	2	8	4	5	3	6	7	1
7	9	2	6	8	4	5	1	3
8	3	1	7	9	5	2	6	4
4	6	5	3	2	1	7	8	9
1	4	3	9	6	2	8	5	7
5	7	6	1	3	8	9	4	2
2	8	9	5	4	7	1	3	6

SUDOKU - 378 (Solution)

Intermediate

6	8	2	1	4	3	5	9	7
1	4	5	2	9	7	6	8	3
7	3	9	5	6	8	1	4	2
2	7	4	9	5	1	3	6	8
3	9	8	6	7	4	2	1	5
5	6	1	3	8	2	4	7	9
8	1	3	4	2	9	7	5	6
9	2	6	7	1	5	8	3	4
4	5	7	8	3	6	9	2	1

SUDOKU - 379 (Solution)
Intermediate

8	1	7	9	4	5	3	6	2
9	2	3	6	7	1	5	8	4
5	6	4	8	3	2	1	9	7
2	7	1	3	9	8	4	5	6
6	5	8	4	2	7	9	3	1
3	4	9	1	5	6	7	2	8
1	9	6	7	8	3	2	4	5
4	8	2	5	1	9	6	7	3
7	3	5	2	6	4	8	1	9

SUDOKU - 380 (Solution)
Intermediate

9	8	1	7	4	2	3	5	6
7	3	6	1	9	5	4	2	8
2	4	5	8	6	3	9	7	1
8	5	9	6	1	4	7	3	2
6	7	3	2	8	9	1	4	5
1	2	4	5	3	7	8	6	9
3	9	2	4	5	8	6	1	7
5	1	8	3	7	6	2	9	4
4	6	7	9	2	1	5	8	3

SUDOKU - 381 (Solution)
Intermediate

5	9	7	6	1	8	2	4	3
2	4	8	7	5	3	6	1	9
3	6	1	9	4	2	8	5	7
8	1	9	4	2	7	5	3	6
4	7	2	5	3	6	9	8	1
6	5	3	1	8	9	4	7	2
9	8	6	3	7	5	1	2	4
7	2	4	8	9	1	3	6	5
1	3	5	2	6	4	7	9	8

SUDOKU - 382 (Solution)
Intermediate

7	9	5	6	1	3	8	2	4
2	8	4	9	5	7	3	6	1
6	3	1	8	2	4	5	9	7
5	4	7	3	9	2	6	1	8
8	6	3	1	7	5	9	4	2
9	1	2	4	8	6	7	5	3
3	5	6	7	4	1	2	8	9
4	2	9	5	3	8	1	7	6
1	7	8	2	6	9	4	3	5

SUDOKU - 383 (Solution)
Intermediate

8	3	5	9	1	4	6	7	2
9	1	7	6	8	2	4	5	3
4	2	6	7	5	3	8	1	9
3	8	1	4	6	7	2	9	5
6	9	2	5	3	8	7	4	1
7	5	4	1	2	9	3	6	8
5	4	3	8	7	1	9	2	6
2	6	9	3	4	5	1	8	7
1	7	8	2	9	6	5	3	4

SUDOKU - 384 (Solution)
Intermediate

8	2	1	4	9	6	5	3	7
6	9	4	5	7	3	8	2	1
5	3	7	8	1	2	6	9	4
1	4	9	2	5	8	3	7	6
3	6	2	1	4	7	9	8	5
7	8	5	6	3	9	1	4	2
2	5	6	3	8	4	7	1	9
9	1	8	7	2	5	4	6	3
4	7	3	9	6	1	2	5	8

SUDOKU - 385 (Solution)

Intermediate

8	5	1	6	7	2	4	3	9
2	7	9	3	5	4	6	8	1
4	3	6	8	9	1	2	5	7
5	4	3	1	8	6	9	7	2
1	2	7	5	3	9	8	4	6
6	9	8	4	2	7	5	1	3
7	8	5	9	6	3	1	2	4
3	6	4	2	1	8	7	9	5
9	1	2	7	4	5	3	6	8

SUDOKU - 386 (Solution)

Intermediate

2	6	8	3	9	4	7	5	1
1	5	3	2	7	6	4	9	8
9	7	4	1	5	8	6	2	3
6	2	7	9	1	3	5	8	4
8	3	5	6	4	2	9	1	7
4	9	1	7	8	5	3	6	2
3	1	6	5	2	7	8	4	9
7	8	9	4	6	1	2	3	5
5	4	2	8	3	9	1	7	6

SUDOKU - 387 (Solution)

Intermediate

8	2	6	9	4	7	5	1	3
4	3	1	6	2	5	7	8	9
5	9	7	3	8	1	2	4	6
6	7	4	5	1	3	8	9	2
2	5	9	7	6	8	4	3	1
3	1	8	4	9	2	6	7	5
9	4	2	8	3	6	1	5	7
1	8	5	2	7	9	3	6	4
7	6	3	1	5	4	9	2	8

SUDOKU - 388 (Solution)

Intermediate

3	6	5	9	7	8	1	4	2
7	1	8	2	4	6	3	5	9
4	9	2	1	3	5	6	8	7
9	4	1	3	2	7	8	6	5
8	2	6	5	1	4	9	7	3
5	7	3	8	6	9	4	2	1
2	5	9	6	8	1	7	3	4
6	3	7	4	9	2	5	1	8
1	8	4	7	5	3	2	9	6

SUDOKU - 389 (Solution)

Intermediate

9	7	5	2	6	1	8	3	4
4	1	6	9	3	8	5	2	7
8	3	2	4	7	5	6	9	1
3	4	1	7	9	6	2	8	5
5	6	7	1	8	2	9	4	3
2	8	9	3	5	4	7	1	6
6	2	3	8	1	7	4	5	9
7	9	4	5	2	3	1	6	8
1	5	8	6	4	9	3	7	2

SUDOKU - 390 (Solution)

Intermediate

6	1	8	9	2	3	4	7	5
3	7	4	8	6	5	2	1	9
9	2	5	1	4	7	6	8	3
1	9	3	7	8	6	5	4	2
5	4	2	3	1	9	7	6	8
8	6	7	2	5	4	9	3	1
4	5	1	6	9	8	3	2	7
7	8	6	5	3	2	1	9	4
2	3	9	4	7	1	8	5	6

SUDOKU - 391 (Solution)

Intermediate

6	3	8	2	9	5	7	4	1
7	5	2	3	4	1	6	9	8
9	4	1	8	6	7	3	5	2
4	6	7	9	2	3	8	1	5
1	8	5	4	7	6	2	3	9
2	9	3	5	1	8	4	7	6
3	2	6	1	5	4	9	8	7
5	7	4	6	8	9	1	2	3
8	1	9	7	3	2	5	6	4

SUDOKU - 392 (Solution)

Intermediate

6	7	2	1	4	8	9	5	3
9	4	5	2	3	6	8	7	1
1	3	8	9	7	5	4	6	2
3	9	6	8	5	7	2	1	4
5	2	7	4	1	9	6	3	8
8	1	4	3	6	2	7	9	5
2	8	3	7	9	1	5	4	6
7	6	1	5	8	4	3	2	9
4	5	9	6	2	3	1	8	7

SUDOKU - 393 (Solution)

Intermediate

4	9	1	5	6	8	7	2	3
8	3	5	1	7	2	6	4	9
2	6	7	9	4	3	8	1	5
3	2	6	8	5	4	1	9	7
1	5	8	3	9	7	4	6	2
7	4	9	2	1	6	3	5	8
9	1	3	4	8	5	2	7	6
5	7	2	6	3	1	9	8	4
6	8	4	7	2	9	5	3	1

SUDOKU - 394 (Solution)

Intermediate

2	6	3	5	4	1	8	7	9
5	7	4	6	8	9	1	3	2
9	1	8	3	2	7	4	6	5
1	3	2	9	5	6	7	8	4
4	8	6	2	7	3	5	9	1
7	5	9	4	1	8	3	2	6
6	9	5	7	3	4	2	1	8
3	2	1	8	9	5	6	4	7
8	4	7	1	6	2	9	5	3

SUDOKU - 395 (Solution)

Intermediate

4	7	1	2	8	3	9	5	6
9	8	5	6	7	1	2	4	3
2	3	6	4	5	9	8	7	1
6	2	7	1	4	5	3	8	9
5	1	4	3	9	8	7	6	2
8	9	3	7	6	2	4	1	5
3	5	9	8	1	7	6	2	4
7	4	2	5	3	6	1	9	8
1	6	8	9	2	4	5	3	7

SUDOKU - 396 (Solution)

Intermediate

9	1	2	4	3	8	6	5	7
7	8	5	6	1	2	3	9	4
3	4	6	7	9	5	1	2	8
2	3	9	1	7	6	8	4	5
8	7	1	3	5	4	9	6	2
5	6	4	2	8	9	7	3	1
6	9	8	5	4	7	2	1	3
1	5	7	9	2	3	4	8	6
4	2	3	8	6	1	5	7	9

SUDOKU - 397 (Solution)

Intermediate

7	3	8	9	4	5	6	1	2
4	9	2	6	1	7	5	8	3
6	1	5	8	2	3	9	7	4
1	7	6	5	9	4	3	2	8
2	5	4	1	3	8	7	9	6
3	8	9	7	6	2	1	4	5
8	2	7	3	5	1	4	6	9
9	4	3	2	7	6	8	5	1
5	6	1	4	8	9	2	3	7

SUDOKU - 398 (Solution)

Intermediate

6	8	4	7	3	9	2	1	5
9	5	7	6	1	2	3	4	8
1	3	2	5	4	8	6	9	7
3	2	9	4	5	1	8	7	6
8	6	5	2	9	7	4	3	1
4	7	1	8	6	3	9	5	2
7	9	3	1	2	6	5	8	4
2	4	8	9	7	5	1	6	3
5	1	6	3	8	4	7	2	9

SUDOKU - 399 (Solution)

Intermediate

3	6	7	1	4	2	5	8	9
2	8	4	5	9	3	1	7	6
5	1	9	6	7	8	4	2	3
7	5	2	4	1	6	9	3	8
1	4	8	3	2	9	6	5	7
6	9	3	7	8	5	2	1	4
8	2	6	9	3	1	7	4	5
9	7	1	8	5	4	3	6	2
4	3	5	2	6	7	8	9	1

SUDOKU - 400 (Solution)

Intermediate

5	6	1	2	4	9	3	7	8
4	8	7	6	3	1	5	9	2
2	3	9	5	7	8	6	4	1
6	1	4	3	5	7	2	8	9
8	2	3	1	9	6	7	5	4
9	7	5	4	8	2	1	3	6
1	9	8	7	2	3	4	6	5
7	5	2	9	6	4	8	1	3
3	4	6	8	1	5	9	2	7

SUDOKU - 401 (Solution)

Intermediate

5	1	8	7	6	9	4	3	2
3	7	6	2	5	4	9	8	1
9	2	4	8	3	1	5	6	7
1	8	7	9	4	3	2	5	6
2	3	9	6	7	5	1	4	8
6	4	5	1	2	8	7	9	3
7	5	3	4	8	2	6	1	9
8	9	2	5	1	6	3	7	4
4	6	1	3	9	7	8	2	5

SUDOKU - 402 (Solution)

Intermediate

6	9	1	4	7	2	8	3	5
3	7	8	9	6	5	1	2	4
2	5	4	3	8	1	7	6	9
9	4	7	1	2	6	3	5	8
1	8	2	5	9	3	6	4	7
5	3	6	8	4	7	9	1	2
8	1	9	6	5	4	2	7	3
7	6	5	2	3	9	4	8	1
4	2	3	7	1	8	5	9	6

SUDOKU - 403 (Solution)
Intermediate

5	8	2	6	9	4	1	3	7
3	7	4	8	2	1	9	6	5
6	9	1	7	3	5	8	2	4
8	1	3	5	7	2	4	9	6
4	2	6	3	1	9	5	7	8
9	5	7	4	6	8	2	1	3
1	6	8	9	4	3	7	5	2
2	3	5	1	8	7	6	4	9
7	4	9	2	5	6	3	8	1

SUDOKU - 404 (Solution)
Intermediate

5	2	6	3	4	7	1	8	9
9	7	4	2	1	8	5	3	6
3	1	8	6	9	5	4	2	7
4	8	5	7	2	6	3	9	1
6	9	7	5	3	1	8	4	2
1	3	2	4	8	9	7	6	5
7	4	9	1	6	3	2	5	8
2	6	1	8	5	4	9	7	3
8	5	3	9	7	2	6	1	4

SUDOKU - 405 (Solution)
Intermediate

2	4	3	8	5	1	9	7	6
8	5	1	7	6	9	3	4	2
9	7	6	3	2	4	8	1	5
1	9	4	2	7	8	5	6	3
3	6	8	9	4	5	1	2	7
7	2	5	1	3	6	4	9	8
5	1	2	6	9	3	7	8	4
4	8	7	5	1	2	6	3	9
6	3	9	4	8	7	2	5	1

SUDOKU - 406 (Solution)
Intermediate

4	2	3	1	6	7	8	9	5
8	5	9	3	2	4	7	1	6
6	1	7	8	5	9	3	4	2
1	8	2	4	3	5	9	6	7
3	9	6	7	8	1	5	2	4
5	7	4	2	9	6	1	3	8
2	4	8	9	7	3	6	5	1
7	3	5	6	1	2	4	8	9
9	6	1	5	4	8	2	7	3

SUDOKU - 407 (Solution)
Intermediate

6	3	5	8	1	4	2	7	9
8	4	2	3	7	9	1	5	6
7	9	1	6	5	2	8	3	4
9	7	6	5	8	3	4	2	1
4	1	3	2	9	6	7	8	5
2	5	8	7	4	1	6	9	3
1	6	7	9	2	5	3	4	8
5	2	4	1	3	8	9	6	7
3	8	9	4	6	7	5	1	2

SUDOKU - 408 (Solution)
Intermediate

9	3	8	2	1	5	6	4	7
7	1	4	8	9	6	5	2	3
6	2	5	3	7	4	1	8	9
2	6	1	9	8	7	4	3	5
5	4	7	6	2	3	8	9	1
8	9	3	4	5	1	7	6	2
4	5	2	7	3	8	9	1	6
3	7	6	1	4	9	2	5	8
1	8	9	5	6	2	3	7	4

SUDOKU - 409 (Solution)
Intermediate

6	1	5	2	3	8	7	4	9
8	9	4	5	1	7	3	2	6
7	2	3	4	6	9	1	8	5
5	3	2	6	9	4	8	1	7
9	6	1	8	7	3	2	5	4
4	8	7	1	2	5	6	9	3
2	4	6	3	5	1	9	7	8
1	5	9	7	8	6	4	3	2
3	7	8	9	4	2	5	6	1

SUDOKU - 410 (Solution)
Intermediate

1	3	9	2	6	7	4	5	8
2	5	6	4	9	8	3	1	7
8	7	4	3	1	5	9	6	2
4	8	1	5	3	9	7	2	6
5	2	3	8	7	6	1	9	4
9	6	7	1	2	4	5	8	3
3	9	2	6	4	1	8	7	5
7	4	5	9	8	2	6	3	1
6	1	8	7	5	3	2	4	9

SUDOKU - 411 (Solution)
Intermediate

7	1	2	6	8	3	9	5	4
3	9	6	2	4	5	8	1	7
5	4	8	1	9	7	2	3	6
1	7	3	5	6	2	4	9	8
9	8	5	3	7	4	1	6	2
6	2	4	8	1	9	3	7	5
2	3	1	4	5	6	7	8	9
4	6	9	7	3	8	5	2	1
8	5	7	9	2	1	6	4	3

SUDOKU - 412 (Solution)
Intermediate

5	6	7	4	3	1	8	9	2
4	2	3	7	8	9	6	1	5
9	8	1	6	2	5	3	7	4
2	7	5	1	4	6	9	3	8
6	9	8	5	7	3	4	2	1
1	3	4	2	9	8	7	5	6
8	4	9	3	1	2	5	6	7
3	5	2	8	6	7	1	4	9
7	1	6	9	5	4	2	8	3

SUDOKU - 413 (Solution)
Intermediate

7	5	3	2	4	9	6	8	1
9	2	8	3	6	1	4	5	7
4	1	6	7	5	8	9	2	3
3	9	5	1	8	4	7	6	2
6	8	7	9	3	2	1	4	5
1	4	2	5	7	6	8	3	9
5	7	4	8	1	3	2	9	6
8	3	9	6	2	7	5	1	4
2	6	1	4	9	5	3	7	8

SUDOKU - 414 (Solution)
Intermediate

4	3	9	2	5	6	1	8	7
2	7	1	3	9	8	5	6	4
8	5	6	7	1	4	9	3	2
1	6	5	4	3	9	7	2	8
9	4	8	1	2	7	6	5	3
7	2	3	6	8	5	4	1	9
5	1	7	8	4	3	2	9	6
3	9	4	5	6	2	8	7	1
6	8	2	9	7	1	3	4	5

SUDOKU - 415 (Solution)
Intermediate

8	2	7	3	6	5	4	1	9
3	9	4	7	8	1	6	2	5
1	5	6	4	9	2	3	7	8
7	3	5	9	4	8	1	6	2
6	8	2	5	1	7	9	4	3
9	4	1	2	3	6	8	5	7
4	7	8	6	2	3	5	9	1
5	1	9	8	7	4	2	3	6
2	6	3	1	5	9	7	8	4

SUDOKU - 416 (Solution)
Intermediate

8	6	7	1	4	9	5	2	3
9	4	5	6	2	3	7	1	8
2	1	3	5	7	8	4	9	6
6	2	8	9	1	4	3	7	5
4	5	9	8	3	7	2	6	1
7	3	1	2	5	6	8	4	9
1	9	2	4	8	5	6	3	7
3	8	4	7	6	1	9	5	2
5	7	6	3	9	2	1	8	4

SUDOKU - 417 (Solution)
Intermediate

9	2	6	7	5	1	8	4	3
4	1	8	6	9	3	5	7	2
5	7	3	4	8	2	9	1	6
1	4	9	3	6	5	2	8	7
6	8	5	9	2	7	4	3	1
2	3	7	8	1	4	6	5	9
3	5	1	2	4	9	7	6	8
7	6	2	5	3	8	1	9	4
8	9	4	1	7	6	3	2	5

SUDOKU - 418 (Solution)
Intermediate

5	9	4	8	2	1	3	7	6
6	7	3	5	4	9	8	1	2
2	1	8	3	7	6	9	5	4
8	4	6	7	9	3	5	2	1
9	3	1	4	5	2	7	6	8
7	2	5	6	1	8	4	3	9
4	5	9	2	6	7	1	8	3
1	8	2	9	3	5	6	4	7
3	6	7	1	8	4	2	9	5

SUDOKU - 419 (Solution)
Intermediate

8	1	3	9	2	6	4	5	7
9	5	7	1	3	4	2	8	6
2	6	4	7	5	8	9	1	3
7	9	5	2	4	3	1	6	8
3	4	8	5	6	1	7	9	2
1	2	6	8	9	7	3	4	5
4	8	1	6	7	2	5	3	9
5	3	2	4	8	9	6	7	1
6	7	9	3	1	5	8	2	4

SUDOKU - 420 (Solution)
Intermediate

3	5	9	1	4	6	7	2	8
4	8	1	3	2	7	9	6	5
6	7	2	8	9	5	1	3	4
9	2	5	6	1	8	4	7	3
1	4	8	7	3	9	6	5	2
7	6	3	4	5	2	8	9	1
2	3	4	9	7	1	5	8	6
8	1	7	5	6	3	2	4	9
5	9	6	2	8	4	3	1	7

SUDOKU - 421 (Solution)

Intermediate

8	5	9	6	1	4	7	2	3
4	6	7	3	2	9	5	8	1
1	2	3	7	8	5	6	9	4
3	8	2	1	7	6	9	4	5
9	1	4	5	3	2	8	7	6
5	7	6	4	9	8	3	1	2
2	4	8	9	5	3	1	6	7
6	3	1	8	4	7	2	5	9
7	9	5	2	6	1	4	3	8

SUDOKU - 422 (Solution)

Intermediate

5	1	4	9	3	7	6	2	8
2	7	3	5	6	8	4	9	1
9	6	8	1	2	4	7	5	3
1	8	7	4	5	6	2	3	9
6	5	2	8	9	3	1	4	7
3	4	9	7	1	2	8	6	5
4	9	1	2	8	5	3	7	6
8	2	6	3	7	9	5	1	4
7	3	5	6	4	1	9	8	2

SUDOKU - 423 (Solution)

Intermediate

1	5	9	4	8	6	2	3	7
6	2	3	5	1	7	9	4	8
8	4	7	3	9	2	6	5	1
9	7	2	1	5	4	8	6	3
5	1	4	8	6	3	7	9	2
3	8	6	7	2	9	5	1	4
7	9	1	2	4	5	3	8	6
2	6	8	9	3	1	4	7	5
4	3	5	6	7	8	1	2	9

SUDOKU - 424 (Solution)

Intermediate

4	6	5	3	7	1	9	2	8
1	8	2	4	5	9	3	6	7
7	9	3	8	2	6	5	4	1
5	7	8	2	4	3	6	1	9
3	2	9	1	6	8	7	5	4
6	1	4	5	9	7	2	8	3
2	5	1	7	3	4	8	9	6
9	4	7	6	8	2	1	3	5
8	3	6	9	1	5	4	7	2

SUDOKU - 425 (Solution)

Intermediate

3	6	4	5	8	9	7	1	2
7	2	5	4	6	1	9	3	8
9	1	8	2	3	7	5	4	6
4	3	7	1	9	2	6	8	5
6	5	2	3	7	8	4	9	1
8	9	1	6	4	5	2	7	3
1	7	6	9	2	3	8	5	4
2	8	3	7	5	4	1	6	9
5	4	9	8	1	6	3	2	7

SUDOKU - 426 (Solution)

Intermediate

8	3	5	6	1	4	7	2	9
2	4	6	8	7	9	3	5	1
7	1	9	3	2	5	6	8	4
5	8	1	2	6	7	4	9	3
9	7	3	1	4	8	5	6	2
6	2	4	5	9	3	8	1	7
3	5	7	9	8	1	2	4	6
4	9	2	7	5	6	1	3	8
1	6	8	4	3	2	9	7	5

SUDOKU - 427 (Solution)
Intermediate

8	9	6	5	2	4	7	3	1
7	1	3	6	8	9	4	5	2
5	2	4	7	3	1	6	9	8
9	5	7	1	6	8	3	2	4
2	3	1	9	4	5	8	6	7
4	6	8	2	7	3	9	1	5
6	4	2	3	5	7	1	8	9
3	8	9	4	1	2	5	7	6
1	7	5	8	9	6	2	4	3

SUDOKU - 428 (Solution)
Intermediate

5	7	3	6	1	8	9	4	2
9	6	8	7	4	2	5	3	1
1	4	2	9	3	5	7	8	6
7	8	9	4	5	1	2	6	3
6	3	5	2	8	9	4	1	7
4	2	1	3	7	6	8	9	5
2	1	7	8	9	3	6	5	4
3	9	4	5	6	7	1	2	8
8	5	6	1	2	4	3	7	9

SUDOKU - 429 (Solution)
Intermediate

4	1	8	2	6	7	5	3	9
6	5	3	9	8	1	4	2	7
7	2	9	4	3	5	8	6	1
2	7	5	6	4	9	1	8	3
1	9	4	3	7	8	6	5	2
3	8	6	1	5	2	9	7	4
9	6	2	8	1	3	7	4	5
5	4	1	7	2	6	3	9	8
8	3	7	5	9	4	2	1	6

SUDOKU - 430 (Solution)
Intermediate

9	2	8	5	6	1	3	4	7
6	1	4	3	9	7	2	8	5
7	5	3	2	4	8	1	9	6
3	7	1	9	5	4	6	2	8
4	8	9	1	2	6	7	5	3
5	6	2	7	8	3	4	1	9
1	3	5	8	7	2	9	6	4
8	4	7	6	1	9	5	3	2
2	9	6	4	3	5	8	7	1

SUDOKU - 431 (Solution)
Intermediate

9	2	1	4	5	3	8	7	6
3	7	4	6	8	2	9	5	1
8	5	6	9	7	1	4	2	3
6	4	2	5	9	8	3	1	7
5	8	3	1	4	7	6	9	2
1	9	7	2	3	6	5	8	4
7	3	5	8	2	4	1	6	9
4	6	8	7	1	9	2	3	5
2	1	9	3	6	5	7	4	8

SUDOKU - 432 (Solution)
Intermediate

9	1	2	3	5	8	4	7	6
7	4	5	1	6	9	8	3	2
8	6	3	7	2	4	5	1	9
1	5	7	8	4	6	9	2	3
2	8	6	5	9	3	7	4	1
3	9	4	2	7	1	6	8	5
4	3	1	9	8	5	2	6	7
5	7	8	6	3	2	1	9	4
6	2	9	4	1	7	3	5	8

SUDOKU - 433 (Solution)

Intermediate

3	8	5	6	2	7	1	9	4
2	4	7	9	5	1	3	6	8
6	9	1	3	4	8	2	5	7
9	5	8	4	3	2	6	7	1
1	6	2	5	7	9	4	8	3
4	7	3	1	8	6	9	2	5
8	1	6	7	9	3	5	4	2
7	3	4	2	6	5	8	1	9
5	2	9	8	1	4	7	3	6

SUDOKU - 434 (Solution)

Intermediate

7	6	5	1	3	2	9	8	4
1	9	4	6	7	8	3	2	5
2	3	8	5	4	9	7	6	1
4	2	6	9	1	7	5	3	8
9	5	1	4	8	3	2	7	6
3	8	7	2	6	5	4	1	9
8	4	9	3	2	1	6	5	7
6	7	2	8	5	4	1	9	3
5	1	3	7	9	6	8	4	2

SUDOKU - 435 (Solution)

Intermediate

8	9	2	6	5	1	7	4	3
6	7	1	9	4	3	2	8	5
5	3	4	8	7	2	6	9	1
4	1	6	7	2	9	3	5	8
2	5	7	4	3	8	1	6	9
3	8	9	1	6	5	4	2	7
9	2	3	5	1	6	8	7	4
7	6	5	3	8	4	9	1	2
1	4	8	2	9	7	5	3	6

SUDOKU - 436 (Solution)

Intermediate

5	1	6	8	7	9	4	2	3
2	3	8	6	1	4	9	5	7
4	9	7	5	3	2	6	1	8
7	2	1	3	4	5	8	6	9
6	5	4	7	9	8	2	3	1
3	8	9	2	6	1	7	4	5
1	6	3	9	2	7	5	8	4
9	4	5	1	8	6	3	7	2
8	7	2	4	5	3	1	9	6

SUDOKU - 437 (Solution)

Intermediate

7	4	6	9	2	5	3	8	1
8	5	3	4	6	1	2	9	7
2	1	9	7	3	8	4	5	6
9	3	8	1	5	7	6	4	2
4	2	5	6	9	3	1	7	8
6	7	1	2	8	4	9	3	5
3	8	4	5	1	2	7	6	9
5	6	2	3	7	9	8	1	4
1	9	7	8	4	6	5	2	3

SUDOKU - 438 (Solution)

Intermediate

9	1	2	5	7	8	6	3	4
8	7	6	4	1	3	2	5	9
5	4	3	9	6	2	1	8	7
1	2	5	7	9	6	8	4	3
4	8	9	1	3	5	7	6	2
3	6	7	2	8	4	5	9	1
7	9	4	8	5	1	3	2	6
2	3	8	6	4	7	9	1	5
6	5	1	3	2	9	4	7	8

SUDOKU - 439 (Solution)
Intermediate

7	1	5	4	2	9	8	6	3
6	8	9	7	3	1	2	4	5
4	2	3	5	6	8	1	9	7
1	3	2	8	9	7	4	5	6
8	5	7	3	4	6	9	2	1
9	6	4	2	1	5	3	7	8
2	4	1	6	5	3	7	8	9
3	7	6	9	8	2	5	1	4
5	9	8	1	7	4	6	3	2

SUDOKU - 440 (Solution)
Intermediate

3	4	2	1	8	5	6	9	7
6	7	8	2	3	9	5	4	1
5	1	9	4	6	7	3	8	2
9	8	1	5	7	4	2	3	6
2	5	7	6	9	3	4	1	8
4	6	3	8	2	1	9	7	5
8	9	5	7	4	6	1	2	3
1	2	4	3	5	8	7	6	9
7	3	6	9	1	2	8	5	4

SUDOKU - 441 (Solution)
Intermediate

3	1	2	6	4	7	5	9	8
9	8	6	1	3	5	2	7	4
4	7	5	2	9	8	1	6	3
6	5	8	9	7	3	4	2	1
1	4	3	8	2	6	9	5	7
7	2	9	4	5	1	3	8	6
8	9	1	3	6	2	7	4	5
2	3	7	5	8	4	6	1	9
5	6	4	7	1	9	8	3	2

SUDOKU - 442 (Solution)
Intermediate

7	2	9	1	6	5	4	8	3
5	8	1	4	2	3	6	7	9
3	4	6	8	7	9	1	5	2
4	1	8	9	3	2	7	6	5
2	7	3	6	5	4	8	9	1
6	9	5	7	1	8	2	3	4
1	5	7	3	4	6	9	2	8
8	6	2	5	9	1	3	4	7
9	3	4	2	8	7	5	1	6

SUDOKU - 443 (Solution)
Intermediate

8	3	9	4	1	2	6	7	5
4	6	2	5	9	7	3	1	8
5	1	7	8	3	6	2	4	9
2	5	6	9	8	4	7	3	1
1	7	3	2	6	5	8	9	4
9	4	8	3	7	1	5	6	2
7	9	4	6	5	8	1	2	3
6	2	5	1	4	3	9	8	7
3	8	1	7	2	9	4	5	6

SUDOKU - 444 (Solution)
Intermediate

2	5	6	4	9	1	7	8	3
1	7	3	8	6	5	4	9	2
8	4	9	3	7	2	5	1	6
5	9	4	6	8	3	2	7	1
7	3	8	2	1	9	6	5	4
6	2	1	5	4	7	8	3	9
9	6	2	7	3	8	1	4	5
3	8	5	1	2	4	9	6	7
4	1	7	9	5	6	3	2	8

SUDOKU - 445 (Solution)

Intermediate

2	1	6	7	3	8	9	4	5
5	3	4	9	2	6	1	7	8
8	7	9	1	4	5	6	3	2
4	9	1	6	7	2	5	8	3
3	5	7	4	8	9	2	6	1
6	2	8	5	1	3	4	9	7
9	6	2	8	5	7	3	1	4
7	4	3	2	9	1	8	5	6
1	8	5	3	6	4	7	2	9

SUDOKU - 446 (Solution)

Intermediate

3	1	6	8	7	9	4	5	2
5	4	7	2	3	1	6	8	9
9	8	2	4	5	6	3	1	7
8	9	5	7	1	3	2	4	6
2	7	1	6	4	5	8	9	3
6	3	4	9	2	8	1	7	5
1	2	8	5	6	7	9	3	4
4	5	3	1	9	2	7	6	8
7	6	9	3	8	4	5	2	1

SUDOKU - 447 (Solution)

Intermediate

8	1	9	3	4	5	6	2	7
6	7	5	2	1	9	8	3	4
2	3	4	8	6	7	9	1	5
7	2	8	5	9	1	3	4	6
3	9	6	7	8	4	1	5	2
4	5	1	6	3	2	7	9	8
1	6	3	4	2	8	5	7	9
9	4	7	1	5	6	2	8	3
5	8	2	9	7	3	4	6	1

SUDOKU - 448 (Solution)

Intermediate

5	4	2	1	3	8	6	9	7
8	3	9	5	6	7	4	1	2
7	6	1	4	2	9	5	8	3
4	7	3	6	9	1	8	2	5
9	2	5	8	7	3	1	6	4
1	8	6	2	4	5	3	7	9
6	1	7	3	5	2	9	4	8
2	5	4	9	8	6	7	3	1
3	9	8	7	1	4	2	5	6

SUDOKU - 449 (Solution)

Intermediate

4	8	3	7	6	9	1	5	2
6	5	9	1	2	8	7	4	3
7	2	1	3	5	4	8	9	6
2	6	5	4	9	7	3	1	8
1	4	8	2	3	6	5	7	9
3	9	7	5	8	1	2	6	4
5	7	2	6	4	3	9	8	1
8	1	6	9	7	2	4	3	5
9	3	4	8	1	5	6	2	7

SUDOKU - 450 (Solution)

Intermediate

4	3	9	7	2	1	8	6	5
2	7	1	5	6	8	3	9	4
5	8	6	9	3	4	1	2	7
3	9	5	8	7	6	4	1	2
6	1	8	2	4	5	9	7	3
7	4	2	3	1	9	6	5	8
8	6	7	1	5	3	2	4	9
9	5	4	6	8	2	7	3	1
1	2	3	4	9	7	5	8	6

SUDOKU - 451 (Solution)

Intermediate

2	7	1	4	6	3	9	8	5
4	6	5	1	8	9	7	3	2
3	9	8	5	7	2	4	1	6
7	8	3	9	1	5	6	2	4
5	4	6	2	3	8	1	9	7
9	1	2	7	4	6	3	5	8
6	5	4	3	2	1	8	7	9
8	3	9	6	5	7	2	4	1
1	2	7	8	9	4	5	6	3

SUDOKU - 452 (Solution)

Intermediate

2	7	6	1	3	8	9	5	4
5	9	4	2	7	6	8	3	1
1	3	8	5	9	4	6	2	7
7	6	5	3	4	1	2	8	9
9	2	3	8	6	7	1	4	5
4	8	1	9	5	2	7	6	3
3	5	7	6	8	9	4	1	2
8	1	9	4	2	5	3	7	6
6	4	2	7	1	3	5	9	8

SUDOKU - 453 (Solution)

Intermediate

9	3	1	8	5	4	7	2	6
5	4	6	9	7	2	8	1	3
7	2	8	6	1	3	4	9	5
6	9	5	7	3	1	2	4	8
1	8	2	5	4	6	3	7	9
4	7	3	2	9	8	5	6	1
2	6	4	3	8	9	1	5	7
3	5	9	1	2	7	6	8	4
8	1	7	4	6	5	9	3	2

SUDOKU - 454 (Solution)

Intermediate

8	1	7	4	2	3	6	5	9
6	9	3	7	1	5	4	2	8
5	4	2	8	9	6	1	3	7
1	8	6	3	5	9	7	4	2
4	2	9	6	7	1	5	8	3
3	7	5	2	4	8	9	6	1
9	3	1	5	8	4	2	7	6
7	6	4	9	3	2	8	1	5
2	5	8	1	6	7	3	9	4

SUDOKU - 455 (Solution)

Intermediate

6	3	2	9	4	5	1	7	8
4	7	9	6	8	1	3	2	5
5	1	8	3	2	7	9	6	4
3	6	7	4	9	2	8	5	1
9	4	5	8	1	6	7	3	2
2	8	1	7	5	3	6	4	9
7	9	4	5	3	8	2	1	6
1	5	3	2	6	9	4	8	7
8	2	6	1	7	4	5	9	3

SUDOKU - 456 (Solution)

Intermediate

3	2	9	5	1	8	7	4	6
6	8	7	2	4	3	5	1	9
1	4	5	6	9	7	3	2	8
9	1	2	8	3	4	6	5	7
4	3	8	7	5	6	1	9	2
7	5	6	1	2	9	8	3	4
2	6	4	3	8	1	9	7	5
8	9	1	4	7	5	2	6	3
5	7	3	9	6	2	4	8	1

SUDOKU - 457 (Solution)

Intermediate

4	9	6	5	2	7	1	3	8
1	5	3	4	8	9	7	2	6
2	7	8	1	6	3	4	5	9
3	2	5	6	7	8	9	4	1
8	6	4	2	9	1	5	7	3
9	1	7	3	4	5	6	8	2
5	8	9	7	1	2	3	6	4
6	3	1	8	5	4	2	9	7
7	4	2	9	3	6	8	1	5

SUDOKU - 458 (Solution)

Intermediate

1	8	3	7	9	6	4	2	5
4	7	6	5	1	2	8	9	3
9	5	2	3	4	8	1	6	7
8	9	5	6	3	7	2	1	4
7	6	1	2	8	4	5	3	9
2	3	4	1	5	9	7	8	6
3	1	9	8	7	5	6	4	2
6	4	7	9	2	1	3	5	8
5	2	8	4	6	3	9	7	1

SUDOKU - 459 (Solution)

Intermediate

9	7	6	5	8	3	2	1	4
1	4	5	6	9	2	8	3	7
8	2	3	4	1	7	5	9	6
4	6	8	1	5	9	3	7	2
7	1	9	2	3	8	6	4	5
3	5	2	7	6	4	9	8	1
2	8	4	9	7	6	1	5	3
6	9	1	3	4	5	7	2	8
5	3	7	8	2	1	4	6	9

SUDOKU - 460 (Solution)

Intermediate

5	1	2	9	4	7	3	8	6
3	8	4	5	1	6	7	9	2
9	6	7	3	8	2	4	1	5
6	4	9	8	7	1	5	2	3
2	3	8	6	9	5	1	4	7
1	7	5	4	2	3	9	6	8
4	5	1	2	3	8	6	7	9
8	9	3	7	6	4	2	5	1
7	2	6	1	5	9	8	3	4

SUDOKU - 461 (Solution)

Intermediate

8	1	7	4	3	2	5	9	6
6	9	3	7	1	5	4	2	8
2	5	4	8	9	6	1	7	3
7	6	9	2	5	3	8	4	1
3	2	8	9	4	1	7	6	5
5	4	1	6	7	8	2	3	9
4	7	5	1	6	9	3	8	2
1	8	6	3	2	7	9	5	4
9	3	2	5	8	4	6	1	7

SUDOKU - 462 (Solution)

Intermediate

4	1	3	7	5	6	9	8	2
8	2	5	1	9	4	3	7	6
6	7	9	8	3	2	4	5	1
5	9	7	3	1	8	6	2	4
2	8	1	6	4	9	5	3	7
3	4	6	5	2	7	1	9	8
7	6	4	9	8	3	2	1	5
9	5	8	2	6	1	7	4	3
1	3	2	4	7	5	8	6	9

SUDOKU - 463 (Solution)

Intermediate

5	3	7	2	4	1	6	9	8
8	1	2	6	5	9	3	4	7
4	6	9	8	3	7	5	2	1
1	8	5	9	2	6	4	7	3
7	2	4	5	1	3	9	8	6
3	9	6	7	8	4	2	1	5
6	4	1	3	9	8	7	5	2
9	5	3	1	7	2	8	6	4
2	7	8	4	6	5	1	3	9

SUDOKU - 464 (Solution)

Intermediate

7	2	8	1	9	6	4	5	3
3	6	9	7	5	4	8	2	1
5	1	4	2	8	3	6	9	7
8	3	2	4	1	5	9	7	6
1	5	6	8	7	9	3	4	2
9	4	7	6	3	2	1	8	5
4	9	5	3	6	7	2	1	8
6	7	1	9	2	8	5	3	4
2	8	3	5	4	1	7	6	9

SUDOKU - 465 (Solution)

Intermediate

4	2	7	9	8	5	3	6	1
9	8	3	1	2	6	4	5	7
5	6	1	4	7	3	9	2	8
6	9	5	8	4	7	2	1	3
1	7	8	2	3	9	6	4	5
2	3	4	5	6	1	7	8	9
7	1	9	6	5	2	8	3	4
8	5	6	3	9	4	1	7	2
3	4	2	7	1	8	5	9	6

SUDOKU - 466 (Solution)

Intermediate

6	2	5	7	1	3	8	4	9
3	9	1	6	4	8	7	2	5
4	8	7	9	2	5	1	3	6
5	7	4	1	6	9	2	8	3
9	3	6	8	7	2	4	5	1
8	1	2	3	5	4	9	6	7
7	6	8	4	3	1	5	9	2
2	4	3	5	9	7	6	1	8
1	5	9	2	8	6	3	7	4

SUDOKU - 467 (Solution)

Intermediate

5	3	2	8	1	6	9	7	4
7	9	6	3	4	2	5	8	1
1	8	4	9	5	7	6	3	2
4	7	8	2	3	9	1	6	5
3	6	1	5	7	4	8	2	9
2	5	9	1	6	8	3	4	7
9	2	5	4	8	3	7	1	6
6	4	3	7	9	1	2	5	8
8	1	7	6	2	5	4	9	3

SUDOKU - 468 (Solution)

Intermediate

1	5	3	4	7	6	9	2	8
6	2	4	9	1	8	5	3	7
9	7	8	5	3	2	1	4	6
4	6	2	1	8	5	3	7	9
7	8	5	2	9	3	6	1	4
3	1	9	6	4	7	2	8	5
2	9	7	8	5	1	4	6	3
8	4	6	3	2	9	7	5	1
5	3	1	7	6	4	8	9	2

SUDOKU - 469 (Solution)
Intermediate

9	4	1	2	3	7	5	6	8
3	6	8	4	9	5	2	7	1
7	5	2	6	8	1	3	9	4
6	8	4	7	2	9	1	5	3
1	9	7	8	5	3	6	4	2
5	2	3	1	4	6	7	8	9
4	7	5	3	1	8	9	2	6
8	1	9	5	6	2	4	3	7
2	3	6	9	7	4	8	1	5

SUDOKU - 470 (Solution)
Intermediate

9	3	4	6	2	1	7	8	5
7	1	8	3	4	5	9	6	2
2	6	5	7	8	9	1	4	3
5	2	3	8	7	4	6	1	9
1	7	6	9	3	2	8	5	4
4	8	9	1	5	6	2	3	7
6	9	2	4	1	3	5	7	8
3	5	7	2	6	8	4	9	1
8	4	1	5	9	7	3	2	6

SUDOKU - 471 (Solution)
Intermediate

9	2	4	7	1	8	5	6	3
8	3	6	4	5	9	1	7	2
1	7	5	2	6	3	4	8	9
6	1	3	8	7	2	9	5	4
4	5	2	3	9	6	8	1	7
7	9	8	1	4	5	2	3	6
5	4	1	6	2	7	3	9	8
3	6	9	5	8	4	7	2	1
2	8	7	9	3	1	6	4	5

SUDOKU - 472 (Solution)
Intermediate

3	9	2	5	7	4	1	6	8
8	6	5	3	9	1	2	7	4
1	7	4	6	2	8	9	5	3
7	1	3	4	6	2	8	9	5
5	8	6	1	3	9	4	2	7
4	2	9	8	5	7	3	1	6
2	4	7	9	8	6	5	3	1
6	5	1	2	4	3	7	8	9
9	3	8	7	1	5	6	4	2

SUDOKU - 473 (Solution)
Intermediate

9	6	1	4	3	2	5	7	8
8	3	7	1	6	5	2	4	9
5	2	4	9	8	7	1	3	6
6	8	9	2	7	1	4	5	3
4	5	2	3	9	8	6	1	7
1	7	3	6	5	4	9	8	2
3	9	8	5	4	6	7	2	1
7	1	5	8	2	9	3	6	4
2	4	6	7	1	3	8	9	5

SUDOKU - 474 (Solution)
Intermediate

2	9	5	7	6	4	1	3	8
3	8	6	9	5	1	4	7	2
7	1	4	3	2	8	9	6	5
1	7	3	4	8	9	2	5	6
5	4	9	6	7	2	3	8	1
6	2	8	1	3	5	7	4	9
9	5	2	8	4	7	6	1	3
4	6	1	5	9	3	8	2	7
8	3	7	2	1	6	5	9	4

SUDOKU - 475 (Solution)
Intermediate

7	5	2	1	3	8	9	4	6
9	3	4	2	7	6	8	1	5
6	8	1	4	5	9	2	7	3
3	4	7	8	2	5	1	6	9
8	9	6	3	1	4	5	2	7
1	2	5	6	9	7	3	8	4
5	6	8	9	4	1	7	3	2
4	7	3	5	8	2	6	9	1
2	1	9	7	6	3	4	5	8

SUDOKU - 476 (Solution)
Intermediate

3	4	7	5	6	8	2	1	9
9	5	2	3	7	1	6	8	4
8	6	1	4	9	2	5	7	3
6	2	3	8	4	7	1	9	5
7	1	9	6	5	3	8	4	2
5	8	4	2	1	9	3	6	7
1	3	8	9	2	4	7	5	6
2	9	5	7	8	6	4	3	1
4	7	6	1	3	5	9	2	8

SUDOKU - 477 (Solution)
Intermediate

1	8	6	9	2	7	5	3	4
5	7	9	3	8	4	6	2	1
2	4	3	1	5	6	9	7	8
3	9	5	8	1	2	7	4	6
6	1	8	4	7	3	2	9	5
7	2	4	5	6	9	1	8	3
4	6	1	2	9	8	3	5	7
8	5	2	7	3	1	4	6	9
9	3	7	6	4	5	8	1	2

SUDOKU - 478 (Solution)
Intermediate

5	2	1	3	8	6	4	9	7
8	4	3	9	5	7	1	6	2
7	9	6	2	4	1	8	3	5
6	7	8	5	2	4	9	1	3
4	5	2	1	9	3	6	7	8
1	3	9	6	7	8	5	2	4
3	6	7	8	1	5	2	4	9
9	8	4	7	6	2	3	5	1
2	1	5	4	3	9	7	8	6

SUDOKU - 479 (Solution)
Intermediate

5	7	8	2	6	9	1	3	4
6	1	3	5	8	4	7	9	2
2	4	9	7	1	3	5	6	8
1	8	4	9	3	7	2	5	6
9	5	2	6	4	1	8	7	3
7	3	6	8	5	2	9	4	1
4	2	1	3	7	5	6	8	9
3	6	7	1	9	8	4	2	5
8	9	5	4	2	6	3	1	7

SUDOKU - 480 (Solution)
Intermediate

8	7	4	9	1	3	6	2	5
5	2	9	6	8	7	4	1	3
6	1	3	5	4	2	8	7	9
3	5	6	8	2	9	1	4	7
1	9	8	7	3	4	5	6	2
2	4	7	1	5	6	3	9	8
7	3	2	4	6	8	9	5	1
9	6	1	3	7	5	2	8	4
4	8	5	2	9	1	7	3	6

SUDOKU - 481 (Solution)

Intermediate

3	5	6	8	4	7	1	2	9
1	9	8	6	5	2	4	7	3
2	4	7	1	9	3	8	6	5
5	7	4	2	3	9	6	8	1
6	2	9	4	8	1	3	5	7
8	3	1	5	7	6	2	9	4
4	8	2	7	1	5	9	3	6
9	6	5	3	2	4	7	1	8
7	1	3	9	6	8	5	4	2

SUDOKU - 482 (Solution)

Intermediate

8	7	1	9	4	3	2	5	6
2	3	4	5	1	6	7	8	9
9	6	5	8	7	2	3	4	1
1	8	2	4	9	5	6	3	7
7	5	6	3	2	1	4	9	8
3	4	9	6	8	7	1	2	5
5	1	3	2	6	8	9	7	4
4	2	7	1	5	9	8	6	3
6	9	8	7	3	4	5	1	2

SUDOKU - 483 (Solution)

Intermediate

7	6	4	8	9	5	3	1	2
5	2	8	6	1	3	9	7	4
9	1	3	2	4	7	6	8	5
8	5	7	3	6	1	4	2	9
1	3	9	7	2	4	5	6	8
2	4	6	9	5	8	7	3	1
3	7	5	4	8	2	1	9	6
6	8	1	5	7	9	2	4	3
4	9	2	1	3	6	8	5	7

SUDOKU - 484 (Solution)

Intermediate

9	5	4	3	8	6	7	1	2
6	7	1	5	4	2	3	9	8
8	2	3	1	9	7	4	5	6
5	8	6	7	2	9	1	4	3
7	3	9	4	6	1	8	2	5
4	1	2	8	5	3	6	7	9
3	6	5	9	1	4	2	8	7
2	4	8	6	7	5	9	3	1
1	9	7	2	3	8	5	6	4

SUDOKU - 485 (Solution)

Intermediate

4	6	8	7	9	3	1	5	2
9	2	5	4	1	8	6	3	7
3	7	1	5	2	6	9	8	4
7	1	6	3	8	9	4	2	5
8	4	9	1	5	2	7	6	3
5	3	2	6	7	4	8	9	1
2	5	4	9	6	1	3	7	8
1	9	7	8	3	5	2	4	6
6	8	3	2	4	7	5	1	9

SUDOKU - 486 (Solution)

Intermediate

2	6	4	1	5	9	3	7	8
5	8	1	2	3	7	4	6	9
9	3	7	8	4	6	1	5	2
6	9	2	5	7	3	8	4	1
7	5	3	4	1	8	2	9	6
4	1	8	6	9	2	5	3	7
1	2	5	9	6	4	7	8	3
8	7	9	3	2	5	6	1	4
3	4	6	7	8	1	9	2	5

SUDOKU - 487 (Solution)

Intermediate

7	3	2	4	9	1	6	5	8
6	1	5	3	2	8	7	9	4
9	4	8	7	6	5	1	2	3
3	2	9	1	4	6	8	7	5
4	7	1	5	8	9	3	6	2
8	5	6	2	3	7	4	1	9
1	9	7	8	5	4	2	3	6
5	8	3	6	7	2	9	4	1
2	6	4	9	1	3	5	8	7

SUDOKU - 488 (Solution)

Intermediate

4	8	5	7	6	9	3	2	1
6	9	2	5	1	3	4	7	8
1	3	7	8	2	4	9	6	5
2	4	1	3	5	8	6	9	7
7	6	8	2	9	1	5	4	3
3	5	9	6	4	7	1	8	2
9	2	4	1	8	5	7	3	6
8	1	3	4	7	6	2	5	9
5	7	6	9	3	2	8	1	4

SUDOKU - 489 (Solution)

Intermediate

9	6	2	8	1	3	5	7	4
7	8	1	9	5	4	6	2	3
4	5	3	6	7	2	8	9	1
6	2	5	4	9	1	7	3	8
8	7	9	5	3	6	1	4	2
1	3	4	2	8	7	9	5	6
3	9	7	1	2	8	4	6	5
5	4	8	3	6	9	2	1	7
2	1	6	7	4	5	3	8	9

SUDOKU - 490 (Solution)

Intermediate

1	2	7	8	3	4	6	5	9
8	6	3	2	5	9	1	4	7
5	9	4	1	6	7	2	8	3
4	5	8	9	7	1	3	2	6
6	7	1	5	2	3	4	9	8
9	3	2	4	8	6	5	7	1
7	8	5	6	1	2	9	3	4
3	1	9	7	4	5	8	6	2
2	4	6	3	9	8	7	1	5

SUDOKU - 491 (Solution)

Intermediate

9	2	3	5	8	4	1	6	7
7	6	4	3	1	2	9	5	8
1	5	8	7	9	6	3	2	4
2	1	6	8	5	3	7	4	9
3	8	9	2	4	7	6	1	5
4	7	5	1	6	9	8	3	2
6	4	2	9	7	1	5	8	3
5	9	1	4	3	8	2	7	6
8	3	7	6	2	5	4	9	1

SUDOKU - 492 (Solution)

Intermediate

3	7	5	8	9	2	1	6	4
8	6	2	1	4	5	7	9	3
9	4	1	3	7	6	2	5	8
7	1	3	4	6	9	5	8	2
4	2	6	7	5	8	9	3	1
5	8	9	2	3	1	4	7	6
6	5	8	9	2	4	3	1	7
2	9	7	6	1	3	8	4	5
1	3	4	5	8	7	6	2	9

SUDOKU - 493 (Solution)
Intermediate

2	9	5	7	1	6	8	3	4
7	8	4	3	5	9	2	6	1
1	3	6	8	2	4	5	7	9
9	1	7	4	8	2	3	5	6
8	5	3	6	7	1	9	4	2
4	6	2	5	9	3	7	1	8
3	2	1	9	4	5	6	8	7
5	7	9	1	6	8	4	2	3
6	4	8	2	3	7	1	9	5

SUDOKU - 494 (Solution)
Intermediate

4	8	2	7	5	3	6	9	1
7	5	6	9	2	1	8	3	4
9	3	1	6	8	4	7	5	2
2	4	7	3	9	6	5	1	8
8	9	5	1	7	2	4	6	3
1	6	3	5	4	8	2	7	9
5	2	9	8	3	7	1	4	6
3	1	4	2	6	5	9	8	7
6	7	8	4	1	9	3	2	5

SUDOKU - 495 (Solution)
Intermediate

3	8	2	9	5	7	6	4	1
7	9	6	1	8	4	2	5	3
4	1	5	2	3	6	7	9	8
8	2	4	3	6	5	9	1	7
5	3	7	8	9	1	4	2	6
1	6	9	4	7	2	8	3	5
6	5	3	7	4	9	1	8	2
2	4	8	6	1	3	5	7	9
9	7	1	5	2	8	3	6	4

SUDOKU - 496 (Solution)
Intermediate

5	8	2	6	9	4	1	3	7
3	7	4	8	2	1	9	6	5
9	6	1	7	5	3	4	2	8
2	5	8	1	7	6	3	9	4
6	1	3	5	4	9	7	8	2
4	9	7	2	3	8	6	5	1
7	3	9	4	8	5	2	1	6
8	2	6	9	1	7	5	4	3
1	4	5	3	6	2	8	7	9

SUDOKU - 497 (Solution)
Intermediate

1	9	3	7	4	6	5	8	2
2	6	8	3	5	1	4	9	7
4	5	7	2	9	8	1	3	6
5	7	1	4	8	3	6	2	9
8	2	6	1	7	9	3	5	4
3	4	9	5	6	2	7	1	8
7	3	5	8	2	4	9	6	1
9	1	2	6	3	7	8	4	5
6	8	4	9	1	5	2	7	3

SUDOKU - 498 (Solution)
Intermediate

8	3	4	2	6	7	5	1	9
9	5	1	8	4	3	2	7	6
7	6	2	9	5	1	8	3	4
6	9	5	7	2	8	3	4	1
3	1	8	5	9	4	6	2	7
2	4	7	1	3	6	9	5	8
5	7	6	4	8	2	1	9	3
1	8	9	3	7	5	4	6	2
4	2	3	6	1	9	7	8	5

SUDOKU - 499 (Solution)

Intermediate

3	4	8	7	5	1	2	9	6
7	2	1	6	8	9	4	5	3
6	5	9	2	3	4	7	1	8
1	6	3	4	9	7	5	8	2
2	8	5	1	6	3	9	7	4
9	7	4	8	2	5	3	6	1
4	3	6	9	7	8	1	2	5
5	9	2	3	1	6	8	4	7
8	1	7	5	4	2	6	3	9

SUDOKU - 500 (Solution)

Intermediate

8	1	4	7	2	9	5	3	6
5	6	2	3	8	1	7	4	9
9	7	3	4	6	5	1	2	8
6	3	1	8	9	2	4	5	7
7	2	8	1	5	4	6	9	3
4	5	9	6	3	7	2	8	1
1	8	7	2	4	3	9	6	5
2	9	6	5	7	8	3	1	4
3	4	5	9	1	6	8	7	2

SUDOKU - 501 (Solution)

Intermediate

4	7	2	6	9	3	1	8	5
3	5	8	2	4	1	7	6	9
9	6	1	7	5	8	3	4	2
2	4	7	8	6	9	5	3	1
8	3	5	1	2	7	6	9	4
6	1	9	5	3	4	8	2	7
5	8	4	3	1	2	9	7	6
7	9	6	4	8	5	2	1	3
1	2	3	9	7	6	4	5	8

SUDOKU - 502 (Solution)

Intermediate

5	2	6	4	9	1	8	7	3
4	7	1	3	6	8	2	9	5
9	8	3	2	5	7	4	6	1
2	3	7	8	1	6	9	5	4
6	5	4	7	3	9	1	2	8
8	1	9	5	4	2	7	3	6
3	4	8	9	2	5	6	1	7
7	6	2	1	8	3	5	4	9
1	9	5	6	7	4	3	8	2

SUDOKU - 503 (Solution)

Intermediate

6	9	1	5	4	2	3	8	7
3	8	4	9	6	7	5	1	2
7	5	2	3	1	8	9	6	4
1	4	7	8	3	9	6	2	5
5	6	9	7	2	1	4	3	8
2	3	8	4	5	6	7	9	1
4	2	5	6	8	3	1	7	9
8	7	6	1	9	4	2	5	3
9	1	3	2	7	5	8	4	6

SUDOKU - 504 (Solution)

Intermediate

8	3	2	1	9	4	7	6	5
1	9	5	8	7	6	3	4	2
6	4	7	2	5	3	1	8	9
2	6	9	4	3	1	8	5	7
7	1	3	5	8	9	4	2	6
4	5	8	6	2	7	9	1	3
9	8	1	3	6	2	5	7	4
5	7	6	9	4	8	2	3	1
3	2	4	7	1	5	6	9	8

Hard **SUDOKU - 1 (Solution)**

6	5	3	7	8	4	2	9	1
4	1	8	5	2	9	6	7	3
7	9	2	1	3	6	8	5	4
9	8	4	6	1	3	7	2	5
2	7	5	4	9	8	3	1	6
1	3	6	2	5	7	4	8	9
8	6	7	9	4	5	1	3	2
3	2	9	8	6	1	5	4	7
5	4	1	3	7	2	9	6	8

Hard **SUDOKU - 2 (Solution)**

8	4	7	5	2	3	9	6	1
6	9	2	8	7	1	5	3	4
5	1	3	4	9	6	2	7	8
9	5	8	1	3	7	6	4	2
3	7	4	2	6	8	1	9	5
2	6	1	9	5	4	7	8	3
7	3	5	6	4	2	8	1	9
1	2	6	3	8	9	4	5	7
4	8	9	7	1	5	3	2	6

Hard **SUDOKU - 3 (Solution)**

6	3	4	7	9	2	5	1	8
1	2	7	3	5	8	6	9	4
5	9	8	1	6	4	7	3	2
9	6	1	5	4	7	8	2	3
2	7	5	9	8	3	4	6	1
8	4	3	6	2	1	9	7	5
3	1	9	4	7	5	2	8	6
4	8	6	2	3	9	1	5	7
7	5	2	8	1	6	3	4	9

Hard **SUDOKU - 4 (Solution)**

3	7	8	1	4	9	2	6	5
5	6	2	3	7	8	4	9	1
1	4	9	2	6	5	8	3	7
8	9	4	6	3	7	5	1	2
7	1	5	9	2	4	3	8	6
6	2	3	8	5	1	9	7	4
4	5	6	7	8	3	1	2	9
2	8	1	4	9	6	7	5	3
9	3	7	5	1	2	6	4	8

Hard **SUDOKU - 5 (Solution)**

1	2	6	7	8	4	9	5	3
8	9	3	2	1	5	4	7	6
7	4	5	6	9	3	2	8	1
4	1	7	9	6	8	5	3	2
5	8	2	1	3	7	6	4	9
6	3	9	5	4	2	7	1	8
2	6	4	8	5	1	3	9	7
9	5	1	3	7	6	8	2	4
3	7	8	4	2	9	1	6	5

Hard **SUDOKU - 6 (Solution)**

6	5	3	7	4	2	9	8	1
4	1	7	5	8	9	2	3	6
8	9	2	3	6	1	5	4	7
7	3	6	4	2	5	8	1	9
1	2	5	9	3	8	7	6	4
9	4	8	6	1	7	3	2	5
3	7	4	2	5	6	1	9	8
5	6	1	8	9	3	4	7	2
2	8	9	1	7	4	6	5	3

SUDOKU - 7 (Solution)

Hard

3	9	4	7	8	2	1	5	6
8	1	2	5	6	9	7	4	3
5	7	6	1	4	3	9	8	2
2	5	3	6	7	1	4	9	8
1	6	9	4	2	8	3	7	5
7	4	8	3	9	5	6	2	1
9	8	7	2	3	6	5	1	4
4	3	5	8	1	7	2	6	9
6	2	1	9	5	4	8	3	7

SUDOKU - 8 (Solution)

Hard

5	3	8	4	9	7	6	1	2
1	7	9	2	8	6	3	5	4
2	6	4	5	1	3	8	7	9
8	4	3	7	5	9	1	2	6
7	5	6	8	2	1	9	4	3
9	2	1	3	6	4	7	8	5
3	8	7	6	4	5	2	9	1
6	9	5	1	7	2	4	3	8
4	1	2	9	3	8	5	6	7

SUDOKU - 9 (Solution)

Hard

5	8	3	9	2	7	6	1	4
1	6	9	4	5	3	8	2	7
7	4	2	6	1	8	5	3	9
9	1	5	2	4	6	7	8	3
3	7	4	1	8	9	2	6	5
6	2	8	7	3	5	4	9	1
2	5	6	3	9	4	1	7	8
8	9	1	5	7	2	3	4	6
4	3	7	8	6	1	9	5	2

SUDOKU - 10 (Solution)

Hard

8	1	4	5	9	6	2	7	3
7	6	5	4	3	2	9	1	8
2	9	3	7	8	1	5	4	6
9	3	8	2	5	7	4	6	1
4	7	1	9	6	8	3	5	2
5	2	6	1	4	3	8	9	7
6	5	2	8	7	9	1	3	4
3	8	9	6	1	4	7	2	5
1	4	7	3	2	5	6	8	9

SUDOKU - 11 (Solution)

Hard

3	7	4	9	8	5	6	1	2
1	9	6	3	7	2	8	4	5
5	8	2	6	1	4	7	3	9
4	5	8	7	6	3	9	2	1
2	1	3	5	9	8	4	6	7
7	6	9	2	4	1	5	8	3
9	4	5	1	3	6	2	7	8
6	2	1	8	5	7	3	9	4
8	3	7	4	2	9	1	5	6

SUDOKU - 12 (Solution)

Hard

4	7	2	8	1	5	6	9	3
8	9	5	3	7	6	4	1	2
1	3	6	2	9	4	8	7	5
5	6	1	7	4	3	9	2	8
2	8	9	6	5	1	7	3	4
3	4	7	9	2	8	1	5	6
7	2	8	5	6	9	3	4	1
6	5	4	1	3	7	2	8	9
9	1	3	4	8	2	5	6	7

SUDOKU - 13 (Solution)

Hard

4	5	2	1	8	3	6	9	7
8	9	1	4	7	6	5	3	2
3	6	7	2	9	5	8	4	1
5	8	3	9	1	2	4	7	6
2	7	4	6	3	8	1	5	9
6	1	9	5	4	7	2	8	3
7	4	5	3	2	1	9	6	8
9	2	8	7	6	4	3	1	5
1	3	6	8	5	9	7	2	4

SUDOKU - 14 (Solution)

Hard

6	5	8	9	7	1	4	3	2
3	1	7	6	2	4	9	5	8
9	2	4	3	5	8	1	7	6
2	4	6	1	9	5	3	8	7
1	3	9	2	8	7	5	6	4
7	8	5	4	6	3	2	9	1
8	7	3	5	4	2	6	1	9
4	6	1	8	3	9	7	2	5
5	9	2	7	1	6	8	4	3

SUDOKU - 15 (Solution)

Hard

2	4	1	8	5	7	9	3	6
6	8	5	9	4	3	2	7	1
3	7	9	2	6	1	8	5	4
5	6	4	7	2	8	1	9	3
9	1	8	5	3	4	6	2	7
7	3	2	1	9	6	5	4	8
8	9	6	4	7	2	3	1	5
1	5	7	3	8	9	4	6	2
4	2	3	6	1	5	7	8	9

SUDOKU - 16 (Solution)

Hard

3	9	1	2	5	6	8	4	7
7	4	8	9	3	1	5	6	2
6	5	2	4	8	7	3	9	1
5	3	6	1	2	8	4	7	9
4	2	7	5	9	3	6	1	8
1	8	9	7	6	4	2	5	3
2	7	3	6	4	9	1	8	5
8	1	4	3	7	5	9	2	6
9	6	5	8	1	2	7	3	4

SUDOKU - 17 (Solution)

Hard

8	5	1	7	9	6	2	4	3
6	7	9	2	4	3	5	1	8
3	2	4	8	5	1	7	9	6
1	6	8	5	3	9	4	7	2
4	9	2	6	8	7	1	3	5
7	3	5	1	2	4	8	6	9
9	8	6	4	7	2	3	5	1
2	4	3	9	1	5	6	8	7
5	1	7	3	6	8	9	2	4

SUDOKU - 18 (Solution)

Hard

3	2	9	6	5	4	1	7	8
4	5	7	9	1	8	3	2	6
8	1	6	3	2	7	5	9	4
1	9	3	2	4	5	6	8	7
2	8	4	7	6	1	9	3	5
7	6	5	8	3	9	2	4	1
9	3	8	5	7	6	4	1	2
5	7	1	4	9	2	8	6	3
6	4	2	1	8	3	7	5	9

SUDOKU - 19 (Solution)

Hard

3	5	6	4	9	2	8	7	1
7	4	2	1	6	8	9	5	3
8	1	9	3	5	7	6	2	4
5	3	8	2	1	6	7	4	9
1	9	7	8	3	4	2	6	5
2	6	4	9	7	5	3	1	8
9	7	5	6	8	1	4	3	2
4	8	1	7	2	3	5	9	6
6	2	3	5	4	9	1	8	7

SUDOKU - 20 (Solution)

Hard

3	2	8	7	6	4	1	5	9
4	9	1	3	5	2	7	6	8
7	5	6	1	8	9	2	3	4
9	7	2	8	3	6	5	4	1
1	6	4	9	7	5	8	2	3
5	8	3	2	4	1	9	7	6
6	1	9	4	2	7	3	8	5
2	3	5	6	1	8	4	9	7
8	4	7	5	9	3	6	1	2

SUDOKU - 21 (Solution)

Hard

1	5	3	4	7	2	8	6	9
7	2	4	9	8	6	1	5	3
9	8	6	5	3	1	4	7	2
3	7	2	6	5	4	9	1	8
6	4	9	1	2	8	7	3	5
8	1	5	7	9	3	2	4	6
2	6	1	3	4	9	5	8	7
4	9	7	8	6	5	3	2	1
5	3	8	2	1	7	6	9	4

SUDOKU - 22 (Solution)

Hard

1	9	7	2	3	8	4	6	5
8	6	2	7	5	4	1	9	3
3	4	5	6	1	9	2	7	8
4	7	9	1	2	3	8	5	6
5	1	8	4	9	6	7	3	2
6	2	3	8	7	5	9	1	4
7	5	6	9	4	2	3	8	1
9	8	4	3	6	1	5	2	7
2	3	1	5	8	7	6	4	9

SUDOKU - 23 (Solution)

Hard

8	9	3	5	6	7	4	2	1
7	5	6	4	1	2	9	8	3
2	4	1	8	9	3	5	6	7
9	1	4	3	8	6	2	7	5
5	6	8	7	2	4	1	3	9
3	7	2	9	5	1	8	4	6
4	2	7	1	3	9	6	5	8
6	8	9	2	7	5	3	1	4
1	3	5	6	4	8	7	9	2

SUDOKU - 24 (Solution)

Hard

7	6	1	2	3	9	5	4	8
4	5	3	6	1	8	9	2	7
9	8	2	5	4	7	6	1	3
2	3	6	4	8	5	1	7	9
5	4	7	1	9	3	8	6	2
8	1	9	7	2	6	3	5	4
1	7	8	3	5	2	4	9	6
3	2	4	9	6	1	7	8	5
6	9	5	8	7	4	2	3	1

SUDOKU - 25 (Solution)

Hard

4	8	3	5	7	6	2	1	9
5	6	7	9	2	1	3	4	8
9	2	1	3	8	4	7	6	5
2	9	4	1	3	5	8	7	6
8	7	6	2	4	9	1	5	3
1	3	5	7	6	8	9	2	4
6	4	2	8	1	3	5	9	7
7	5	8	4	9	2	6	3	1
3	1	9	6	5	7	4	8	2

SUDOKU - 26 (Solution)

Hard

1	2	3	5	8	4	7	6	9
9	7	6	3	1	2	8	4	5
5	8	4	7	6	9	1	3	2
3	4	5	9	2	1	6	7	8
7	1	9	8	3	6	2	5	4
2	6	8	4	5	7	9	1	3
4	3	7	1	9	8	5	2	6
8	5	2	6	7	3	4	9	1
6	9	1	2	4	5	3	8	7

SUDOKU - 27 (Solution)

Hard

1	3	4	6	9	8	2	5	7
7	6	2	1	4	5	3	9	8
9	8	5	7	2	3	4	1	6
2	9	7	5	6	4	1	8	3
4	1	6	3	8	9	5	7	2
8	5	3	2	1	7	6	4	9
3	4	9	8	5	2	7	6	1
5	7	1	9	3	6	8	2	4
6	2	8	4	7	1	9	3	5

SUDOKU - 28 (Solution)

Hard

7	9	5	4	1	8	2	3	6
6	4	1	5	3	2	8	7	9
2	3	8	7	9	6	1	4	5
8	1	7	6	4	5	3	9	2
3	2	9	1	8	7	6	5	4
5	6	4	9	2	3	7	1	8
1	7	2	8	5	4	9	6	3
9	5	3	2	6	1	4	8	7
4	8	6	3	7	9	5	2	1

SUDOKU - 29 (Solution)

Hard

5	2	3	4	1	9	7	8	6
9	8	1	5	6	7	4	2	3
4	7	6	3	2	8	5	9	1
1	9	2	8	7	5	6	3	4
6	3	8	1	9	4	2	5	7
7	5	4	6	3	2	8	1	9
2	6	5	9	4	3	1	7	8
8	1	9	7	5	6	3	4	2
3	4	7	2	8	1	9	6	5

SUDOKU - 30 (Solution)

Hard

3	2	4	8	1	7	9	6	5
6	5	9	2	4	3	8	1	7
7	8	1	9	5	6	3	2	4
5	7	2	3	9	8	1	4	6
8	4	3	7	6	1	5	9	2
9	1	6	5	2	4	7	8	3
2	3	5	4	8	9	6	7	1
1	9	7	6	3	2	4	5	8
4	6	8	1	7	5	2	3	9

SUDOKU - 31 (Solution)

Hard

1	6	3	5	2	8	4	9	7
9	2	4	6	1	7	5	8	3
5	7	8	3	9	4	1	2	6
7	4	1	2	6	5	9	3	8
6	9	2	4	8	3	7	5	1
3	8	5	9	7	1	2	6	4
8	1	9	7	3	2	6	4	5
4	3	6	1	5	9	8	7	2
2	5	7	8	4	6	3	1	9

SUDOKU - 32 (Solution)

Hard

6	8	2	3	1	9	4	7	5
7	9	1	8	4	5	6	2	3
5	4	3	2	6	7	8	9	1
4	2	6	9	7	3	1	5	8
3	5	7	4	8	1	9	6	2
9	1	8	5	2	6	7	3	4
2	3	4	6	9	8	5	1	7
1	6	5	7	3	4	2	8	9
8	7	9	1	5	2	3	4	6

SUDOKU - 33 (Solution)

Hard

7	2	4	3	6	5	8	9	1
9	5	6	2	8	1	3	4	7
1	8	3	4	9	7	6	5	2
2	1	8	7	4	6	9	3	5
4	9	5	8	1	3	7	2	6
3	6	7	9	5	2	1	8	4
5	4	1	6	3	8	2	7	9
6	3	2	5	7	9	4	1	8
8	7	9	1	2	4	5	6	3

SUDOKU - 34 (Solution)

Hard

3	5	2	4	7	6	9	8	1
9	6	1	8	3	5	4	2	7
7	8	4	9	1	2	3	5	6
1	2	3	7	4	8	5	6	9
6	4	7	3	5	9	2	1	8
8	9	5	6	2	1	7	3	4
2	1	9	5	8	4	6	7	3
5	7	6	1	9	3	8	4	2
4	3	8	2	6	7	1	9	5

SUDOKU - 35 (Solution)

Hard

6	2	9	5	1	4	3	8	7
5	4	1	3	7	8	6	9	2
3	7	8	6	2	9	1	5	4
9	6	7	8	5	1	2	4	3
4	3	5	7	6	2	9	1	8
8	1	2	9	4	3	5	7	6
1	5	3	4	8	6	7	2	9
7	8	6	2	9	5	4	3	1
2	9	4	1	3	7	8	6	5

SUDOKU - 36 (Solution)

Hard

9	2	5	8	3	6	1	7	4
8	7	1	5	2	4	6	3	9
6	3	4	1	7	9	8	2	5
1	4	7	6	9	3	5	8	2
5	6	9	2	4	8	7	1	3
2	8	3	7	1	5	4	9	6
4	9	8	3	6	7	2	5	1
7	1	6	9	5	2	3	4	8
3	5	2	4	8	1	9	6	7

SUDOKU - 37 (Solution)

Hard

1	5	8	4	9	3	6	2	7
6	7	2	1	5	8	3	9	4
3	9	4	6	2	7	1	5	8
9	4	6	7	3	5	2	8	1
2	3	7	9	8	1	5	4	6
5	8	1	2	6	4	7	3	9
4	6	3	5	7	9	8	1	2
8	2	9	3	1	6	4	7	5
7	1	5	8	4	2	9	6	3

SUDOKU - 38 (Solution)

Hard

7	9	4	2	8	3	5	6	1
2	1	3	5	4	6	8	7	9
6	8	5	7	9	1	3	4	2
5	7	2	9	1	4	6	3	8
9	3	8	6	2	5	7	1	4
4	6	1	8	3	7	2	9	5
8	4	7	1	6	2	9	5	3
3	5	9	4	7	8	1	2	6
1	2	6	3	5	9	4	8	7

SUDOKU - 39 (Solution)

Hard

2	4	7	1	8	9	3	6	5
6	5	8	7	2	3	4	9	1
3	9	1	4	5	6	7	8	2
1	7	3	6	4	5	8	2	9
4	6	9	2	7	8	1	5	3
8	2	5	3	9	1	6	4	7
9	8	6	5	1	7	2	3	4
7	3	2	9	6	4	5	1	8
5	1	4	8	3	2	9	7	6

SUDOKU - 40 (Solution)

Hard

4	9	8	7	1	5	2	3	6
3	6	1	2	8	4	9	5	7
5	2	7	9	3	6	8	1	4
7	8	3	6	9	1	4	2	5
1	5	6	3	4	2	7	9	8
2	4	9	8	5	7	1	6	3
9	1	4	5	7	3	6	8	2
8	3	2	4	6	9	5	7	1
6	7	5	1	2	8	3	4	9

SUDOKU - 41 (Solution)

Hard

8	7	1	9	4	3	6	5	2
5	3	6	1	2	8	9	7	4
2	9	4	7	5	6	1	8	3
9	6	5	2	7	4	8	3	1
4	8	2	3	9	1	7	6	5
7	1	3	6	8	5	2	4	9
1	4	8	5	6	2	3	9	7
3	5	9	8	1	7	4	2	6
6	2	7	4	3	9	5	1	8

SUDOKU - 42 (Solution)

Hard

8	6	7	2	9	4	5	1	3
1	3	4	8	7	5	6	2	9
9	2	5	6	1	3	8	7	4
7	5	2	9	4	8	3	6	1
6	8	1	7	3	2	4	9	5
4	9	3	5	6	1	2	8	7
2	4	8	1	5	9	7	3	6
5	1	6	3	8	7	9	4	2
3	7	9	4	2	6	1	5	8

SUDOKU - 43 (Solution)

Hard

1	2	4	7	5	9	3	6	8
8	9	6	2	4	3	1	7	5
3	5	7	8	6	1	9	2	4
2	6	1	4	7	8	5	3	9
9	7	3	5	1	2	8	4	6
5	4	8	3	9	6	2	1	7
7	3	5	9	2	4	6	8	1
4	1	2	6	8	5	7	9	3
6	8	9	1	3	7	4	5	2

SUDOKU - 44 (Solution)

Hard

1	5	7	2	3	6	8	9	4
8	3	9	1	4	5	2	6	7
2	4	6	7	8	9	5	3	1
4	8	5	9	1	2	6	7	3
9	1	3	6	7	8	4	5	2
7	6	2	3	5	4	1	8	9
3	2	1	5	6	7	9	4	8
6	9	4	8	2	3	7	1	5
5	7	8	4	9	1	3	2	6

SUDOKU - 45 (Solution)

Hard

3	6	7	9	4	8	1	5	2
4	5	8	3	2	1	7	6	9
9	1	2	6	7	5	8	4	3
5	4	3	7	1	2	9	8	6
8	2	9	5	6	3	4	7	1
1	7	6	4	8	9	2	3	5
6	8	1	2	3	4	5	9	7
2	3	5	8	9	7	6	1	4
7	9	4	1	5	6	3	2	8

SUDOKU - 46 (Solution)

Hard

4	5	1	6	3	7	9	8	2
8	2	6	4	5	9	1	3	7
7	9	3	8	1	2	5	4	6
6	7	4	2	8	5	3	9	1
2	3	8	7	9	1	6	5	4
5	1	9	3	4	6	7	2	8
9	8	7	5	6	4	2	1	3
3	6	5	1	2	8	4	7	9
1	4	2	9	7	3	8	6	5

SUDOKU - 47 (Solution)

Hard

6	5	8	9	7	3	4	2	1
1	7	9	5	2	4	3	8	6
4	3	2	8	6	1	7	5	9
2	8	1	3	5	7	9	6	4
9	6	7	2	4	8	1	3	5
3	4	5	6	1	9	8	7	2
7	9	6	4	3	2	5	1	8
8	2	3	1	9	5	6	4	7
5	1	4	7	8	6	2	9	3

SUDOKU - 48 (Solution)

Hard

1	3	5	9	2	6	7	8	4
6	8	7	1	5	4	3	2	9
4	2	9	3	7	8	5	1	6
2	5	1	4	3	9	6	7	8
3	4	6	5	8	7	2	9	1
9	7	8	2	6	1	4	3	5
8	1	2	6	4	3	9	5	7
5	9	4	7	1	2	8	6	3
7	6	3	8	9	5	1	4	2

SUDOKU - 49 (Solution)

Hard

5	9	3	2	4	8	6	7	1
2	1	4	6	5	7	9	3	8
6	7	8	9	1	3	4	5	2
3	2	6	4	7	9	1	8	5
4	5	9	3	8	1	7	2	6
7	8	1	5	2	6	3	9	4
8	4	7	1	3	2	5	6	9
1	6	2	7	9	5	8	4	3
9	3	5	8	6	4	2	1	7

SUDOKU - 50 (Solution)

Hard

1	4	7	8	9	5	6	2	3
2	5	8	7	6	3	4	1	9
9	3	6	2	4	1	8	5	7
5	6	1	4	8	7	9	3	2
7	9	3	5	2	6	1	8	4
8	2	4	1	3	9	5	7	6
6	8	9	3	5	2	7	4	1
4	7	2	6	1	8	3	9	5
3	1	5	9	7	4	2	6	8

SUDOKU - 51 (Solution)

Hard

5	7	6	9	1	8	2	4	3
4	2	8	3	6	5	9	7	1
3	9	1	7	2	4	5	6	8
9	1	3	6	4	7	8	5	2
2	5	4	1	8	9	7	3	6
6	8	7	2	5	3	1	9	4
7	6	5	8	3	2	4	1	9
8	3	9	4	7	1	6	2	5
1	4	2	5	9	6	3	8	7

SUDOKU - 52 (Solution)

Hard

9	5	6	8	4	7	2	1	3
1	7	8	2	5	3	6	9	4
2	3	4	6	1	9	5	7	8
7	9	5	3	2	6	4	8	1
4	2	1	7	8	5	9	3	6
6	8	3	4	9	1	7	2	5
5	6	9	1	3	2	8	4	7
8	1	2	5	7	4	3	6	9
3	4	7	9	6	8	1	5	2

SUDOKU - 53 (Solution)

Hard

9	2	7	3	5	1	8	6	4
3	6	8	2	9	4	5	7	1
5	4	1	6	8	7	9	3	2
8	3	6	5	4	2	1	9	7
2	1	5	7	3	9	6	4	8
7	9	4	1	6	8	3	2	5
4	7	9	8	1	6	2	5	3
1	5	2	9	7	3	4	8	6
6	8	3	4	2	5	7	1	9

SUDOKU - 54 (Solution)

Hard

4	8	3	7	9	1	2	6	5
6	5	1	3	8	2	7	4	9
7	9	2	5	6	4	8	3	1
1	7	4	6	2	5	9	8	3
8	3	5	4	7	9	1	2	6
2	6	9	1	3	8	4	5	7
3	4	8	9	1	6	5	7	2
5	1	6	2	4	7	3	9	8
9	2	7	8	5	3	6	1	4

SUDOKU - 55 (Solution)

Hard

8	4	7	3	1	6	2	5	9
2	5	6	8	7	9	1	3	4
9	3	1	2	4	5	8	6	7
1	7	8	9	3	2	6	4	5
6	9	3	1	5	4	7	8	2
5	2	4	6	8	7	9	1	3
7	8	9	5	6	3	4	2	1
3	6	2	4	9	1	5	7	8
4	1	5	7	2	8	3	9	6

SUDOKU - 56 (Solution)

Hard

7	2	8	1	3	6	9	4	5
5	6	9	7	2	4	3	8	1
4	1	3	9	8	5	7	6	2
8	7	2	6	1	9	5	3	4
1	5	6	4	7	3	2	9	8
3	9	4	2	5	8	1	7	6
9	4	1	3	6	2	8	5	7
6	8	7	5	9	1	4	2	3
2	3	5	8	4	7	6	1	9

SUDOKU - 57 (Solution)

Hard

6	8	3	9	5	4	1	2	7
4	7	9	6	2	1	8	3	5
1	5	2	3	7	8	4	6	9
8	1	6	5	4	2	9	7	3
3	9	4	7	1	6	5	8	2
7	2	5	8	3	9	6	1	4
5	6	1	2	9	7	3	4	8
2	3	8	4	6	5	7	9	1
9	4	7	1	8	3	2	5	6

SUDOKU - 58 (Solution)

Hard

9	1	7	8	3	6	4	2	5
2	6	4	1	9	5	8	3	7
3	8	5	2	4	7	1	6	9
8	4	2	9	7	1	6	5	3
6	5	3	4	8	2	9	7	1
1	7	9	5	6	3	2	4	8
7	3	8	6	1	4	5	9	2
4	2	1	3	5	9	7	8	6
5	9	6	7	2	8	3	1	4

SUDOKU - 59 (Solution)

Hard

4	6	8	3	5	9	1	2	7
3	5	7	6	1	2	9	8	4
1	2	9	4	7	8	5	3	6
7	4	3	5	6	1	2	9	8
6	8	1	2	9	7	3	4	5
2	9	5	8	4	3	7	6	1
8	7	2	1	3	6	4	5	9
5	1	6	9	2	4	8	7	3
9	3	4	7	8	5	6	1	2

SUDOKU - 60 (Solution)

Hard

1	2	5	3	6	7	4	9	8
8	4	9	5	2	1	3	6	7
6	3	7	8	4	9	5	2	1
9	6	2	4	8	5	7	1	3
4	8	3	7	1	2	6	5	9
5	7	1	6	9	3	2	8	4
2	5	4	1	7	8	9	3	6
7	9	8	2	3	6	1	4	5
3	1	6	9	5	4	8	7	2

SUDOKU - 61 (Solution)

Hard

9	7	4	3	5	8	6	2	1
1	5	2	6	7	4	9	3	8
8	6	3	1	9	2	5	7	4
3	1	5	8	2	6	7	4	9
2	8	9	5	4	7	1	6	3
7	4	6	9	1	3	2	8	5
5	3	8	7	6	1	4	9	2
4	9	7	2	3	5	8	1	6
6	2	1	4	8	9	3	5	7

SUDOKU - 62 (Solution)

Hard

6	8	4	9	3	5	1	7	2
5	9	2	4	7	1	6	8	3
3	1	7	6	8	2	9	5	4
8	6	1	5	4	3	2	9	7
7	3	5	2	1	9	4	6	8
2	4	9	8	6	7	5	3	1
4	7	8	1	9	6	3	2	5
1	5	6	3	2	8	7	4	9
9	2	3	7	5	4	8	1	6

SUDOKU - 63 (Solution)

Hard

3	1	9	2	6	7	8	5	4
5	8	7	4	3	1	9	2	6
4	2	6	8	5	9	7	3	1
2	6	4	3	9	8	5	1	7
7	5	1	6	4	2	3	9	8
9	3	8	7	1	5	6	4	2
6	7	3	5	2	4	1	8	9
8	9	2	1	7	3	4	6	5
1	4	5	9	8	6	2	7	3

SUDOKU - 64 (Solution)

Hard

5	7	8	6	3	2	1	9	4
3	2	1	5	9	4	6	8	7
4	9	6	8	1	7	2	5	3
7	6	9	1	4	8	5	3	2
2	1	4	7	5	3	9	6	8
8	3	5	2	6	9	7	4	1
6	8	2	3	7	5	4	1	9
9	5	3	4	2	1	8	7	6
1	4	7	9	8	6	3	2	5

SUDOKU - 65 (Solution)

Hard

4	2	1	9	3	7	6	5	8
9	6	8	4	1	5	7	2	3
3	7	5	8	2	6	1	9	4
2	1	4	7	5	3	8	6	9
7	3	6	1	8	9	5	4	2
5	8	9	2	6	4	3	1	7
6	5	2	3	4	8	9	7	1
8	4	7	6	9	1	2	3	5
1	9	3	5	7	2	4	8	6

SUDOKU - 66 (Solution)

Hard

2	8	7	9	5	6	1	3	4
5	3	9	1	4	8	2	6	7
4	6	1	2	3	7	9	5	8
1	7	2	4	6	3	8	9	5
9	4	3	5	8	1	6	7	2
6	5	8	7	2	9	3	4	1
8	2	5	3	9	4	7	1	6
3	1	4	6	7	2	5	8	9
7	9	6	8	1	5	4	2	3

SUDOKU - 67 (Solution)

Hard

2	6	4	5	1	9	8	3	7
9	5	1	7	3	8	4	6	2
7	8	3	2	4	6	1	5	9
8	7	9	3	2	1	5	4	6
3	4	6	9	5	7	2	1	8
1	2	5	8	6	4	9	7	3
5	9	8	1	7	3	6	2	4
6	3	2	4	9	5	7	8	1
4	1	7	6	8	2	3	9	5

SUDOKU - 68 (Solution)

Hard

2	4	5	9	3	6	1	8	7
9	7	6	5	8	1	2	4	3
8	3	1	2	7	4	9	6	5
6	2	3	1	5	9	8	7	4
4	9	7	8	6	3	5	2	1
1	5	8	4	2	7	3	9	6
5	1	9	6	4	8	7	3	2
3	8	4	7	1	2	6	5	9
7	6	2	3	9	5	4	1	8

SUDOKU - 69 (Solution)

Hard

2	4	7	6	8	1	5	3	9
5	8	1	7	9	3	6	2	4
9	6	3	5	4	2	8	7	1
1	5	9	4	7	6	3	8	2
8	2	4	1	3	5	9	6	7
7	3	6	9	2	8	1	4	5
3	7	8	2	1	9	4	5	6
6	1	2	3	5	4	7	9	8
4	9	5	8	6	7	2	1	3

SUDOKU - 70 (Solution)

Hard

4	3	6	8	5	9	7	2	1
9	5	7	2	4	1	6	8	3
1	8	2	6	3	7	5	9	4
3	4	8	7	2	5	1	6	9
2	1	5	3	9	6	4	7	8
6	7	9	4	1	8	2	3	5
7	2	3	1	8	4	9	5	6
8	9	4	5	6	2	3	1	7
5	6	1	9	7	3	8	4	2

SUDOKU - 71 (Solution)

Hard

3	7	9	2	8	4	1	6	5
6	1	4	3	5	9	7	8	2
2	5	8	1	7	6	4	9	3
8	6	2	7	1	5	3	4	9
7	9	5	8	4	3	6	2	1
1	4	3	6	9	2	8	5	7
9	8	7	4	2	1	5	3	6
4	2	6	5	3	7	9	1	8
5	3	1	9	6	8	2	7	4

SUDOKU - 72 (Solution)

Hard

4	9	5	2	3	1	8	7	6
3	7	6	5	8	9	2	1	4
1	8	2	4	7	6	5	3	9
7	5	9	8	2	3	6	4	1
8	6	3	1	4	7	9	5	2
2	4	1	6	9	5	7	8	3
9	1	7	3	5	2	4	6	8
5	3	8	9	6	4	1	2	7
6	2	4	7	1	8	3	9	5

SUDOKU - 73 (Solution)

Hard

4	7	2	6	1	5	8	9	3
6	9	1	8	7	3	2	5	4
5	8	3	4	9	2	6	1	7
1	2	5	9	4	7	3	8	6
3	6	7	5	8	1	9	4	2
9	4	8	3	2	6	1	7	5
2	1	4	7	3	8	5	6	9
8	5	9	2	6	4	7	3	1
7	3	6	1	5	9	4	2	8

SUDOKU - 74 (Solution)

Hard

6	5	1	2	7	8	3	4	9
7	8	9	5	3	4	2	1	6
3	4	2	9	1	6	7	5	8
8	1	3	4	5	9	6	2	7
5	2	4	6	8	7	9	3	1
9	7	6	1	2	3	4	8	5
1	6	7	8	4	2	5	9	3
2	9	8	3	6	5	1	7	4
4	3	5	7	9	1	8	6	2

SUDOKU - 75 (Solution)

Hard

2	8	7	4	6	3	1	5	9
5	9	4	2	8	1	3	7	6
6	3	1	9	5	7	2	4	8
7	5	9	3	2	8	4	6	1
1	4	2	7	9	6	8	3	5
3	6	8	5	1	4	7	9	2
8	7	6	1	4	9	5	2	3
9	2	3	8	7	5	6	1	4
4	1	5	6	3	2	9	8	7

SUDOKU - 76 (Solution)

Hard

3	4	2	7	9	8	5	1	6
5	9	8	4	6	1	7	3	2
7	6	1	5	3	2	4	9	8
6	2	4	8	5	3	1	7	9
8	7	5	1	2	9	6	4	3
1	3	9	6	4	7	2	8	5
9	8	7	2	1	6	3	5	4
4	1	6	3	8	5	9	2	7
2	5	3	9	7	4	8	6	1

SUDOKU - 77 (Solution)

Hard

1	3	8	5	4	2	9	7	6
9	2	6	3	8	7	1	5	4
5	4	7	1	6	9	8	3	2
7	9	5	2	3	6	4	8	1
8	1	4	7	9	5	6	2	3
2	6	3	8	1	4	5	9	7
6	8	9	4	2	3	7	1	5
3	5	1	6	7	8	2	4	9
4	7	2	9	5	1	3	6	8

SUDOKU - 78 (Solution)

Hard

6	8	3	2	7	4	9	1	5
7	2	5	1	3	9	8	4	6
1	4	9	6	5	8	2	7	3
9	1	6	4	2	5	3	8	7
3	7	2	9	8	6	4	5	1
8	5	4	7	1	3	6	9	2
5	9	8	3	6	7	1	2	4
2	6	7	8	4	1	5	3	9
4	3	1	5	9	2	7	6	8

SUDOKU - 79 (Solution)

Hard

5	1	6	2	3	4	9	8	7
4	3	7	8	9	6	5	1	2
2	8	9	1	5	7	3	4	6
1	5	3	6	4	8	2	7	9
7	9	4	5	2	1	6	3	8
8	6	2	3	7	9	1	5	4
3	2	8	7	6	5	4	9	1
9	7	5	4	1	2	8	6	3
6	4	1	9	8	3	7	2	5

SUDOKU - 80 (Solution)

Hard

1	2	4	6	9	8	3	5	7
8	9	6	7	3	5	2	4	1
7	5	3	4	2	1	9	8	6
6	7	8	5	1	3	4	9	2
2	1	9	8	7	4	6	3	5
3	4	5	2	6	9	1	7	8
9	3	2	1	5	7	8	6	4
4	6	7	9	8	2	5	1	3
5	8	1	3	4	6	7	2	9

SUDOKU - 81 (Solution)

Hard

2	7	6	8	5	3	4	9	1
5	3	8	9	1	4	6	2	7
9	1	4	7	6	2	8	5	3
7	9	3	2	4	6	1	8	5
4	8	2	5	7	1	3	6	9
6	5	1	3	8	9	2	7	4
3	2	5	4	9	8	7	1	6
8	6	9	1	3	7	5	4	2
1	4	7	6	2	5	9	3	8

SUDOKU - 82 (Solution)

Hard

2	9	5	7	8	6	1	3	4
8	6	7	4	1	3	9	2	5
1	4	3	9	2	5	6	8	7
3	5	8	6	4	1	7	9	2
6	2	9	8	3	7	4	5	1
7	1	4	2	5	9	8	6	3
4	3	2	1	6	8	5	7	9
9	8	1	5	7	2	3	4	6
5	7	6	3	9	4	2	1	8

SUDOKU - 83 (Solution)

Hard

8	3	9	2	5	7	4	1	6
4	7	5	8	1	6	9	2	3
2	6	1	4	9	3	7	8	5
3	1	2	7	8	5	6	4	9
7	5	8	6	4	9	2	3	1
9	4	6	3	2	1	8	5	7
1	8	3	9	6	4	5	7	2
5	9	4	1	7	2	3	6	8
6	2	7	5	3	8	1	9	4

SUDOKU - 84 (Solution)

Hard

8	2	6	5	3	1	7	4	9
1	9	4	7	2	8	3	6	5
5	7	3	9	4	6	8	2	1
2	3	8	6	1	7	5	9	4
9	6	5	2	8	4	1	3	7
4	1	7	3	9	5	2	8	6
3	4	2	1	7	9	6	5	8
6	8	1	4	5	2	9	7	3
7	5	9	8	6	3	4	1	2

SUDOKU - 85 (Solution)

Hard

1	5	9	8	7	3	2	4	6
7	8	3	4	6	2	9	1	5
6	4	2	5	9	1	7	8	3
2	7	4	9	5	8	3	6	1
8	6	1	7	3	4	5	2	9
9	3	5	2	1	6	8	7	4
4	9	7	6	8	5	1	3	2
5	1	6	3	2	7	4	9	8
3	2	8	1	4	9	6	5	7

SUDOKU - 86 (Solution)

Hard

3	9	5	6	4	2	8	1	7
8	6	4	1	5	7	9	2	3
2	1	7	9	8	3	4	6	5
9	2	1	8	3	4	7	5	6
4	8	3	7	6	5	2	9	1
7	5	6	2	1	9	3	4	8
5	3	2	4	7	1	6	8	9
1	4	8	3	9	6	5	7	2
6	7	9	5	2	8	1	3	4

SUDOKU - 87 (Solution)

Hard

8	5	1	7	9	6	2	3	4
6	9	3	4	5	2	8	1	7
4	7	2	8	3	1	5	9	6
2	6	8	1	7	9	4	5	3
7	3	9	5	2	4	6	8	1
1	4	5	3	6	8	7	2	9
9	1	4	6	8	5	3	7	2
3	8	6	2	1	7	9	4	5
5	2	7	9	4	3	1	6	8

SUDOKU - 88 (Solution)

Hard

2	9	4	1	5	8	3	7	6
5	7	1	4	6	3	9	2	8
6	3	8	2	9	7	4	5	1
4	8	5	7	2	9	1	6	3
1	6	3	8	4	5	7	9	2
7	2	9	6	3	1	8	4	5
8	5	2	3	7	4	6	1	9
9	1	7	5	8	6	2	3	4
3	4	6	9	1	2	5	8	7

SUDOKU - 89 (Solution)

Hard

3	7	4	6	5	8	2	9	1
8	5	1	9	2	7	3	4	6
2	6	9	4	1	3	8	5	7
9	2	5	8	4	1	6	7	3
6	4	3	5	7	2	9	1	8
7	1	8	3	9	6	4	2	5
1	3	7	2	8	9	5	6	4
5	9	6	1	3	4	7	8	2
4	8	2	7	6	5	1	3	9

SUDOKU - 90 (Solution)

Hard

6	7	4	3	9	5	2	1	8
9	5	8	6	2	1	4	7	3
1	3	2	4	7	8	5	6	9
3	2	1	7	8	4	6	9	5
4	8	7	5	6	9	3	2	1
5	9	6	2	1	3	7	8	4
2	1	5	9	4	6	8	3	7
8	6	3	1	5	7	9	4	2
7	4	9	8	3	2	1	5	6

SUDOKU - 91 (Solution)

Hard

2	4	5	7	9	3	6	1	8
8	6	3	2	4	1	7	5	9
9	7	1	8	6	5	4	2	3
5	2	4	1	7	8	9	3	6
3	1	9	4	2	6	5	8	7
7	8	6	5	3	9	2	4	1
6	9	2	3	1	4	8	7	5
1	5	7	9	8	2	3	6	4
4	3	8	6	5	7	1	9	2

SUDOKU - 92 (Solution)

Hard

8	6	1	5	2	7	3	9	4
2	5	9	4	1	3	8	7	6
3	7	4	9	6	8	2	1	5
1	2	7	6	5	9	4	8	3
5	3	8	2	7	4	9	6	1
4	9	6	3	8	1	7	5	2
6	4	2	7	9	5	1	3	8
9	1	5	8	3	2	6	4	7
7	8	3	1	4	6	5	2	9

SUDOKU - 93 (Solution)

Hard

6	2	3	1	5	9	4	8	7
5	4	9	2	8	7	6	3	1
1	8	7	6	4	3	5	9	2
8	9	4	7	2	5	3	1	6
7	1	5	4	3	6	9	2	8
3	6	2	9	1	8	7	4	5
9	3	1	5	6	2	8	7	4
4	5	8	3	7	1	2	6	9
2	7	6	8	9	4	1	5	3

SUDOKU - 94 (Solution)

Hard

3	6	1	2	8	9	7	4	5
7	5	8	6	3	4	1	2	9
4	9	2	1	7	5	6	8	3
2	1	9	3	4	8	5	7	6
6	7	3	9	5	2	4	1	8
8	4	5	7	1	6	9	3	2
1	2	6	8	9	7	3	5	4
9	3	4	5	2	1	8	6	7
5	8	7	4	6	3	2	9	1

SUDOKU - 95 (Solution)

Hard

2	9	6	7	8	1	5	4	3
4	8	7	3	9	5	6	1	2
3	5	1	6	2	4	8	7	9
1	3	8	2	4	6	9	5	7
9	4	2	1	5	7	3	6	8
7	6	5	9	3	8	1	2	4
8	7	3	5	6	2	4	9	1
6	1	9	4	7	3	2	8	5
5	2	4	8	1	9	7	3	6

SUDOKU - 96 (Solution)

Hard

9	1	3	8	2	4	5	6	7
6	5	8	7	9	3	2	1	4
7	4	2	1	6	5	8	9	3
3	2	4	6	5	7	1	8	9
1	6	9	4	3	8	7	5	2
8	7	5	2	1	9	4	3	6
5	8	6	3	4	2	9	7	1
4	9	1	5	7	6	3	2	8
2	3	7	9	8	1	6	4	5

SUDOKU - 97 (Solution)

Hard

7	4	8	6	2	3	9	1	5
6	3	5	8	9	1	7	2	4
1	2	9	7	4	5	6	8	3
2	8	1	5	3	7	4	6	9
4	7	3	2	6	9	1	5	8
5	9	6	4	1	8	2	3	7
9	1	7	3	5	2	8	4	6
8	5	4	1	7	6	3	9	2
3	6	2	9	8	4	5	7	1

SUDOKU - 98 (Solution)

Hard

7	5	3	8	9	2	4	1	6
8	1	6	5	3	4	2	9	7
2	9	4	6	1	7	8	3	5
4	2	7	1	5	8	3	6	9
9	8	1	2	6	3	7	5	4
6	3	5	4	7	9	1	2	8
5	7	8	9	2	1	6	4	3
1	4	9	3	8	6	5	7	2
3	6	2	7	4	5	9	8	1

SUDOKU - 99 (Solution)

Hard

7	9	4	2	8	3	5	6	1
2	3	8	6	5	1	9	4	7
6	5	1	9	7	4	2	8	3
1	8	7	4	2	5	3	9	6
3	4	9	1	6	7	8	5	2
5	6	2	8	3	9	7	1	4
4	1	3	7	9	8	6	2	5
8	7	6	5	1	2	4	3	9
9	2	5	3	4	6	1	7	8

SUDOKU - 100 (Solution)

Hard

7	6	2	3	8	9	4	5	1
1	8	3	7	4	5	9	2	6
9	5	4	1	2	6	7	8	3
3	2	7	9	5	8	1	6	4
4	1	8	2	6	7	3	9	5
5	9	6	4	3	1	2	7	8
2	3	5	6	9	4	8	1	7
8	4	1	5	7	2	6	3	9
6	7	9	8	1	3	5	4	2

SUDOKU - 101 (Solution)

Hard

8	7	1	9	2	4	3	6	5
2	9	5	7	3	6	8	1	4
6	4	3	8	5	1	2	9	7
7	3	9	2	6	8	5	4	1
4	1	2	5	7	9	6	3	8
5	6	8	1	4	3	9	7	2
3	2	4	6	1	5	7	8	9
9	5	6	4	8	7	1	2	3
1	8	7	3	9	2	4	5	6

SUDOKU - 102 (Solution)

Hard

3	9	8	5	1	4	6	2	7
4	1	5	7	6	2	8	9	3
6	2	7	9	3	8	5	4	1
7	5	3	6	8	9	2	1	4
2	4	6	3	7	1	9	5	8
9	8	1	4	2	5	7	3	6
1	3	9	8	5	6	4	7	2
5	6	2	1	4	7	3	8	9
8	7	4	2	9	3	1	6	5

SUDOKU - 103 (Solution)

Hard

1	3	6	2	7	9	8	5	4
2	4	7	8	6	5	3	9	1
5	8	9	1	4	3	2	7	6
9	5	1	4	2	7	6	8	3
3	2	4	6	9	8	5	1	7
6	7	8	3	5	1	9	4	2
7	1	5	9	3	2	4	6	8
8	6	3	5	1	4	7	2	9
4	9	2	7	8	6	1	3	5

SUDOKU - 104 (Solution)

Hard

9	6	8	7	1	4	5	2	3
1	5	7	2	9	3	6	4	8
3	4	2	5	8	6	7	1	9
7	1	6	3	4	5	8	9	2
4	3	5	8	2	9	1	6	7
2	8	9	1	6	7	3	5	4
6	9	3	4	5	8	2	7	1
8	2	4	6	7	1	9	3	5
5	7	1	9	3	2	4	8	6

SUDOKU - 105 (Solution)

Hard

4	1	2	3	7	8	9	6	5
7	5	3	4	9	6	2	8	1
8	6	9	1	2	5	7	3	4
5	4	6	7	1	9	3	2	8
3	2	8	5	6	4	1	9	7
1	9	7	2	8	3	5	4	6
6	7	5	8	3	2	4	1	9
2	8	4	9	5	1	6	7	3
9	3	1	6	4	7	8	5	2

SUDOKU - 106 (Solution)

Hard

7	3	8	4	2	6	5	1	9
6	1	4	3	5	9	8	7	2
2	5	9	8	7	1	4	3	6
1	4	3	6	9	2	7	5	8
5	8	2	1	3	7	6	9	4
9	7	6	5	4	8	1	2	3
4	2	5	7	6	3	9	8	1
8	9	7	2	1	4	3	6	5
3	6	1	9	8	5	2	4	7

SUDOKU - 107 (Solution)

Hard

2	6	3	5	7	1	4	8	9
1	4	5	9	8	3	2	7	6
7	9	8	2	6	4	5	3	1
6	1	4	8	5	9	7	2	3
8	7	9	6	3	2	1	4	5
5	3	2	4	1	7	6	9	8
4	2	1	3	9	6	8	5	7
3	8	7	1	2	5	9	6	4
9	5	6	7	4	8	3	1	2

SUDOKU - 108 (Solution)

Hard

4	9	1	2	8	3	6	7	5
7	2	8	4	6	5	3	1	9
3	6	5	9	1	7	4	8	2
1	8	7	6	4	9	5	2	3
6	4	3	8	5	2	1	9	7
9	5	2	3	7	1	8	6	4
8	1	9	7	3	4	2	5	6
5	7	4	1	2	6	9	3	8
2	3	6	5	9	8	7	4	1

SUDOKU - 109 (Solution)

Hard

8	7	3	9	4	6	1	2	5
1	2	6	8	7	5	9	4	3
4	9	5	1	3	2	6	7	8
7	1	9	4	5	8	3	6	2
5	3	8	6	2	1	4	9	7
6	4	2	3	9	7	5	8	1
9	5	7	2	1	4	8	3	6
2	8	4	5	6	3	7	1	9
3	6	1	7	8	9	2	5	4

SUDOKU - 110 (Solution)

Hard

2	5	8	9	6	1	7	4	3
6	7	1	5	3	4	8	9	2
3	9	4	8	2	7	6	5	1
7	6	3	1	8	9	5	2	4
9	4	5	2	7	6	1	3	8
8	1	2	3	4	5	9	7	6
5	8	9	4	1	2	3	6	7
4	3	6	7	5	8	2	1	9
1	2	7	6	9	3	4	8	5

SUDOKU - 111 (Solution)

Hard

1	6	2	8	7	5	9	4	3
4	5	9	6	2	3	8	7	1
8	3	7	4	1	9	5	6	2
7	2	4	5	6	8	1	3	9
3	1	6	7	9	2	4	8	5
9	8	5	3	4	1	6	2	7
6	4	1	9	3	7	2	5	8
2	7	8	1	5	4	3	9	6
5	9	3	2	8	6	7	1	4

SUDOKU - 112 (Solution)

Hard

4	7	1	5	8	3	9	2	6
5	3	8	9	2	6	4	7	1
9	6	2	4	7	1	5	8	3
3	4	5	6	9	8	7	1	2
8	1	7	2	4	5	6	3	9
6	2	9	1	3	7	8	4	5
2	5	6	7	1	4	3	9	8
7	9	3	8	6	2	1	5	4
1	8	4	3	5	9	2	6	7

SUDOKU - 113 (Solution)

Hard

3	5	8	4	6	1	7	9	2
6	9	1	5	2	7	3	4	8
4	7	2	9	3	8	5	1	6
7	8	6	1	5	9	2	3	4
5	1	3	2	8	4	9	6	7
2	4	9	3	7	6	1	8	5
9	6	5	7	4	3	8	2	1
1	2	4	8	9	5	6	7	3
8	3	7	6	1	2	4	5	9

SUDOKU - 114 (Solution)

Hard

4	6	8	7	1	2	9	3	5
2	3	9	5	6	4	7	8	1
7	1	5	3	9	8	6	2	4
6	2	7	9	5	1	3	4	8
9	8	3	4	2	7	1	5	6
5	4	1	6	8	3	2	7	9
1	9	2	8	7	5	4	6	3
3	5	6	2	4	9	8	1	7
8	7	4	1	3	6	5	9	2

SUDOKU - 115 (Solution)

Hard

6	8	2	7	3	4	5	1	9
7	3	9	5	2	1	6	8	4
5	4	1	9	6	8	7	3	2
8	9	3	2	1	6	4	5	7
2	1	5	4	7	3	9	6	8
4	7	6	8	9	5	1	2	3
1	2	4	3	5	9	8	7	6
3	5	8	6	4	7	2	9	1
9	6	7	1	8	2	3	4	5

SUDOKU - 116 (Solution)

Hard

2	4	7	1	5	8	3	9	6
5	8	9	7	3	6	4	2	1
1	3	6	2	9	4	5	7	8
4	9	2	5	8	7	6	1	3
7	6	1	9	4	3	2	8	5
8	5	3	6	1	2	9	4	7
3	7	8	4	2	5	1	6	9
9	2	5	8	6	1	7	3	4
6	1	4	3	7	9	8	5	2

SUDOKU - 117 (Solution)

Hard

2	9	6	3	4	7	5	1	8
5	3	7	8	9	1	4	6	2
4	8	1	5	6	2	9	3	7
1	4	8	2	5	6	7	9	3
6	5	2	7	3	9	1	8	4
9	7	3	1	8	4	2	5	6
7	2	9	6	1	8	3	4	5
3	6	4	9	2	5	8	7	1
8	1	5	4	7	3	6	2	9

SUDOKU - 118 (Solution)

Hard

6	7	1	5	8	9	3	4	2
8	9	2	7	4	3	1	6	5
4	5	3	2	1	6	8	9	7
7	3	5	8	9	2	6	1	4
9	2	8	1	6	4	7	5	3
1	4	6	3	5	7	2	8	9
5	8	7	4	3	1	9	2	6
3	1	9	6	2	5	4	7	8
2	6	4	9	7	8	5	3	1

SUDOKU - 119 (Solution)

Hard

9	1	7	8	3	4	2	5	6
2	6	8	1	9	5	3	7	4
4	5	3	6	7	2	8	1	9
6	3	1	4	2	7	9	8	5
5	4	2	3	8	9	1	6	7
8	7	9	5	1	6	4	3	2
3	2	5	9	6	1	7	4	8
7	8	6	2	4	3	5	9	1
1	9	4	7	5	8	6	2	3

SUDOKU - 120 (Solution)

Hard

2	5	7	1	9	8	6	4	3
1	6	3	7	2	4	8	5	9
9	4	8	3	6	5	7	2	1
3	8	6	9	4	1	2	7	5
4	9	5	6	7	2	3	1	8
7	1	2	8	5	3	9	6	4
8	7	4	5	3	6	1	9	2
6	2	1	4	8	9	5	3	7
5	3	9	2	1	7	4	8	6

SUDOKU - 121 (Solution)

Hard

5	9	6	8	1	7	2	4	3
7	2	1	9	4	3	8	5	6
4	8	3	6	2	5	1	7	9
3	6	4	5	9	8	7	2	1
1	7	2	4	3	6	5	9	8
9	5	8	1	7	2	3	6	4
2	4	7	3	8	9	6	1	5
8	1	5	2	6	4	9	3	7
6	3	9	7	5	1	4	8	2

SUDOKU - 122 (Solution)

Hard

3	6	9	4	8	5	1	7	2
2	1	8	9	6	7	4	5	3
7	5	4	3	1	2	6	8	9
6	3	1	8	9	4	7	2	5
8	4	7	5	2	3	9	1	6
5	9	2	6	7	1	3	4	8
9	7	3	2	4	8	5	6	1
4	2	6	1	5	9	8	3	7
1	8	5	7	3	6	2	9	4

SUDOKU - 123 (Solution)

Hard

6	9	2	3	7	4	1	5	8
4	5	7	8	1	6	3	2	9
8	3	1	2	9	5	6	7	4
1	4	5	9	6	8	2	3	7
9	7	3	5	4	2	8	1	6
2	6	8	7	3	1	9	4	5
5	1	4	6	2	9	7	8	3
7	8	9	1	5	3	4	6	2
3	2	6	4	8	7	5	9	1

SUDOKU - 124 (Solution)

Hard

1	6	4	2	5	3	8	7	9
9	8	2	1	6	7	4	3	5
3	7	5	4	8	9	6	1	2
7	2	6	5	9	8	3	4	1
5	3	1	7	2	4	9	6	8
4	9	8	6	3	1	2	5	7
2	1	3	9	4	5	7	8	6
6	4	7	8	1	2	5	9	3
8	5	9	3	7	6	1	2	4

SUDOKU - 125 (Solution)

Hard

6	8	3	2	7	4	9	1	5
4	5	9	1	8	3	2	7	6
7	2	1	6	9	5	3	8	4
8	7	2	5	6	9	1	4	3
3	6	4	7	1	8	5	9	2
9	1	5	4	3	2	8	6	7
2	4	6	9	5	1	7	3	8
5	9	8	3	4	7	6	2	1
1	3	7	8	2	6	4	5	9

SUDOKU - 126 (Solution)

Hard

8	1	9	4	3	7	6	2	5
4	7	5	2	9	6	1	8	3
3	2	6	1	8	5	7	9	4
2	3	1	7	6	4	9	5	8
6	5	7	9	2	8	4	3	1
9	8	4	3	5	1	2	7	6
7	9	8	6	4	3	5	1	2
5	4	2	8	1	9	3	6	7
1	6	3	5	7	2	8	4	9

SUDOKU - 127 (Solution)

Hard

3	6	7	5	1	4	2	9	8
1	5	2	7	9	8	3	6	4
8	9	4	2	6	3	7	5	1
2	4	9	3	5	6	8	1	7
6	3	5	8	7	1	9	4	2
7	8	1	9	4	2	5	3	6
4	7	3	6	8	5	1	2	9
9	2	6	1	3	7	4	8	5
5	1	8	4	2	9	6	7	3

SUDOKU - 128 (Solution)

Hard

6	9	1	8	4	5	2	3	7
8	5	7	1	3	2	4	9	6
2	4	3	6	9	7	1	5	8
9	8	6	2	7	1	3	4	5
5	3	4	9	8	6	7	1	2
7	1	2	4	5	3	8	6	9
4	7	5	3	2	9	6	8	1
1	2	8	5	6	4	9	7	3
3	6	9	7	1	8	5	2	4

SUDOKU - 129 (Solution)

Hard

7	2	1	6	3	8	9	5	4
9	3	5	4	2	1	7	8	6
8	6	4	9	5	7	1	3	2
3	1	7	5	6	4	8	2	9
4	9	8	3	7	2	5	6	1
6	5	2	8	1	9	3	4	7
1	4	3	2	9	5	6	7	8
2	7	6	1	8	3	4	9	5
5	8	9	7	4	6	2	1	3

SUDOKU - 130 (Solution)

Hard

7	3	5	4	2	1	8	6	9
1	2	6	9	3	8	4	5	7
4	9	8	5	7	6	3	2	1
9	7	2	3	5	4	1	8	6
6	8	3	2	1	9	7	4	5
5	4	1	6	8	7	9	3	2
8	1	4	7	6	2	5	9	3
2	5	9	1	4	3	6	7	8
3	6	7	8	9	5	2	1	4

SUDOKU - 131 (Solution)

Hard

5	1	4	2	6	7	3	8	9
9	7	8	4	5	3	1	6	2
6	3	2	1	9	8	5	4	7
3	8	7	9	2	1	6	5	4
1	9	5	6	7	4	2	3	8
2	4	6	3	8	5	9	7	1
4	5	3	7	1	9	8	2	6
7	2	9	8	3	6	4	1	5
8	6	1	5	4	2	7	9	3

SUDOKU - 132 (Solution)

Hard

7	3	6	9	4	1	2	5	8
1	8	2	7	6	5	4	9	3
5	9	4	3	2	8	1	6	7
4	6	5	8	9	7	3	1	2
9	1	3	4	5	2	8	7	6
2	7	8	1	3	6	9	4	5
3	5	7	2	1	4	6	8	9
8	2	1	6	7	9	5	3	4
6	4	9	5	8	3	7	2	1

SUDOKU - 133 (Solution)

Hard

3	6	9	4	1	8	7	5	2
4	7	8	6	2	5	3	1	9
2	5	1	7	9	3	6	4	8
8	9	4	5	6	7	2	3	1
7	2	5	3	4	1	9	8	6
1	3	6	9	8	2	5	7	4
6	1	7	2	3	4	8	9	5
5	8	2	1	7	9	4	6	3
9	4	3	8	5	6	1	2	7

SUDOKU - 134 (Solution)

Hard

5	9	4	1	6	7	2	3	8
3	2	7	8	5	4	6	1	9
6	8	1	2	3	9	5	7	4
9	1	8	5	4	6	3	2	7
2	7	5	3	8	1	4	9	6
4	3	6	7	9	2	8	5	1
1	6	9	4	2	5	7	8	3
7	5	3	6	1	8	9	4	2
8	4	2	9	7	3	1	6	5

SUDOKU - 135 (Solution)

Hard

2	3	5	7	4	6	8	9	1
8	9	7	1	2	5	4	3	6
6	1	4	9	3	8	2	7	5
4	6	1	3	7	9	5	8	2
5	7	9	8	6	2	1	4	3
3	2	8	5	1	4	7	6	9
7	8	6	2	9	1	3	5	4
9	5	2	4	8	3	6	1	7
1	4	3	6	5	7	9	2	8

SUDOKU - 136 (Solution)

Hard

5	7	4	1	6	8	9	3	2
9	6	8	7	3	2	1	5	4
3	1	2	4	9	5	6	7	8
4	8	1	3	5	9	7	2	6
7	5	3	6	2	1	4	8	9
6	2	9	8	7	4	3	1	5
8	9	7	5	4	3	2	6	1
2	3	5	9	1	6	8	4	7
1	4	6	2	8	7	5	9	3

SUDOKU - 137 (Solution)

Hard

6	7	2	9	1	5	4	8	3
5	1	4	7	3	8	9	6	2
8	9	3	2	4	6	5	1	7
2	6	5	4	7	1	3	9	8
9	8	7	3	5	2	1	4	6
3	4	1	8	6	9	2	7	5
1	3	8	6	2	4	7	5	9
4	2	9	5	8	7	6	3	1
7	5	6	1	9	3	8	2	4

SUDOKU - 138 (Solution)

Hard

6	3	4	9	7	5	8	1	2
9	8	2	3	1	4	6	7	5
1	7	5	6	8	2	9	3	4
7	6	9	1	2	8	5	4	3
3	4	1	7	5	9	2	6	8
5	2	8	4	6	3	7	9	1
8	9	7	5	3	1	4	2	6
4	5	3	2	9	6	1	8	7
2	1	6	8	4	7	3	5	9

SUDOKU - 139 (Solution)

Hard

5	9	1	8	7	6	3	2	4
6	3	4	9	1	2	5	7	8
8	7	2	5	3	4	6	9	1
7	5	3	2	6	8	1	4	9
1	2	8	3	4	9	7	5	6
4	6	9	7	5	1	2	8	3
9	8	6	1	2	7	4	3	5
2	1	5	4	9	3	8	6	7
3	4	7	6	8	5	9	1	2

SUDOKU - 140 (Solution)

Hard

3	6	4	7	5	8	9	2	1
2	9	1	3	6	4	7	5	8
7	8	5	2	1	9	3	4	6
9	5	6	1	2	3	4	8	7
4	1	7	6	8	5	2	3	9
8	2	3	4	9	7	1	6	5
1	4	9	5	3	6	8	7	2
5	7	2	8	4	1	6	9	3
6	3	8	9	7	2	5	1	4

SUDOKU - 141 (Solution)

Hard

1	7	2	8	4	9	3	5	6
9	8	6	2	5	3	7	1	4
3	5	4	7	1	6	8	9	2
4	1	7	3	2	8	9	6	5
5	6	3	9	7	1	4	2	8
8	2	9	4	6	5	1	7	3
7	3	5	1	8	2	6	4	9
6	9	1	5	3	4	2	8	7
2	4	8	6	9	7	5	3	1

SUDOKU - 142 (Solution)

Hard

3	1	8	7	9	2	5	4	6
7	2	4	8	5	6	9	3	1
6	9	5	3	1	4	8	7	2
1	3	2	9	6	8	4	5	7
5	6	9	4	7	3	2	1	8
4	8	7	1	2	5	6	9	3
8	5	1	6	3	9	7	2	4
9	4	3	2	8	7	1	6	5
2	7	6	5	4	1	3	8	9

SUDOKU - 143 (Solution)

Hard

7	4	5	1	8	9	2	3	6
1	3	9	2	5	6	4	8	7
2	6	8	3	4	7	1	5	9
4	2	7	6	3	1	5	9	8
6	9	1	5	7	8	3	2	4
8	5	3	9	2	4	6	7	1
3	7	4	8	6	5	9	1	2
5	1	6	7	9	2	8	4	3
9	8	2	4	1	3	7	6	5

SUDOKU - 144 (Solution)

Hard

5	9	2	4	3	6	8	1	7
3	4	8	5	1	7	2	6	9
7	6	1	2	8	9	5	4	3
8	5	6	1	2	3	9	7	4
1	2	4	9	7	8	3	5	6
9	3	7	6	4	5	1	8	2
2	1	9	8	6	4	7	3	5
6	7	5	3	9	1	4	2	8
4	8	3	7	5	2	6	9	1

SUDOKU - 145 (Solution)

Hard

6	9	1	8	2	3	4	7	5
3	8	7	6	5	4	9	1	2
5	2	4	7	9	1	8	3	6
9	6	2	1	8	7	3	5	4
8	7	5	3	4	9	2	6	1
1	4	3	2	6	5	7	9	8
4	3	6	5	7	2	1	8	9
2	1	8	9	3	6	5	4	7
7	5	9	4	1	8	6	2	3

SUDOKU - 146 (Solution)

Hard

6	9	8	5	2	3	1	4	7
4	5	3	7	8	1	6	2	9
2	1	7	9	4	6	5	3	8
8	4	1	2	9	5	7	6	3
7	3	6	4	1	8	9	5	2
5	2	9	3	6	7	4	8	1
1	7	4	8	5	2	3	9	6
3	8	5	6	7	9	2	1	4
9	6	2	1	3	4	8	7	5

SUDOKU - 147 (Solution)

Hard

7	6	9	8	3	2	1	5	4
2	3	4	9	1	5	6	7	8
1	8	5	7	6	4	3	9	2
5	2	3	4	7	1	9	8	6
9	4	1	5	8	6	7	2	3
8	7	6	2	9	3	4	1	5
4	1	8	6	2	7	5	3	9
3	5	2	1	4	9	8	6	7
6	9	7	3	5	8	2	4	1

SUDOKU - 148 (Solution)

Hard

9	7	4	3	5	8	6	2	1
1	5	2	6	4	9	3	7	8
6	3	8	7	1	2	4	9	5
2	6	7	9	3	5	8	1	4
4	9	3	2	8	1	5	6	7
5	8	1	4	6	7	2	3	9
7	4	6	8	9	3	1	5	2
3	1	9	5	2	4	7	8	6
8	2	5	1	7	6	9	4	3

SUDOKU - 149 (Solution)

Hard

6	7	9	4	8	3	2	5	1
4	1	5	6	9	2	8	7	3
8	2	3	7	5	1	9	4	6
9	3	7	2	6	5	1	8	4
2	4	6	1	7	8	3	9	5
1	5	8	3	4	9	6	2	7
7	9	1	8	3	4	5	6	2
5	6	2	9	1	7	4	3	8
3	8	4	5	2	6	7	1	9

SUDOKU - 150 (Solution)

Hard

4	6	9	1	8	3	2	7	5
1	2	5	9	4	7	3	8	6
3	7	8	5	6	2	1	9	4
6	4	1	2	9	8	7	5	3
9	5	3	7	1	4	8	6	2
7	8	2	6	3	5	9	4	1
5	1	4	8	2	9	6	3	7
2	9	7	3	5	6	4	1	8
8	3	6	4	7	1	5	2	9

SUDOKU - 151 (Solution)

Hard

2	3	6	8	1	4	9	5	7
4	1	7	2	9	5	3	8	6
9	5	8	3	6	7	4	2	1
6	2	3	4	7	8	5	1	9
1	8	4	5	2	9	7	6	3
5	7	9	6	3	1	8	4	2
3	4	1	7	5	2	6	9	8
7	9	5	1	8	6	2	3	4
8	6	2	9	4	3	1	7	5

SUDOKU - 152 (Solution)

Hard

5	6	9	7	2	3	1	4	8
8	2	3	5	1	4	6	7	9
1	7	4	6	9	8	5	3	2
4	5	2	9	6	7	8	1	3
9	3	6	8	5	1	4	2	7
7	1	8	3	4	2	9	5	6
2	8	1	4	7	9	3	6	5
6	9	7	1	3	5	2	8	4
3	4	5	2	8	6	7	9	1

SUDOKU - 153 (Solution)

Hard

4	5	3	8	9	7	6	2	1
8	1	9	3	2	6	4	5	7
7	2	6	4	5	1	9	3	8
5	9	4	6	7	8	3	1	2
6	3	8	9	1	2	5	7	4
2	7	1	5	4	3	8	9	6
1	6	5	2	3	4	7	8	9
3	4	7	1	8	9	2	6	5
9	8	2	7	6	5	1	4	3

SUDOKU - 154 (Solution)

Hard

6	7	1	3	5	2	9	4	8
4	8	9	6	1	7	3	5	2
2	5	3	8	4	9	1	7	6
7	1	6	2	8	5	4	9	3
5	9	8	7	3	4	6	2	1
3	2	4	1	9	6	5	8	7
9	6	7	4	2	3	8	1	5
8	3	5	9	7	1	2	6	4
1	4	2	5	6	8	7	3	9

SUDOKU - 155 (Solution)

Hard

9	4	3	1	6	8	7	5	2
2	5	6	4	9	7	8	3	1
8	7	1	2	5	3	9	6	4
7	9	5	8	3	2	1	4	6
4	3	8	7	1	6	5	2	9
1	6	2	9	4	5	3	7	8
3	8	9	5	2	4	6	1	7
5	2	7	6	8	1	4	9	3
6	1	4	3	7	9	2	8	5

SUDOKU - 156 (Solution)

Hard

5	4	6	9	1	7	3	2	8
3	2	9	8	5	4	1	7	6
1	7	8	2	3	6	9	4	5
9	3	1	6	4	2	5	8	7
4	8	5	7	9	3	6	1	2
7	6	2	5	8	1	4	9	3
8	1	7	3	6	9	2	5	4
6	5	4	1	2	8	7	3	9
2	9	3	4	7	5	8	6	1

SUDOKU - 157 (Solution)
Hard

1	5	6	8	4	9	3	2	7
9	2	4	6	7	3	8	5	1
7	8	3	1	2	5	6	4	9
6	7	1	2	8	4	5	9	3
5	9	8	3	1	6	4	7	2
3	4	2	9	5	7	1	6	8
2	6	7	4	3	8	9	1	5
4	3	5	7	9	1	2	8	6
8	1	9	5	6	2	7	3	4

SUDOKU - 158 (Solution)
Hard

3	8	6	4	7	2	1	9	5
4	9	5	1	3	8	7	6	2
7	2	1	6	9	5	4	8	3
2	6	8	7	5	4	9	3	1
5	3	7	2	1	9	6	4	8
9	1	4	8	6	3	5	2	7
6	7	3	9	8	1	2	5	4
1	5	2	3	4	6	8	7	9
8	4	9	5	2	7	3	1	6

SUDOKU - 159 (Solution)
Hard

7	9	2	6	8	1	5	4	3
4	5	1	2	3	7	9	6	8
8	3	6	5	4	9	7	2	1
6	7	3	8	9	5	4	1	2
9	2	5	3	1	4	8	7	6
1	8	4	7	6	2	3	5	9
2	6	8	4	7	3	1	9	5
3	4	9	1	5	6	2	8	7
5	1	7	9	2	8	6	3	4

SUDOKU - 160 (Solution)
Hard

8	3	1	7	6	2	4	5	9
2	4	7	8	5	9	6	1	3
6	9	5	1	4	3	8	7	2
9	2	3	5	7	4	1	8	6
7	8	6	3	9	1	2	4	5
5	1	4	6	2	8	9	3	7
4	6	8	9	3	5	7	2	1
1	5	9	2	8	7	3	6	4
3	7	2	4	1	6	5	9	8

SUDOKU - 161 (Solution)
Hard

2	1	5	4	7	6	8	9	3
4	9	3	8	2	1	6	7	5
6	8	7	5	9	3	1	4	2
9	4	8	1	6	5	3	2	7
7	5	2	3	8	9	4	1	6
3	6	1	7	4	2	5	8	9
1	2	9	6	5	4	7	3	8
5	7	4	9	3	8	2	6	1
8	3	6	2	1	7	9	5	4

SUDOKU - 162 (Solution)
Hard

8	5	4	1	3	9	2	7	6
1	6	7	8	4	2	9	5	3
3	9	2	6	5	7	4	1	8
7	3	6	2	9	5	8	4	1
4	2	5	3	8	1	6	9	7
9	8	1	4	7	6	3	2	5
2	4	3	5	1	8	7	6	9
6	1	9	7	2	3	5	8	4
5	7	8	9	6	4	1	3	2

SUDOKU - 163 (Solution)

Hard

4	6	9	2	3	5	8	1	7
3	8	2	7	9	1	5	6	4
7	5	1	6	8	4	9	3	2
5	7	4	1	6	9	3	2	8
6	2	8	5	4	3	1	7	9
9	1	3	8	2	7	6	4	5
1	3	7	4	5	8	2	9	6
2	4	5	9	1	6	7	8	3
8	9	6	3	7	2	4	5	1

SUDOKU - 164 (Solution)

Hard

9	4	1	3	6	8	2	7	5
8	7	3	4	2	5	6	1	9
5	2	6	1	9	7	4	3	8
7	5	2	6	4	3	9	8	1
1	9	8	7	5	2	3	4	6
6	3	4	8	1	9	7	5	2
2	6	7	5	8	4	1	9	3
3	8	9	2	7	1	5	6	4
4	1	5	9	3	6	8	2	7

SUDOKU - 165 (Solution)

Hard

7	1	6	9	3	4	8	2	5
8	2	3	7	1	5	9	6	4
9	4	5	8	6	2	7	1	3
4	7	1	6	9	3	5	8	2
5	9	2	4	7	8	1	3	6
6	3	8	5	2	1	4	9	7
1	6	9	2	4	7	3	5	8
2	8	4	3	5	9	6	7	1
3	5	7	1	8	6	2	4	9

SUDOKU - 166 (Solution)

Hard

1	5	7	9	6	2	8	3	4
2	6	9	8	4	3	5	1	7
3	8	4	1	5	7	6	9	2
6	3	8	2	7	4	9	5	1
7	1	2	5	9	8	4	6	3
4	9	5	6	3	1	7	2	8
5	2	1	4	8	9	3	7	6
9	4	3	7	2	6	1	8	5
8	7	6	3	1	5	2	4	9

SUDOKU - 167 (Solution)

Hard

5	3	9	1	2	6	7	8	4
7	1	8	3	4	5	9	6	2
4	6	2	7	8	9	1	5	3
2	5	3	6	9	8	4	7	1
9	4	7	5	1	3	6	2	8
1	8	6	4	7	2	5	3	9
3	7	1	8	6	4	2	9	5
8	2	4	9	5	7	3	1	6
6	9	5	2	3	1	8	4	7

SUDOKU - 168 (Solution)

Hard

8	4	7	3	2	1	9	5	6
6	2	3	9	5	8	4	1	7
9	5	1	7	6	4	2	3	8
3	7	2	6	8	5	1	4	9
1	8	6	2	4	9	3	7	5
4	9	5	1	7	3	8	6	2
2	6	4	8	1	7	5	9	3
7	1	9	5	3	2	6	8	4
5	3	8	4	9	6	7	2	1

SUDOKU - 169 (Solution)

Hard

8	3	7	2	1	9	6	5	4
9	1	5	6	7	4	8	2	3
6	2	4	8	3	5	1	9	7
7	5	2	1	8	3	9	4	6
4	8	3	5	9	6	7	1	2
1	9	6	7	4	2	5	3	8
5	7	1	3	2	8	4	6	9
2	6	9	4	5	7	3	8	1
3	4	8	9	6	1	2	7	5

SUDOKU - 170 (Solution)

Hard

5	8	2	6	3	9	4	1	7
6	7	1	4	2	5	9	3	8
4	9	3	8	1	7	5	6	2
1	2	8	7	9	6	3	4	5
9	6	4	2	5	3	7	8	1
7	3	5	1	4	8	6	2	9
2	5	7	3	8	4	1	9	6
8	4	6	9	7	1	2	5	3
3	1	9	5	6	2	8	7	4

SUDOKU - 171 (Solution)

Hard

8	3	9	2	5	7	1	4	6
5	6	1	9	3	4	7	2	8
4	7	2	6	8	1	5	9	3
7	4	3	5	6	8	9	1	2
1	8	5	4	9	2	3	6	7
2	9	6	1	7	3	4	8	5
6	5	7	8	1	9	2	3	4
9	2	8	3	4	5	6	7	1
3	1	4	7	2	6	8	5	9

SUDOKU - 172 (Solution)

Hard

8	1	3	2	6	7	9	5	4
7	6	2	4	5	9	8	3	1
9	5	4	3	8	1	7	2	6
6	7	9	5	2	3	1	4	8
5	3	1	9	4	8	6	7	2
2	4	8	7	1	6	3	9	5
1	9	5	6	7	2	4	8	3
4	8	7	1	3	5	2	6	9
3	2	6	8	9	4	5	1	7

SUDOKU - 173 (Solution)

Hard

7	9	6	2	1	5	8	4	3
1	3	2	9	4	8	7	6	5
4	8	5	3	6	7	2	1	9
9	7	4	6	3	2	5	8	1
2	6	8	1	5	4	3	9	7
5	1	3	8	7	9	4	2	6
3	4	1	5	2	6	9	7	8
8	5	7	4	9	1	6	3	2
6	2	9	7	8	3	1	5	4

SUDOKU - 174 (Solution)

Hard

4	9	5	8	6	7	2	1	3
2	7	1	4	3	9	6	5	8
6	8	3	1	5	2	4	9	7
1	4	7	3	9	5	8	6	2
8	6	2	7	4	1	9	3	5
3	5	9	6	2	8	7	4	1
7	3	8	9	1	6	5	2	4
5	1	6	2	7	4	3	8	9
9	2	4	5	8	3	1	7	6

SUDOKU - 175 (Solution)

Hard

2	3	7	8	6	4	9	1	5
4	1	5	3	9	7	2	8	6
8	6	9	1	2	5	7	4	3
5	4	3	6	7	1	8	9	2
7	9	6	2	3	8	1	5	4
1	8	2	4	5	9	3	6	7
6	7	1	9	4	3	5	2	8
9	5	4	7	8	2	6	3	1
3	2	8	5	1	6	4	7	9

SUDOKU - 176 (Solution)

Hard

9	5	7	4	8	2	3	6	1
4	3	8	9	1	6	5	2	7
1	6	2	3	7	5	8	4	9
6	1	9	8	5	3	2	7	4
8	4	5	6	2	7	1	9	3
7	2	3	1	4	9	6	5	8
5	7	1	2	9	8	4	3	6
2	8	6	7	3	4	9	1	5
3	9	4	5	6	1	7	8	2

SUDOKU - 177 (Solution)

Hard

5	9	2	1	7	4	8	6	3
3	6	4	9	8	2	5	7	1
1	7	8	5	3	6	9	2	4
4	1	5	7	9	8	2	3	6
7	3	6	4	2	5	1	8	9
8	2	9	3	6	1	4	5	7
2	5	1	6	4	3	7	9	8
6	8	7	2	1	9	3	4	5
9	4	3	8	5	7	6	1	2

SUDOKU - 178 (Solution)

Hard

9	4	2	1	6	5	7	3	8
7	8	6	3	2	4	9	1	5
3	1	5	7	8	9	6	4	2
5	3	1	4	7	8	2	9	6
2	6	4	5	9	3	1	8	7
8	7	9	2	1	6	4	5	3
4	9	7	8	5	2	3	6	1
1	5	3	6	4	7	8	2	9
6	2	8	9	3	1	5	7	4

SUDOKU - 179 (Solution)

Hard

1	5	7	6	3	2	4	9	8
4	2	3	7	9	8	1	6	5
8	6	9	1	4	5	3	2	7
7	9	4	8	1	6	5	3	2
6	8	5	2	7	3	9	1	4
3	1	2	4	5	9	7	8	6
9	4	8	5	2	1	6	7	3
5	3	6	9	8	7	2	4	1
2	7	1	3	6	4	8	5	9

SUDOKU - 180 (Solution)

Hard

5	2	8	4	1	9	6	3	7
4	6	9	3	8	7	1	2	5
1	7	3	5	6	2	8	9	4
2	8	5	1	7	6	9	4	3
7	9	1	2	3	4	5	8	6
6	3	4	8	9	5	2	7	1
3	1	6	7	2	8	4	5	9
9	5	2	6	4	3	7	1	8
8	4	7	9	5	1	3	6	2

SUDOKU - 181 (Solution)

Hard

9	8	3	6	4	2	7	1	5
6	7	1	9	5	3	8	4	2
2	4	5	8	1	7	3	6	9
5	9	8	4	2	6	1	3	7
4	6	2	7	3	1	5	9	8
3	1	7	5	9	8	6	2	4
1	3	9	2	7	5	4	8	6
7	2	6	1	8	4	9	5	3
8	5	4	3	6	9	2	7	1

SUDOKU - 182 (Solution)

Hard

8	9	5	7	3	4	2	1	6
2	4	7	8	1	6	9	5	3
3	1	6	2	5	9	4	8	7
9	3	1	4	8	2	6	7	5
6	2	8	1	7	5	3	4	9
5	7	4	9	6	3	1	2	8
7	8	9	6	2	1	5	3	4
1	6	3	5	4	7	8	9	2
4	5	2	3	9	8	7	6	1

SUDOKU - 183 (Solution)

Hard

3	8	9	2	6	1	5	4	7
7	4	1	3	5	8	9	2	6
6	2	5	4	9	7	3	1	8
4	6	7	8	2	9	1	3	5
2	5	3	1	4	6	8	7	9
1	9	8	7	3	5	2	6	4
9	3	6	5	7	2	4	8	1
5	1	2	6	8	4	7	9	3
8	7	4	9	1	3	6	5	2

SUDOKU - 184 (Solution)

Hard

2	3	9	8	5	1	4	6	7
4	1	5	3	7	6	8	2	9
7	8	6	9	4	2	1	3	5
9	7	1	2	3	8	5	4	6
6	2	3	4	9	5	7	1	8
8	5	4	1	6	7	3	9	2
3	4	2	7	8	9	6	5	1
5	9	7	6	1	4	2	8	3
1	6	8	5	2	3	9	7	4

SUDOKU - 185 (Solution)

Hard

7	6	1	9	3	5	8	2	4
3	5	2	4	6	8	1	9	7
8	9	4	2	7	1	5	3	6
4	8	9	1	5	7	2	6	3
2	3	6	8	4	9	7	1	5
5	1	7	3	2	6	9	4	8
9	4	5	6	8	2	3	7	1
1	7	3	5	9	4	6	8	2
6	2	8	7	1	3	4	5	9

SUDOKU - 186 (Solution)

Hard

9	4	6	5	8	7	1	3	2
7	8	2	3	6	1	5	4	9
1	3	5	2	9	4	8	6	7
6	1	7	8	3	2	9	5	4
8	5	4	7	1	9	3	2	6
2	9	3	4	5	6	7	8	1
4	6	8	1	7	5	2	9	3
5	7	9	6	2	3	4	1	8
3	2	1	9	4	8	6	7	5

SUDOKU - 187 (Solution)

Hard

5	3	7	8	4	2	9	1	6
6	1	9	3	7	5	8	2	4
8	4	2	6	9	1	5	7	3
2	6	1	5	3	8	4	9	7
7	5	4	9	1	6	3	8	2
3	9	8	7	2	4	6	5	1
4	8	3	1	5	7	2	6	9
1	2	5	4	6	9	7	3	8
9	7	6	2	8	3	1	4	5

SUDOKU - 188 (Solution)

Hard

9	3	8	6	1	4	5	7	2
2	7	6	8	9	5	3	4	1
5	4	1	7	2	3	6	8	9
6	1	9	5	4	2	7	3	8
3	2	7	1	6	8	9	5	4
8	5	4	9	3	7	1	2	6
1	8	2	3	7	6	4	9	5
7	9	5	4	8	1	2	6	3
4	6	3	2	5	9	8	1	7

SUDOKU - 189 (Solution)

Hard

4	8	6	5	7	9	1	3	2
5	1	7	6	3	2	8	9	4
9	3	2	8	4	1	7	6	5
7	4	5	9	8	6	2	1	3
8	9	1	2	5	3	4	7	6
6	2	3	7	1	4	5	8	9
2	7	8	3	6	5	9	4	1
3	5	4	1	9	7	6	2	8
1	6	9	4	2	8	3	5	7

SUDOKU - 190 (Solution)

Hard

5	1	9	8	4	3	7	2	6
4	2	7	6	5	1	9	3	8
6	8	3	9	7	2	5	4	1
9	7	2	1	3	8	4	6	5
8	6	5	2	9	4	1	7	3
3	4	1	5	6	7	8	9	2
2	5	4	7	1	6	3	8	9
7	9	6	3	8	5	2	1	4
1	3	8	4	2	9	6	5	7

SUDOKU - 191 (Solution)

Hard

2	3	5	7	1	8	4	9	6
6	9	4	5	2	3	8	1	7
7	1	8	9	6	4	3	2	5
1	4	9	3	7	5	2	6	8
3	2	6	4	8	1	7	5	9
8	5	7	2	9	6	1	3	4
9	6	3	8	4	2	5	7	1
4	7	2	1	5	9	6	8	3
5	8	1	6	3	7	9	4	2

SUDOKU - 192 (Solution)

Hard

5	4	1	7	2	8	9	6	3
9	3	8	6	5	1	7	2	4
2	7	6	4	9	3	8	1	5
8	5	7	3	1	2	6	4	9
4	9	3	5	7	6	2	8	1
1	6	2	9	8	4	5	3	7
3	2	5	1	6	7	4	9	8
6	1	9	8	4	5	3	7	2
7	8	4	2	3	9	1	5	6

SUDOKU - 193 (Solution)
Hard

8	6	7	1	4	9	5	2	3
9	4	5	6	2	3	7	1	8
1	3	2	7	8	5	9	4	6
2	5	1	3	7	8	6	9	4
6	8	9	4	5	1	2	3	7
3	7	4	2	9	6	8	5	1
5	9	3	8	1	7	4	6	2
7	2	6	9	3	4	1	8	5
4	1	8	5	6	2	3	7	9

SUDOKU - 194 (Solution)
Hard

6	1	5	9	8	7	3	2	4
8	9	2	5	4	3	1	6	7
3	7	4	1	2	6	8	5	9
9	2	7	8	3	5	4	1	6
4	8	3	7	6	1	2	9	5
1	5	6	4	9	2	7	8	3
7	4	9	6	1	8	5	3	2
5	3	1	2	7	9	6	4	8
2	6	8	3	5	4	9	7	1

SUDOKU - 195 (Solution)
Hard

3	5	7	6	2	4	8	9	1
1	2	8	7	5	9	6	3	4
6	9	4	8	1	3	7	5	2
5	8	1	4	3	6	9	2	7
4	6	2	5	9	7	3	1	8
9	7	3	2	8	1	5	4	6
7	1	6	9	4	5	2	8	3
8	3	5	1	7	2	4	6	9
2	4	9	3	6	8	1	7	5

SUDOKU - 196 (Solution)
Hard

4	8	2	7	5	1	3	6	9
9	7	3	4	6	8	1	5	2
5	6	1	9	2	3	4	7	8
7	1	4	6	8	9	5	2	3
6	5	9	2	3	4	8	1	7
2	3	8	1	7	5	6	9	4
1	4	5	3	9	2	7	8	6
8	2	7	5	4	6	9	3	1
3	9	6	8	1	7	2	4	5

SUDOKU - 197 (Solution)
Hard

4	1	2	6	8	7	3	9	5
8	9	5	4	2	3	7	6	1
6	7	3	1	9	5	8	2	4
2	8	9	5	1	4	6	7	3
3	4	1	9	7	6	5	8	2
7	5	6	8	3	2	1	4	9
5	2	7	3	4	8	9	1	6
9	6	8	2	5	1	4	3	7
1	3	4	7	6	9	2	5	8

SUDOKU - 198 (Solution)
Hard

1	6	4	3	5	7	2	9	8
2	8	9	4	1	6	7	3	5
7	5	3	2	8	9	6	1	4
3	2	7	5	9	4	1	8	6
8	4	6	1	2	3	5	7	9
5	9	1	6	7	8	3	4	2
4	7	5	8	6	1	9	2	3
6	1	8	9	3	2	4	5	7
9	3	2	7	4	5	8	6	1

SUDOKU - 199 (Solution)

Hard

5	2	7	9	1	6	4	3	8
9	1	6	8	3	4	5	7	2
3	8	4	2	5	7	1	6	9
1	6	9	5	8	2	3	4	7
2	3	8	7	4	1	6	9	5
4	7	5	6	9	3	8	2	1
7	9	1	4	6	5	2	8	3
8	4	3	1	2	9	7	5	6
6	5	2	3	7	8	9	1	4

SUDOKU - 200 (Solution)

Hard

6	9	7	1	8	5	4	3	2
1	2	3	9	4	6	5	7	8
5	4	8	2	3	7	6	1	9
3	5	2	7	1	4	9	8	6
9	1	6	5	2	8	3	4	7
8	7	4	3	6	9	1	2	5
4	3	9	6	7	2	8	5	1
2	8	5	4	9	1	7	6	3
7	6	1	8	5	3	2	9	4

SUDOKU - 201 (Solution)

Hard

7	3	2	4	9	1	6	5	8
6	1	5	3	2	8	4	7	9
8	4	9	7	6	5	2	1	3
2	6	7	9	8	4	5	3	1
4	5	3	1	7	2	9	8	6
9	8	1	5	3	6	7	4	2
1	7	8	6	5	9	3	2	4
3	9	4	2	1	7	8	6	5
5	2	6	8	4	3	1	9	7

SUDOKU - 202 (Solution)

Hard

4	7	2	9	1	6	5	8	3
9	1	5	3	7	8	2	4	6
6	8	3	2	5	4	1	7	9
3	4	8	1	2	7	6	9	5
1	2	7	5	6	9	8	3	4
5	6	9	8	4	3	7	1	2
7	9	4	6	8	2	3	5	1
8	5	6	4	3	1	9	2	7
2	3	1	7	9	5	4	6	8

SUDOKU - 203 (Solution)

Hard

7	6	3	8	9	1	4	2	5
1	8	5	2	6	4	7	9	3
4	9	2	5	7	3	6	1	8
6	1	9	7	2	8	3	5	4
5	7	8	3	4	9	2	6	1
2	3	4	6	1	5	9	8	7
9	2	1	4	8	7	5	3	6
8	5	7	9	3	6	1	4	2
3	4	6	1	5	2	8	7	9

SUDOKU - 204 (Solution)

Hard

4	5	7	1	3	2	9	6	8
6	3	9	4	7	8	2	1	5
1	2	8	6	9	5	4	3	7
7	9	3	8	5	6	1	4	2
8	6	4	7	2	1	3	5	9
5	1	2	9	4	3	7	8	6
3	8	1	2	6	9	5	7	4
2	7	6	5	1	4	8	9	3
9	4	5	3	8	7	6	2	1

SUDOKU - 205 (Solution)
Hard

9	7	3	8	2	6	1	5	4
5	8	1	3	9	4	6	7	2
6	2	4	7	1	5	8	3	9
4	9	8	6	7	1	3	2	5
7	5	6	4	3	2	9	1	8
3	1	2	9	5	8	7	4	6
2	3	5	1	8	9	4	6	7
1	4	9	2	6	7	5	8	3
8	6	7	5	4	3	2	9	1

SUDOKU - 206 (Solution)
Hard

2	5	3	7	8	4	6	1	9
9	4	6	3	2	1	7	5	8
7	1	8	5	6	9	4	3	2
8	3	9	2	4	7	1	6	5
6	7	1	8	5	3	9	2	4
5	2	4	9	1	6	8	7	3
4	6	5	1	9	2	3	8	7
3	9	2	6	7	8	5	4	1
1	8	7	4	3	5	2	9	6

SUDOKU - 207 (Solution)
Hard

4	3	7	6	9	2	8	5	1
8	5	6	1	3	4	2	7	9
2	9	1	8	5	7	6	3	4
3	8	2	5	1	9	7	4	6
6	1	9	4	7	3	5	8	2
5	7	4	2	8	6	1	9	3
7	6	5	3	4	1	9	2	8
1	4	8	9	2	5	3	6	7
9	2	3	7	6	8	4	1	5

SUDOKU - 208 (Solution)
Hard

3	2	5	9	8	1	6	4	7
6	4	7	3	5	2	8	1	9
9	1	8	7	4	6	2	5	3
5	8	9	2	1	4	7	3	6
1	3	2	6	9	7	5	8	4
7	6	4	5	3	8	1	9	2
2	9	3	1	6	5	4	7	8
8	7	1	4	2	3	9	6	5
4	5	6	8	7	9	3	2	1

SUDOKU - 209 (Solution)
Hard

4	2	5	9	3	7	6	8	1
3	9	1	4	6	8	7	5	2
8	7	6	1	5	2	4	3	9
1	5	8	3	7	9	2	6	4
2	4	9	6	1	5	8	7	3
7	6	3	2	8	4	9	1	5
6	3	4	7	9	1	5	2	8
9	8	7	5	2	3	1	4	6
5	1	2	8	4	6	3	9	7

SUDOKU - 210 (Solution)
Hard

4	8	3	2	1	6	9	7	5
5	9	1	4	7	8	6	2	3
2	6	7	3	5	9	1	8	4
9	1	8	5	4	3	2	6	7
3	7	5	6	8	2	4	1	9
6	2	4	1	9	7	3	5	8
8	4	2	7	3	1	5	9	6
1	5	9	8	6	4	7	3	2
7	3	6	9	2	5	8	4	1

SUDOKU - 211 (Solution)

Hard

1	3	7	5	8	9	4	6	2
6	4	2	7	1	3	9	8	5
8	9	5	4	2	6	3	1	7
5	8	9	3	4	7	6	2	1
3	6	1	8	9	2	5	7	4
7	2	4	1	6	5	8	9	3
4	7	6	9	5	1	2	3	8
9	1	8	2	3	4	7	5	6
2	5	3	6	7	8	1	4	9

SUDOKU - 212 (Solution)

Hard

7	5	1	2	4	9	3	6	8
4	3	6	5	7	8	2	9	1
2	8	9	6	3	1	7	5	4
6	2	4	7	8	5	9	1	3
8	7	5	1	9	3	6	4	2
9	1	3	4	6	2	8	7	5
3	6	2	9	5	4	1	8	7
1	4	7	8	2	6	5	3	9
5	9	8	3	1	7	4	2	6

SUDOKU - 213 (Solution)

Hard

9	3	1	4	5	8	2	6	7
7	5	2	9	1	6	8	4	3
8	4	6	2	7	3	9	1	5
3	8	9	1	2	4	7	5	6
6	7	4	3	9	5	1	2	8
1	2	5	6	8	7	4	3	9
5	9	3	7	4	2	6	8	1
4	1	8	5	6	9	3	7	2
2	6	7	8	3	1	5	9	4

SUDOKU - 214 (Solution)

Hard

1	4	2	6	7	3	5	9	8
5	8	9	2	1	4	7	6	3
3	7	6	9	5	8	4	1	2
2	9	3	5	4	7	6	8	1
4	6	5	1	8	2	9	3	7
8	1	7	3	6	9	2	4	5
6	2	8	7	9	1	3	5	4
7	5	1	4	3	6	8	2	9
9	3	4	8	2	5	1	7	6

SUDOKU - 215 (Solution)

Hard

4	9	8	6	3	5	2	1	7
3	1	6	4	7	2	5	9	8
5	7	2	1	9	8	3	6	4
2	6	1	5	4	3	8	7	9
8	3	4	9	2	7	1	5	6
9	5	7	8	6	1	4	3	2
1	8	9	7	5	4	6	2	3
7	4	3	2	1	6	9	8	5
6	2	5	3	8	9	7	4	1

SUDOKU - 216 (Solution)

Hard

2	6	4	5	1	9	8	3	7
9	5	1	7	8	3	4	6	2
8	7	3	6	4	2	5	1	9
1	9	8	2	3	7	6	5	4
6	4	5	8	9	1	7	2	3
7	3	2	4	6	5	9	8	1
3	8	6	1	7	4	2	9	5
5	1	7	9	2	8	3	4	6
4	2	9	3	5	6	1	7	8

SUDOKU - 217 (Solution)

Hard

8	4	5	7	6	3	1	2	9
9	3	7	5	1	2	4	8	6
6	1	2	8	4	9	5	7	3
1	9	8	2	5	6	7	3	4
2	6	3	9	7	4	8	1	5
7	5	4	3	8	1	6	9	2
3	7	6	4	9	8	2	5	1
5	2	1	6	3	7	9	4	8
4	8	9	1	2	5	3	6	7

SUDOKU - 218 (Solution)

Hard

6	2	4	3	5	1	8	9	7
3	7	5	6	8	9	1	4	2
8	1	9	7	2	4	6	3	5
9	8	7	5	6	2	3	1	4
2	3	6	1	4	8	5	7	9
5	4	1	9	3	7	2	6	8
7	9	8	2	1	3	4	5	6
4	6	3	8	9	5	7	2	1
1	5	2	4	7	6	9	8	3

SUDOKU - 219 (Solution)

Hard

9	5	2	1	4	8	7	3	6
1	6	8	9	7	3	5	2	4
7	3	4	2	5	6	1	8	9
8	9	7	4	6	5	3	1	2
5	1	6	8	3	2	9	4	7
4	2	3	7	9	1	8	6	5
3	7	9	6	8	4	2	5	1
6	8	1	5	2	7	4	9	3
2	4	5	3	1	9	6	7	8

SUDOKU - 220 (Solution)

Hard

1	8	7	6	9	3	4	2	5
5	2	4	8	1	7	3	9	6
3	9	6	2	5	4	7	1	8
6	7	2	1	3	8	9	5	4
8	1	9	4	7	5	6	3	2
4	3	5	9	2	6	8	7	1
7	4	3	5	6	2	1	8	9
2	6	1	7	8	9	5	4	3
9	5	8	3	4	1	2	6	7

SUDOKU - 221 (Solution)

Hard

3	4	7	6	1	8	9	5	2
6	1	8	9	5	2	3	4	7
2	9	5	3	7	4	6	1	8
9	7	3	2	4	1	5	8	6
4	5	2	8	9	6	7	3	1
8	6	1	5	3	7	2	9	4
7	8	9	1	6	3	4	2	5
5	2	6	4	8	9	1	7	3
1	3	4	7	2	5	8	6	9

SUDOKU - 222 (Solution)

Hard

1	2	9	5	6	3	4	8	7
8	4	3	1	7	9	2	6	5
7	6	5	4	2	8	1	9	3
5	3	8	2	4	7	6	1	9
4	1	7	8	9	6	5	3	2
2	9	6	3	1	5	8	7	4
3	5	4	7	8	1	9	2	6
6	8	2	9	3	4	7	5	1
9	7	1	6	5	2	3	4	8

SUDOKU - 223 (Solution)

Hard

7	4	3	1	5	2	9	6	8
9	5	2	4	8	6	7	3	1
8	6	1	3	7	9	2	4	5
4	2	5	8	3	7	6	1	9
3	1	7	6	9	5	4	8	2
6	8	9	2	4	1	5	7	3
1	3	6	9	2	4	8	5	7
2	7	8	5	6	3	1	9	4
5	9	4	7	1	8	3	2	6

SUDOKU - 224 (Solution)

Hard

8	1	7	4	2	6	3	5	9
6	5	9	8	3	7	2	1	4
4	2	3	1	9	5	6	7	8
3	7	2	9	1	4	5	8	6
1	6	8	3	5	2	4	9	7
9	4	5	7	6	8	1	2	3
2	9	1	6	7	3	8	4	5
5	8	6	2	4	9	7	3	1
7	3	4	5	8	1	9	6	2

SUDOKU - 225 (Solution)

Hard

9	8	3	7	2	6	5	1	4
7	2	5	4	8	1	3	6	9
6	4	1	3	9	5	7	8	2
8	9	2	5	1	7	4	3	6
1	5	4	2	6	3	8	9	7
3	7	6	8	4	9	1	2	5
5	3	8	9	7	2	6	4	1
4	6	9	1	5	8	2	7	3
2	1	7	6	3	4	9	5	8

SUDOKU - 226 (Solution)

Hard

7	6	3	9	8	1	2	5	4
1	5	9	4	3	2	8	6	7
8	2	4	7	6	5	1	9	3
6	4	2	1	5	9	3	7	8
3	8	7	2	4	6	5	1	9
5	9	1	3	7	8	4	2	6
4	7	5	6	2	3	9	8	1
2	1	6	8	9	4	7	3	5
9	3	8	5	1	7	6	4	2

SUDOKU - 227 (Solution)

Hard

2	6	3	5	4	1	8	7	9
7	4	5	8	2	9	3	1	6
9	1	8	3	7	6	2	5	4
6	8	7	4	5	3	9	2	1
4	5	9	1	6	2	7	8	3
3	2	1	7	9	8	4	6	5
5	3	2	9	1	7	6	4	8
8	7	4	6	3	5	1	9	2
1	9	6	2	8	4	5	3	7

SUDOKU - 228 (Solution)

Hard

8	4	6	9	1	3	5	2	7
9	2	1	8	5	7	4	3	6
5	3	7	4	6	2	9	1	8
4	7	9	1	2	5	8	6	3
1	8	2	3	9	6	7	4	5
6	5	3	7	4	8	1	9	2
3	6	4	5	8	9	2	7	1
7	9	8	2	3	1	6	5	4
2	1	5	6	7	4	3	8	9

SUDOKU - 229 (Solution)

Hard

1	7	3	9	2	5	6	4	8
8	2	4	7	1	6	9	3	5
5	6	9	3	8	4	2	7	1
6	1	8	2	5	7	3	9	4
4	5	7	1	9	3	8	2	6
3	9	2	6	4	8	5	1	7
2	3	6	5	7	1	4	8	9
9	8	1	4	6	2	7	5	3
7	4	5	8	3	9	1	6	2

SUDOKU - 230 (Solution)

Hard

2	8	4	1	9	6	3	5	7
7	5	9	3	8	2	1	6	4
3	1	6	5	7	4	9	8	2
1	9	7	8	4	3	6	2	5
5	4	8	2	6	1	7	3	9
6	3	2	9	5	7	4	1	8
4	7	1	6	2	5	8	9	3
9	2	3	4	1	8	5	7	6
8	6	5	7	3	9	2	4	1

SUDOKU - 231 (Solution)

Hard

6	5	3	4	8	1	7	9	2
2	4	7	3	6	9	1	8	5
8	9	1	7	2	5	4	3	6
1	3	8	2	7	4	5	6	9
4	6	9	1	5	3	2	7	8
7	2	5	6	9	8	3	1	4
9	1	4	5	3	6	8	2	7
5	8	2	9	1	7	6	4	3
3	7	6	8	4	2	9	5	1

SUDOKU - 232 (Solution)

Hard

6	7	4	5	8	9	1	3	2
8	3	9	2	1	7	6	5	4
2	1	5	3	4	6	7	8	9
3	8	2	6	5	4	9	1	7
1	4	6	7	9	8	3	2	5
5	9	7	1	2	3	8	4	6
4	2	8	9	6	1	5	7	3
7	6	1	4	3	5	2	9	8
9	5	3	8	7	2	4	6	1

SUDOKU - 233 (Solution)

Hard

9	3	2	6	1	5	4	7	8
5	4	8	2	7	9	6	1	3
7	6	1	8	3	4	9	5	2
1	7	6	5	9	8	3	2	4
2	5	4	3	6	1	7	8	9
8	9	3	4	2	7	1	6	5
6	1	5	9	8	3	2	4	7
3	8	7	1	4	2	5	9	6
4	2	9	7	5	6	8	3	1

SUDOKU - 234 (Solution)

Hard

1	5	4	2	7	3	8	9	6
8	9	3	5	4	6	2	1	7
6	2	7	9	1	8	4	5	3
9	8	5	3	6	7	1	2	4
4	6	1	8	2	9	3	7	5
3	7	2	1	5	4	9	6	8
2	3	8	6	9	5	7	4	1
5	4	9	7	3	1	6	8	2
7	1	6	4	8	2	5	3	9

SUDOKU - 235 (Solution)

Hard

4	3	2	1	7	9	5	8	6
7	5	9	4	8	6	3	2	1
1	6	8	5	3	2	9	4	7
5	4	6	3	1	7	8	9	2
8	2	7	9	6	5	4	1	3
3	9	1	2	4	8	6	7	5
2	7	4	8	5	3	1	6	9
6	1	3	7	9	4	2	5	8
9	8	5	6	2	1	7	3	4

SUDOKU - 236 (Solution)

Hard

4	8	5	7	3	6	1	2	9
1	3	6	5	2	9	8	4	7
9	2	7	1	4	8	3	6	5
5	4	8	3	7	1	6	9	2
6	1	9	2	8	4	7	5	3
3	7	2	9	6	5	4	8	1
2	6	3	8	5	7	9	1	4
8	5	1	4	9	3	2	7	6
7	9	4	6	1	2	5	3	8

SUDOKU - 237 (Solution)

Hard

6	2	5	3	7	8	4	9	1
3	8	9	6	4	1	7	2	5
7	1	4	2	5	9	8	6	3
2	7	1	9	3	4	6	5	8
5	9	8	7	6	2	3	1	4
4	6	3	1	8	5	9	7	2
8	3	7	5	2	6	1	4	9
1	4	2	8	9	7	5	3	6
9	5	6	4	1	3	2	8	7

SUDOKU - 238 (Solution)

Hard

9	2	6	5	1	7	3	4	8
8	1	5	6	3	4	2	7	9
4	3	7	8	9	2	6	5	1
1	4	2	3	7	9	8	6	5
7	8	3	1	6	5	9	2	4
6	5	9	2	4	8	1	3	7
3	7	8	9	5	6	4	1	2
5	9	1	4	2	3	7	8	6
2	6	4	7	8	1	5	9	3

SUDOKU - 239 (Solution)

Hard

1	2	6	8	3	9	5	4	7
7	4	5	2	6	1	3	9	8
9	3	8	7	4	5	2	6	1
6	8	4	1	7	2	9	3	5
2	7	3	5	9	4	8	1	6
5	1	9	3	8	6	4	7	2
4	9	7	6	2	8	1	5	3
3	5	2	9	1	7	6	8	4
8	6	1	4	5	3	7	2	9

SUDOKU - 240 (Solution)

Hard

6	3	1	4	2	9	8	5	7
8	7	9	3	6	5	4	2	1
2	4	5	1	7	8	3	9	6
3	2	4	9	8	7	1	6	5
7	9	8	6	5	1	2	3	4
5	1	6	2	3	4	9	7	8
1	8	7	5	9	3	6	4	2
4	6	3	7	1	2	5	8	9
9	5	2	8	4	6	7	1	3

SUDOKU - 241 (Solution)

Hard

7	8	9	6	5	2	4	3	1
2	1	3	9	7	4	8	5	6
6	4	5	1	8	3	9	7	2
4	3	1	2	9	5	7	6	8
5	2	8	3	6	7	1	9	4
9	6	7	8	4	1	5	2	3
3	9	4	7	1	6	2	8	5
8	5	6	4	2	9	3	1	7
1	7	2	5	3	8	6	4	9

SUDOKU - 242 (Solution)

Hard

9	2	7	1	5	4	8	3	6
3	1	8	2	7	6	9	4	5
6	5	4	8	3	9	1	2	7
2	6	3	9	4	1	5	7	8
4	9	1	7	8	5	3	6	2
7	8	5	6	2	3	4	9	1
8	7	9	4	1	2	6	5	3
1	3	6	5	9	7	2	8	4
5	4	2	3	6	8	7	1	9

SUDOKU - 243 (Solution)

Hard

1	7	8	3	4	6	5	9	2
5	9	4	2	7	1	8	6	3
3	6	2	8	5	9	1	7	4
6	4	5	9	8	2	3	1	7
7	1	3	5	6	4	2	8	9
8	2	9	7	1	3	6	4	5
4	5	1	6	3	7	9	2	8
2	3	7	1	9	8	4	5	6
9	8	6	4	2	5	7	3	1

SUDOKU - 244 (Solution)

Hard

4	5	8	7	1	2	6	9	3
6	9	7	5	8	3	1	2	4
2	1	3	4	9	6	8	5	7
5	4	6	8	2	9	3	7	1
9	3	1	6	5	7	4	8	2
8	7	2	1	3	4	9	6	5
7	2	4	3	6	8	5	1	9
1	6	9	2	4	5	7	3	8
3	8	5	9	7	1	2	4	6

SUDOKU - 245 (Solution)

Hard

7	4	8	6	2	3	1	9	5
6	9	3	8	5	1	7	2	4
5	1	2	4	9	7	8	3	6
2	3	5	7	6	8	4	1	9
8	6	1	2	4	9	3	5	7
9	7	4	1	3	5	6	8	2
1	8	6	9	7	2	5	4	3
4	5	9	3	8	6	2	7	1
3	2	7	5	1	4	9	6	8

SUDOKU - 246 (Solution)

Hard

6	1	7	9	8	5	3	2	4
2	8	3	1	6	4	7	9	5
9	4	5	2	7	3	1	6	8
1	7	4	5	9	2	8	3	6
8	2	9	4	3	6	5	7	1
5	3	6	7	1	8	2	4	9
3	5	1	6	2	9	4	8	7
4	6	8	3	5	7	9	1	2
7	9	2	8	4	1	6	5	3

SUDOKU - 247 (Solution)

Hard

1	4	9	5	8	7	6	3	2
3	5	2	1	6	4	8	7	9
6	8	7	3	2	9	1	5	4
8	1	4	7	9	5	3	2	6
5	9	6	2	3	8	7	4	1
7	2	3	6	4	1	9	8	5
2	3	1	4	7	6	5	9	8
4	6	8	9	5	3	2	1	7
9	7	5	8	1	2	4	6	3

SUDOKU - 248 (Solution)

Hard

4	6	8	9	3	5	2	1	7
2	9	5	6	1	7	8	3	4
7	1	3	4	2	8	6	5	9
1	2	7	8	4	9	3	6	5
5	8	4	1	6	3	7	9	2
6	3	9	5	7	2	4	8	1
3	5	6	7	9	4	1	2	8
9	7	1	2	8	6	5	4	3
8	4	2	3	5	1	9	7	6

SUDOKU - 249 (Solution)

Hard

6	7	5	2	1	3	8	9	4
9	4	2	6	7	8	1	5	3
8	1	3	9	5	4	2	6	7
5	8	7	4	6	9	3	2	1
1	9	4	5	3	2	6	7	8
2	3	6	7	8	1	5	4	9
3	6	9	8	2	7	4	1	5
7	2	1	3	4	5	9	8	6
4	5	8	1	9	6	7	3	2

SUDOKU - 250 (Solution)

Hard

2	6	3	4	7	8	5	9	1
8	9	5	2	1	3	4	7	6
7	4	1	9	6	5	2	8	3
1	3	7	8	9	2	6	5	4
5	8	9	6	3	4	1	2	7
4	2	6	1	5	7	8	3	9
6	7	8	3	2	1	9	4	5
9	5	2	7	4	6	3	1	8
3	1	4	5	8	9	7	6	2

SUDOKU - 251 (Solution)

Hard

6	8	7	9	4	5	2	3	1
1	9	3	8	2	6	7	4	5
2	4	5	3	1	7	6	8	9
9	5	8	2	3	1	4	7	6
3	1	6	5	7	4	8	9	2
7	2	4	6	9	8	5	1	3
5	7	1	4	6	9	3	2	8
8	3	9	7	5	2	1	6	4
4	6	2	1	8	3	9	5	7

SUDOKU - 252 (Solution)

Hard

5	6	2	7	9	8	3	4	1
4	1	7	2	5	3	8	6	9
3	8	9	6	4	1	7	5	2
6	2	8	1	3	4	9	7	5
7	3	4	9	6	5	1	2	8
1	9	5	8	2	7	6	3	4
2	5	1	3	7	9	4	8	6
8	7	6	4	1	2	5	9	3
9	4	3	5	8	6	2	1	7

SUDOKU - 253 (Solution)

Hard

5	8	6	4	9	1	3	2	7
7	2	4	6	8	3	9	1	5
3	1	9	2	7	5	8	4	6
8	6	2	7	5	4	1	3	9
9	7	1	8	3	2	5	6	4
4	3	5	1	6	9	2	7	8
2	5	8	3	4	7	6	9	1
6	4	3	9	1	8	7	5	2
1	9	7	5	2	6	4	8	3

SUDOKU - 254 (Solution)

Hard

2	6	8	4	5	9	3	1	7
7	5	1	3	2	8	6	9	4
3	9	4	7	6	1	8	2	5
8	2	6	5	1	3	4	7	9
9	3	5	8	4	7	2	6	1
1	4	7	6	9	2	5	8	3
4	1	3	2	7	6	9	5	8
5	7	2	9	8	4	1	3	6
6	8	9	1	3	5	7	4	2

SUDOKU - 255 (Solution)

Hard

5	9	3	7	4	8	6	1	2
8	6	7	1	2	5	4	3	9
4	2	1	9	6	3	5	8	7
2	4	9	3	7	6	8	5	1
3	1	8	4	5	9	2	7	6
7	5	6	8	1	2	9	4	3
6	8	5	2	3	1	7	9	4
9	3	4	6	8	7	1	2	5
1	7	2	5	9	4	3	6	8

SUDOKU - 256 (Solution)

Hard

8	9	3	5	4	1	7	2	6
2	6	7	8	9	3	5	1	4
5	4	1	2	6	7	3	9	8
7	5	9	1	2	8	6	4	3
3	2	8	6	7	4	1	5	9
6	1	4	3	5	9	2	8	7
4	8	2	7	1	6	9	3	5
1	3	6	9	8	5	4	7	2
9	7	5	4	3	2	8	6	1

SUDOKU - 257 (Solution)

Hard

5	9	8	7	3	6	2	4	1
2	7	6	8	1	4	3	5	9
4	3	1	9	5	2	8	7	6
6	1	7	5	8	3	4	9	2
9	4	5	1	2	7	6	8	3
3	8	2	6	4	9	5	1	7
8	5	3	2	7	1	9	6	4
7	6	4	3	9	8	1	2	5
1	2	9	4	6	5	7	3	8

SUDOKU - 258 (Solution)

Hard

8	1	2	4	6	7	3	9	5
3	7	9	8	2	5	6	4	1
6	5	4	1	3	9	7	2	8
9	8	6	7	5	4	1	3	2
4	3	7	9	1	2	8	5	6
5	2	1	3	8	6	4	7	9
1	6	5	2	7	3	9	8	4
2	9	3	6	4	8	5	1	7
7	4	8	5	9	1	2	6	3

SUDOKU - 259 (Solution)

Hard

5	2	4	8	7	3	6	9	1
8	9	1	4	5	6	2	3	7
6	3	7	9	1	2	8	4	5
9	8	2	1	4	7	3	5	6
1	6	3	5	2	8	4	7	9
7	4	5	3	6	9	1	2	8
4	7	6	2	8	5	9	1	3
3	1	8	7	9	4	5	6	2
2	5	9	6	3	1	7	8	4

SUDOKU - 260 (Solution)

Hard

5	1	4	7	8	6	3	9	2
3	8	9	2	5	1	6	4	7
7	2	6	9	4	3	5	1	8
1	9	2	4	7	5	8	3	6
6	5	8	1	3	2	9	7	4
4	7	3	6	9	8	1	2	5
2	4	5	8	1	9	7	6	3
8	6	1	3	2	7	4	5	9
9	3	7	5	6	4	2	8	1

SUDOKU - 261 (Solution)

Hard

2	6	8	3	9	5	7	4	1
4	3	5	2	1	7	9	8	6
1	9	7	6	4	8	2	3	5
8	2	1	9	5	6	4	7	3
9	5	6	7	3	4	8	1	2
7	4	3	1	8	2	5	6	9
5	7	9	8	6	3	1	2	4
6	8	4	5	2	1	3	9	7
3	1	2	4	7	9	6	5	8

SUDOKU - 262 (Solution)

Hard

2	5	8	6	3	7	4	9	1
4	6	7	2	9	1	8	5	3
1	3	9	4	8	5	7	6	2
3	2	6	5	7	4	1	8	9
9	8	4	3	1	6	2	7	5
5	7	1	9	2	8	3	4	6
6	9	2	8	4	3	5	1	7
8	1	5	7	6	2	9	3	4
7	4	3	1	5	9	6	2	8

SUDOKU - 263 (Solution)

Hard

2	6	3	5	1	4	8	7	9
7	4	8	9	6	3	5	1	2
5	9	1	2	7	8	4	6	3
8	3	6	7	2	9	1	5	4
1	7	2	3	4	5	9	8	6
4	5	9	6	8	1	3	2	7
9	2	5	1	3	6	7	4	8
3	8	7	4	5	2	6	9	1
6	1	4	8	9	7	2	3	5

SUDOKU - 264 (Solution)

Hard

6	2	5	9	8	4	7	3	1
9	3	7	2	5	1	6	4	8
4	8	1	7	6	3	5	2	9
1	5	3	8	4	9	2	7	6
8	7	4	6	1	2	3	9	5
2	9	6	3	7	5	8	1	4
5	1	2	4	3	6	9	8	7
3	6	8	1	9	7	4	5	2
7	4	9	5	2	8	1	6	3

SUDOKU - 265 (Solution)

Hard

1	2	3	7	4	9	5	8	6
5	7	8	6	2	3	1	9	4
9	6	4	8	5	1	2	3	7
7	9	5	2	6	8	3	4	1
2	4	1	9	3	7	8	6	5
8	3	6	4	1	5	7	2	9
4	1	7	3	8	6	9	5	2
3	5	2	1	9	4	6	7	8
6	8	9	5	7	2	4	1	3

SUDOKU - 266 (Solution)

Hard

9	1	7	6	3	8	5	2	4
2	8	3	1	4	5	7	9	6
6	4	5	7	2	9	1	3	8
3	2	9	5	1	4	8	6	7
5	7	1	8	6	2	3	4	9
8	6	4	3	9	7	2	1	5
1	9	8	2	7	6	4	5	3
4	5	2	9	8	3	6	7	1
7	3	6	4	5	1	9	8	2

SUDOKU - 267 (Solution)

Hard

4	5	2	3	7	6	8	9	1
3	7	8	2	1	9	5	4	6
1	9	6	4	8	5	2	3	7
7	2	5	1	4	8	9	6	3
6	4	1	9	3	2	7	8	5
9	8	3	6	5	7	1	2	4
2	6	7	5	9	3	4	1	8
8	1	9	7	6	4	3	5	2
5	3	4	8	2	1	6	7	9

SUDOKU - 268 (Solution)

Hard

5	8	9	7	3	6	2	1	4
7	3	1	8	2	4	5	6	9
6	2	4	9	1	5	3	7	8
9	5	3	6	7	8	1	4	2
1	6	2	5	4	3	9	8	7
8	4	7	2	9	1	6	3	5
3	7	8	1	5	9	4	2	6
2	1	5	4	6	7	8	9	3
4	9	6	3	8	2	7	5	1

SUDOKU - 269 (Solution)

Hard

4	1	2	5	7	9	8	6	3
6	7	3	1	8	4	2	5	9
8	9	5	2	6	3	4	7	1
7	4	8	9	2	5	3	1	6
3	6	9	4	1	7	5	2	8
5	2	1	6	3	8	7	9	4
2	5	6	3	4	1	9	8	7
9	3	7	8	5	6	1	4	2
1	8	4	7	9	2	6	3	5

SUDOKU - 270 (Solution)

Hard

4	8	7	1	2	3	9	5	6
3	9	1	4	5	6	2	8	7
2	6	5	7	9	8	3	1	4
8	7	4	6	1	9	5	3	2
9	2	6	8	3	5	7	4	1
1	5	3	2	4	7	8	6	9
7	1	8	5	6	2	4	9	3
5	4	9	3	7	1	6	2	8
6	3	2	9	8	4	1	7	5

SUDOKU - 271 (Solution)

Hard

3	5	9	2	4	8	1	6	7
7	8	6	1	3	9	5	2	4
2	4	1	5	7	6	9	3	8
6	3	2	9	5	7	8	4	1
9	7	8	6	1	4	3	5	2
4	1	5	8	2	3	6	7	9
8	6	3	7	9	2	4	1	5
5	2	4	3	8	1	7	9	6
1	9	7	4	6	5	2	8	3

SUDOKU - 272 (Solution)

Hard

6	5	2	4	9	8	3	7	1
3	7	1	6	5	2	4	8	9
4	8	9	1	3	7	6	2	5
9	6	5	2	7	4	8	1	3
8	4	3	5	6	1	7	9	2
2	1	7	9	8	3	5	6	4
7	2	8	3	4	9	1	5	6
1	3	6	8	2	5	9	4	7
5	9	4	7	1	6	2	3	8

SUDOKU - 273 (Solution)

Hard

1	3	7	9	2	6	8	5	4
5	4	8	7	1	3	2	9	6
2	6	9	5	8	4	1	3	7
9	1	5	6	7	8	3	4	2
6	7	2	3	4	5	9	1	8
4	8	3	2	9	1	7	6	5
7	9	4	1	6	2	5	8	3
8	5	1	4	3	7	6	2	9
3	2	6	8	5	9	4	7	1

SUDOKU - 274 (Solution)

Hard

2	7	1	3	9	8	4	5	6
5	6	8	4	7	1	2	3	9
4	9	3	5	2	6	1	7	8
6	4	2	1	5	7	9	8	3
1	5	9	8	4	3	6	2	7
3	8	7	9	6	2	5	4	1
8	1	5	6	3	4	7	9	2
7	3	4	2	1	9	8	6	5
9	2	6	7	8	5	3	1	4

SUDOKU - 275 (Solution)

Hard

4	9	2	1	8	5	3	7	6
8	3	7	2	9	6	5	1	4
5	1	6	3	7	4	2	8	9
2	4	8	6	1	7	9	3	5
9	7	1	4	5	3	6	2	8
6	5	3	8	2	9	1	4	7
3	2	9	7	6	8	4	5	1
7	6	4	5	3	1	8	9	2
1	8	5	9	4	2	7	6	3

SUDOKU - 276 (Solution)

Hard

7	8	2	3	9	5	6	4	1
5	6	3	4	7	1	8	2	9
9	4	1	2	6	8	7	3	5
3	9	7	1	2	4	5	6	8
1	2	4	8	5	6	9	7	3
8	5	6	9	3	7	4	1	2
6	3	5	7	8	2	1	9	4
4	7	9	5	1	3	2	8	6
2	1	8	6	4	9	3	5	7

SUDOKU - 277 (Solution)

Hard

7	9	6	3	1	2	5	4	8
5	4	2	6	8	9	3	1	7
8	1	3	5	7	4	2	6	9
3	8	1	9	2	6	4	7	5
9	2	7	8	4	5	1	3	6
4	6	5	7	3	1	8	9	2
6	7	8	1	5	3	9	2	4
2	3	9	4	6	8	7	5	1
1	5	4	2	9	7	6	8	3

SUDOKU - 278 (Solution)

Hard

4	5	2	1	8	3	9	6	7
3	6	8	5	9	7	2	1	4
9	1	7	2	4	6	5	3	8
1	2	5	7	6	4	3	8	9
7	9	4	8	3	5	1	2	6
8	3	6	9	2	1	7	4	5
2	4	9	3	5	8	6	7	1
6	7	3	4	1	9	8	5	2
5	8	1	6	7	2	4	9	3

SUDOKU - 279 (Solution)

Hard

5	7	9	6	3	1	2	4	8
6	4	8	7	2	5	1	9	3
3	1	2	4	8	9	7	6	5
8	6	7	1	5	4	3	2	9
4	2	3	9	7	8	6	5	1
1	9	5	2	6	3	4	8	7
2	3	1	8	9	6	5	7	4
9	5	6	3	4	7	8	1	2
7	8	4	5	1	2	9	3	6

SUDOKU - 280 (Solution)

Hard

9	6	7	8	3	1	5	2	4
3	4	5	2	6	9	7	1	8
8	2	1	5	7	4	3	6	9
5	8	6	4	9	2	1	7	3
2	3	4	6	1	7	9	8	5
7	1	9	3	5	8	6	4	2
4	7	3	1	8	5	2	9	6
6	9	2	7	4	3	8	5	1
1	5	8	9	2	6	4	3	7

SUDOKU - 281 (Solution)

Hard

6	2	8	5	4	3	7	1	9
3	1	4	2	9	7	8	5	6
9	7	5	1	8	6	4	2	3
5	4	6	7	1	8	3	9	2
2	9	1	3	6	4	5	7	8
8	3	7	9	5	2	6	4	1
7	5	2	6	3	9	1	8	4
4	6	9	8	7	1	2	3	5
1	8	3	4	2	5	9	6	7

SUDOKU - 282 (Solution)

Hard

5	6	1	8	9	4	3	2	7
4	2	7	1	5	3	6	8	9
9	8	3	6	2	7	1	4	5
6	9	5	3	1	8	4	7	2
1	4	8	2	7	9	5	6	3
7	3	2	5	4	6	9	1	8
2	5	9	4	8	1	7	3	6
8	1	6	7	3	5	2	9	4
3	7	4	9	6	2	8	5	1

SUDOKU - 283 (Solution)

Hard

7	9	6	2	1	8	3	5	4
3	1	4	6	5	9	7	8	2
2	5	8	4	7	3	9	1	6
1	3	2	5	9	4	8	6	7
4	7	5	1	8	6	2	9	3
8	6	9	7	3	2	1	4	5
5	2	7	8	6	1	4	3	9
6	8	3	9	4	7	5	2	1
9	4	1	3	2	5	6	7	8

SUDOKU - 284 (Solution)

Hard

3	6	9	4	7	1	2	8	5
8	1	2	3	6	5	7	9	4
7	5	4	9	8	2	3	1	6
6	8	3	1	4	7	5	2	9
1	4	7	5	2	9	6	3	8
9	2	5	6	3	8	4	7	1
5	3	1	7	9	4	8	6	2
2	9	6	8	5	3	1	4	7
4	7	8	2	1	6	9	5	3

SUDOKU - 285 (Solution)

Hard

5	4	6	1	2	3	8	7	9
7	3	2	8	9	6	1	5	4
1	9	8	7	4	5	6	2	3
2	7	3	9	6	1	5	4	8
4	1	9	3	5	8	2	6	7
6	8	5	2	7	4	9	3	1
9	2	1	6	3	7	4	8	5
3	6	4	5	8	9	7	1	2
8	5	7	4	1	2	3	9	6

SUDOKU - 286 (Solution)

Hard

6	4	9	2	3	5	8	1	7
3	8	2	7	9	1	6	5	4
7	5	1	6	8	4	9	3	2
8	2	3	4	6	9	1	7	5
5	1	7	3	2	8	4	6	9
9	6	4	5	1	7	2	8	3
2	7	8	1	4	3	5	9	6
4	9	5	8	7	6	3	2	1
1	3	6	9	5	2	7	4	8

SUDOKU - 287 (Solution)

Hard

5	3	2	4	6	1	7	9	8
9	6	1	5	8	7	3	4	2
8	7	4	2	9	3	5	1	6
2	8	5	3	4	6	1	7	9
4	9	3	7	1	8	2	6	5
7	1	6	9	5	2	8	3	4
6	2	9	1	3	5	4	8	7
1	4	7	8	2	9	6	5	3
3	5	8	6	7	4	9	2	1

SUDOKU - 288 (Solution)

Hard

6	4	7	5	3	8	9	2	1
2	5	8	6	1	9	3	4	7
3	9	1	7	4	2	5	8	6
8	6	4	2	5	7	1	9	3
9	1	3	8	6	4	2	7	5
7	2	5	3	9	1	8	6	4
1	7	2	4	8	3	6	5	9
4	3	6	9	2	5	7	1	8
5	8	9	1	7	6	4	3	2

SUDOKU - 289 (Solution)

Hard

1	8	2	4	7	3	5	6	9
3	6	5	8	1	9	2	4	7
9	7	4	5	6	2	3	1	8
4	5	8	6	9	7	1	3	2
6	2	1	3	5	8	7	9	4
7	9	3	1	2	4	6	8	5
8	1	9	2	3	5	4	7	6
2	3	7	9	4	6	8	5	1
5	4	6	7	8	1	9	2	3

SUDOKU - 290 (Solution)

Hard

5	7	3	6	4	8	9	2	1
9	4	8	3	1	2	7	5	6
6	2	1	9	5	7	3	4	8
8	1	4	2	7	5	6	9	3
3	9	2	4	8	6	1	7	5
7	6	5	1	3	9	4	8	2
4	3	9	8	2	1	5	6	7
2	5	6	7	9	3	8	1	4
1	8	7	5	6	4	2	3	9

SUDOKU - 291 (Solution)

Hard

3	4	9	2	6	7	5	1	8
5	6	8	9	4	1	3	7	2
7	1	2	5	8	3	9	4	6
8	3	1	6	2	5	4	9	7
2	7	6	4	1	9	8	5	3
9	5	4	3	7	8	2	6	1
6	8	3	7	9	4	1	2	5
4	2	5	1	3	6	7	8	9
1	9	7	8	5	2	6	3	4

SUDOKU - 292 (Solution)

Hard

6	5	7	3	9	4	2	1	8
9	3	4	8	1	2	6	5	7
2	8	1	5	6	7	3	4	9
3	9	5	7	8	6	4	2	1
7	2	8	4	3	1	5	9	6
1	4	6	2	5	9	7	8	3
5	7	3	9	2	8	1	6	4
4	6	9	1	7	5	8	3	2
8	1	2	6	4	3	9	7	5

SUDOKU - 293 (Solution)

Hard

4	6	8	5	2	3	7	9	1
7	2	5	4	1	9	6	3	8
1	3	9	7	8	6	4	2	5
2	4	3	9	7	1	8	5	6
9	5	6	3	4	8	2	1	7
8	7	1	2	6	5	3	4	9
6	9	4	1	3	7	5	8	2
5	8	2	6	9	4	1	7	3
3	1	7	8	5	2	9	6	4

SUDOKU - 294 (Solution)

Hard

7	2	8	4	3	9	5	1	6
9	4	3	6	5	1	2	7	8
5	1	6	2	8	7	4	9	3
8	9	1	7	4	2	6	3	5
2	7	5	1	6	3	9	8	4
3	6	4	5	9	8	7	2	1
4	3	7	9	1	5	8	6	2
6	8	2	3	7	4	1	5	9
1	5	9	8	2	6	3	4	7

SUDOKU - 295 (Solution)

Hard

1	6	2	8	9	7	5	4	3
9	4	7	6	5	3	2	8	1
8	5	3	1	2	4	6	9	7
3	7	9	2	8	1	4	6	5
2	1	6	3	4	5	9	7	8
4	8	5	7	6	9	3	1	2
7	9	1	5	3	6	8	2	4
5	2	4	9	1	8	7	3	6
6	3	8	4	7	2	1	5	9

SUDOKU - 296 (Solution)

Hard

7	2	4	5	9	6	8	3	1
9	6	8	3	2	1	5	4	7
3	5	1	8	7	4	9	2	6
2	3	9	4	1	7	6	8	5
8	1	7	6	3	5	4	9	2
5	4	6	2	8	9	1	7	3
4	8	3	1	6	2	7	5	9
6	7	2	9	5	8	3	1	4
1	9	5	7	4	3	2	6	8

SUDOKU - 297 (Solution)

Hard

2	7	1	5	3	4	6	8	9
3	5	8	1	6	9	7	4	2
6	4	9	8	2	7	1	3	5
8	1	4	3	5	2	9	7	6
7	2	6	4	9	8	5	1	3
5	9	3	6	7	1	8	2	4
1	3	5	2	8	6	4	9	7
4	6	7	9	1	3	2	5	8
9	8	2	7	4	5	3	6	1

SUDOKU - 298 (Solution)

Hard

8	5	6	7	4	3	1	2	9
1	7	2	8	6	9	4	3	5
3	4	9	5	1	2	8	6	7
2	1	7	4	3	5	6	9	8
9	8	5	1	7	6	3	4	2
6	3	4	9	2	8	7	5	1
5	2	1	3	8	4	9	7	6
4	9	8	6	5	7	2	1	3
7	6	3	2	9	1	5	8	4

SUDOKU - 299 (Solution)

Hard

7	3	4	8	9	2	5	1	6
2	8	5	7	1	6	9	4	3
6	9	1	3	5	4	2	8	7
1	4	3	5	8	9	6	7	2
9	5	2	4	6	7	1	3	8
8	6	7	1	2	3	4	9	5
4	7	9	6	3	5	8	2	1
5	2	8	9	7	1	3	6	4
3	1	6	2	4	8	7	5	9

SUDOKU - 300 (Solution)

Hard

4	3	9	7	2	1	8	6	5
8	7	2	6	5	4	9	1	3
6	1	5	8	3	9	4	7	2
9	5	1	4	8	3	7	2	6
3	8	6	9	7	2	1	5	4
2	4	7	1	6	5	3	9	8
5	9	3	2	4	7	6	8	1
7	6	4	5	1	8	2	3	9
1	2	8	3	9	6	5	4	7

SUDOKU - 301 (Solution)

Hard

6	2	4	3	9	7	1	8	5
7	5	1	6	8	4	3	2	9
3	8	9	2	1	5	7	4	6
1	7	5	8	4	9	6	3	2
4	9	2	7	3	6	5	1	8
8	6	3	5	2	1	4	9	7
2	3	6	1	7	8	9	5	4
9	1	7	4	5	2	8	6	3
5	4	8	9	6	3	2	7	1

SUDOKU - 302 (Solution)

Hard

6	3	8	1	2	7	5	4	9
1	2	4	6	5	9	7	3	8
9	7	5	4	8	3	6	1	2
4	8	1	3	7	6	2	9	5
3	9	7	2	4	5	8	6	1
2	5	6	8	9	1	4	7	3
8	6	3	7	1	2	9	5	4
7	4	9	5	3	8	1	2	6
5	1	2	9	6	4	3	8	7

SUDOKU - 303 (Solution)

Hard

3	8	1	9	6	4	7	2	5
9	5	4	1	2	7	8	6	3
7	6	2	3	5	8	9	1	4
5	1	7	8	4	2	3	9	6
8	3	9	5	1	6	2	4	7
4	2	6	7	9	3	1	5	8
1	4	3	2	7	5	6	8	9
2	7	5	6	8	9	4	3	1
6	9	8	4	3	1	5	7	2

SUDOKU - 304 (Solution)

Hard

3	4	5	6	1	9	2	7	8
6	2	9	3	7	8	4	1	5
8	1	7	4	2	5	3	6	9
7	6	4	2	8	3	5	9	1
5	9	8	7	4	1	6	3	2
2	3	1	5	9	6	8	4	7
4	7	6	1	5	2	9	8	3
1	8	2	9	3	4	7	5	6
9	5	3	8	6	7	1	2	4

SUDOKU - 305 (Solution)

Hard

3	5	8	2	7	1	4	9	6
7	4	1	3	6	9	2	8	5
9	2	6	5	4	8	3	7	1
8	3	9	4	2	6	5	1	7
1	6	4	7	9	5	8	3	2
2	7	5	1	8	3	9	6	4
6	9	2	8	1	4	7	5	3
5	8	7	6	3	2	1	4	9
4	1	3	9	5	7	6	2	8

SUDOKU - 306 (Solution)

Hard

9	5	8	1	4	2	3	7	6
7	3	6	9	8	5	1	2	4
4	1	2	3	6	7	9	8	5
8	4	9	2	7	6	5	1	3
1	6	7	8	5	3	4	9	2
3	2	5	4	9	1	8	6	7
2	7	3	5	1	8	6	4	9
5	9	1	6	2	4	7	3	8
6	8	4	7	3	9	2	5	1

SUDOKU - 307 (Solution)

Hard

2	5	1	3	6	7	4	8	9
7	9	8	2	1	4	6	3	5
6	3	4	9	8	5	2	1	7
1	4	3	7	2	6	5	9	8
5	6	7	1	9	8	3	4	2
9	8	2	5	4	3	7	6	1
8	2	6	4	5	1	9	7	3
3	1	5	6	7	9	8	2	4
4	7	9	8	3	2	1	5	6

SUDOKU - 308 (Solution)

Hard

8	3	9	2	5	7	4	1	6
4	7	6	1	8	9	5	2	3
1	2	5	4	6	3	7	9	8
7	8	4	6	2	5	1	3	9
5	9	3	7	1	8	2	6	4
6	1	2	3	9	4	8	7	5
2	6	8	9	4	1	3	5	7
3	4	1	5	7	6	9	8	2
9	5	7	8	3	2	6	4	1

SUDOKU - 309 (Solution)

Hard

9	4	1	2	6	3	5	8	7
6	8	2	5	9	7	4	3	1
5	3	7	1	4	8	6	9	2
7	2	4	3	8	5	9	1	6
3	9	6	4	1	2	8	7	5
1	5	8	9	7	6	3	2	4
2	1	3	6	5	9	7	4	8
8	6	9	7	2	4	1	5	3
4	7	5	8	3	1	2	6	9

SUDOKU - 310 (Solution)

Hard

4	1	5	3	8	9	6	2	7
8	3	7	4	2	6	5	9	1
2	6	9	1	7	5	8	4	3
6	7	2	8	3	4	9	1	5
9	5	3	2	6	1	4	7	8
1	4	8	5	9	7	3	6	2
5	8	6	7	4	2	1	3	9
7	9	1	6	5	3	2	8	4
3	2	4	9	1	8	7	5	6

SUDOKU - 311 (Solution)

Hard

1	7	6	3	8	9	4	2	5
8	5	9	6	4	2	3	1	7
3	2	4	5	7	1	8	6	9
2	9	3	8	6	4	5	7	1
6	1	7	9	3	5	2	4	8
5	4	8	1	2	7	9	3	6
9	6	2	7	5	3	1	8	4
7	3	1	4	9	8	6	5	2
4	8	5	2	1	6	7	9	3

SUDOKU - 312 (Solution)

Hard

8	2	6	4	5	7	3	1	9
5	7	4	3	1	9	8	6	2
3	9	1	2	8	6	4	5	7
1	5	7	8	9	2	6	4	3
4	3	9	7	6	5	2	8	1
6	8	2	1	4	3	7	9	5
2	6	8	5	3	1	9	7	4
7	4	5	9	2	8	1	3	6
9	1	3	6	7	4	5	2	8

SUDOKU - 313 (Solution)

Hard

7	9	3	5	6	8	2	4	1
5	6	8	2	1	4	7	3	9
1	2	4	7	9	3	6	5	8
8	7	2	6	4	5	1	9	3
3	4	9	8	7	1	5	6	2
6	1	5	3	2	9	8	7	4
9	3	6	1	5	2	4	8	7
4	5	1	9	8	7	3	2	6
2	8	7	4	3	6	9	1	5

SUDOKU - 314 (Solution)

Hard

1	9	8	4	6	5	3	2	7
5	2	4	8	7	3	9	6	1
7	3	6	1	2	9	4	8	5
3	8	7	5	4	1	6	9	2
9	6	1	3	8	2	7	5	4
2	4	5	7	9	6	1	3	8
8	5	3	6	1	4	2	7	9
6	1	9	2	5	7	8	4	3
4	7	2	9	3	8	5	1	6

SUDOKU - 315 (Solution)

Hard

8	9	6	2	5	3	4	1	7
4	1	3	9	7	6	5	2	8
2	7	5	8	1	4	9	3	6
7	2	1	5	8	9	3	6	4
9	5	4	6	3	7	1	8	2
6	3	8	4	2	1	7	9	5
3	6	9	7	4	8	2	5	1
1	4	2	3	6	5	8	7	9
5	8	7	1	9	2	6	4	3

SUDOKU - 316 (Solution)

Hard

5	9	2	1	4	3	7	8	6
1	4	3	6	7	8	5	9	2
8	7	6	5	9	2	3	1	4
7	2	8	9	6	5	4	3	1
9	1	4	3	2	7	6	5	8
6	3	5	4	8	1	2	7	9
4	8	9	7	5	6	1	2	3
3	6	7	2	1	9	8	4	5
2	5	1	8	3	4	9	6	7

SUDOKU - 317 (Solution)

Hard

5	6	2	8	1	9	4	7	3
4	8	9	3	6	7	5	1	2
7	3	1	5	4	2	6	8	9
1	7	5	6	8	3	9	2	4
2	4	3	9	5	1	8	6	7
6	9	8	7	2	4	1	3	5
8	1	7	2	9	5	3	4	6
3	5	4	1	7	6	2	9	8
9	2	6	4	3	8	7	5	1

SUDOKU - 318 (Solution)

Hard

7	9	8	2	6	4	3	5	1
5	3	4	8	7	1	2	6	9
2	6	1	5	9	3	7	8	4
9	4	6	7	8	2	5	1	3
3	5	2	4	1	6	8	9	7
1	8	7	9	3	5	6	4	2
8	7	5	3	4	9	1	2	6
4	1	3	6	2	8	9	7	5
6	2	9	1	5	7	4	3	8

SUDOKU - 319 (Solution)

Hard

2	4	8	1	3	7	5	6	9
3	6	7	5	9	8	4	1	2
1	5	9	4	6	2	7	8	3
8	3	2	7	4	9	1	5	6
7	1	4	6	2	5	9	3	8
5	9	6	8	1	3	2	4	7
4	8	5	2	7	6	3	9	1
9	2	1	3	8	4	6	7	5
6	7	3	9	5	1	8	2	4

SUDOKU - 320 (Solution)

Hard

9	3	4	2	8	7	6	5	1
8	5	6	4	3	1	7	9	2
2	7	1	6	5	9	3	8	4
5	6	2	8	9	4	1	7	3
4	8	7	1	6	3	9	2	5
3	1	9	5	7	2	4	6	8
6	2	3	9	4	5	8	1	7
1	4	8	7	2	6	5	3	9
7	9	5	3	1	8	2	4	6

SUDOKU - 321 (Solution)

Hard

5	9	3	1	7	4	2	6	8
4	8	7	3	6	2	5	9	1
1	2	6	5	9	8	3	4	7
9	5	8	6	3	7	1	2	4
6	4	2	9	8	1	7	3	5
7	3	1	2	4	5	6	8	9
8	6	4	7	5	3	9	1	2
2	7	9	4	1	6	8	5	3
3	1	5	8	2	9	4	7	6

SUDOKU - 322 (Solution)

Hard

7	5	3	6	1	8	2	4	9
9	1	2	5	4	3	6	8	7
6	8	4	7	2	9	3	5	1
3	6	5	2	9	7	4	1	8
4	2	1	3	8	5	7	9	6
8	7	9	4	6	1	5	2	3
2	3	8	9	5	6	1	7	4
1	4	6	8	7	2	9	3	5
5	9	7	1	3	4	8	6	2

SUDOKU - 323 (Solution)

Hard

9	8	1	4	7	6	2	5	3
2	6	7	5	9	3	1	8	4
4	5	3	2	8	1	6	9	7
5	9	6	8	1	7	4	3	2
8	3	4	9	6	2	5	7	1
7	1	2	3	4	5	8	6	9
1	2	8	6	3	9	7	4	5
3	4	5	7	2	8	9	1	6
6	7	9	1	5	4	3	2	8

SUDOKU - 324 (Solution)

Hard

6	7	2	3	1	5	4	9	8
4	9	5	2	7	8	3	6	1
8	3	1	6	4	9	7	5	2
7	2	6	8	9	4	1	3	5
1	8	9	5	2	3	6	4	7
5	4	3	1	6	7	2	8	9
3	6	8	7	5	2	9	1	4
9	1	7	4	8	6	5	2	3
2	5	4	9	3	1	8	7	6

SUDOKU - 325 (Solution)

Hard

8	2	3	5	9	4	1	6	7
5	1	9	8	7	6	3	4	2
6	7	4	3	2	1	5	9	8
3	6	2	4	5	8	7	1	9
4	5	8	9	1	7	2	3	6
1	9	7	6	3	2	4	8	5
7	3	5	1	8	9	6	2	4
9	4	1	2	6	5	8	7	3
2	8	6	7	4	3	9	5	1

SUDOKU - 326 (Solution)

Hard

6	2	7	8	1	5	9	4	3
8	9	5	7	4	3	1	2	6
3	1	4	2	6	9	7	5	8
5	4	6	9	2	1	3	8	7
7	8	1	4	3	6	2	9	5
9	3	2	5	8	7	6	1	4
4	5	3	1	7	2	8	6	9
1	6	9	3	5	8	4	7	2
2	7	8	6	9	4	5	3	1

SUDOKU - 327 (Solution)

Hard

1	6	5	4	7	2	3	8	9
2	9	3	1	6	8	7	5	4
4	7	8	3	5	9	2	6	1
8	5	6	7	2	1	9	4	3
3	2	7	5	9	4	8	1	6
9	1	4	6	8	3	5	2	7
6	4	9	2	3	5	1	7	8
5	3	1	8	4	7	6	9	2
7	8	2	9	1	6	4	3	5

SUDOKU - 328 (Solution)

Hard

5	7	1	6	9	8	3	2	4
8	2	6	3	1	4	7	9	5
4	9	3	7	2	5	8	6	1
1	5	9	4	3	2	6	8	7
3	4	2	8	6	7	1	5	9
6	8	7	1	5	9	4	3	2
9	6	8	2	7	1	5	4	3
7	3	5	9	4	6	2	1	8
2	1	4	5	8	3	9	7	6

SUDOKU - 329 (Solution)

Hard

6	8	5	1	7	2	9	4	3
4	7	9	5	8	3	6	1	2
2	1	3	6	9	4	7	8	5
3	9	2	8	1	5	4	6	7
7	6	1	4	2	9	5	3	8
5	4	8	3	6	7	1	2	9
9	3	7	2	4	6	8	5	1
8	5	6	7	3	1	2	9	4
1	2	4	9	5	8	3	7	6

SUDOKU - 330 (Solution)

Hard

4	3	6	7	8	9	2	5	1
9	1	8	5	4	2	6	7	3
7	5	2	6	3	1	4	8	9
5	7	1	3	9	4	8	2	6
2	6	4	1	5	8	3	9	7
3	8	9	2	7	6	5	1	4
8	2	7	4	1	3	9	6	5
6	4	5	9	2	7	1	3	8
1	9	3	8	6	5	7	4	2

SUDOKU - 331 (Solution)

Hard

6	5	9	2	8	7	4	1	3
3	4	8	6	9	1	2	7	5
1	2	7	4	3	5	6	8	9
9	1	3	7	6	8	5	2	4
5	7	6	9	4	2	1	3	8
2	8	4	5	1	3	7	9	6
8	9	5	1	2	6	3	4	7
4	6	1	3	7	9	8	5	2
7	3	2	8	5	4	9	6	1

SUDOKU - 332 (Solution)

Hard

6	2	3	5	4	1	8	7	9
7	4	5	8	2	9	3	1	6
8	1	9	7	6	3	4	2	5
3	7	2	4	5	6	1	9	8
5	9	8	1	3	2	7	6	4
4	6	1	9	7	8	5	3	2
1	5	7	2	9	4	6	8	3
9	3	4	6	8	7	2	5	1
2	8	6	3	1	5	9	4	7

SUDOKU - 333 (Solution)

Hard

1	8	5	6	7	9	3	2	4
6	3	7	2	8	4	5	1	9
4	9	2	5	3	1	8	6	7
3	6	1	8	2	7	4	9	5
9	7	8	1	4	5	6	3	2
5	2	4	3	9	6	7	8	1
7	1	6	9	5	3	2	4	8
2	5	9	4	6	8	1	7	3
8	4	3	7	1	2	9	5	6

SUDOKU - 334 (Solution)

Hard

8	1	5	4	9	7	2	3	6
3	6	4	5	8	2	7	9	1
7	2	9	1	3	6	4	8	5
6	7	8	2	4	1	3	5	9
2	5	3	7	6	9	8	1	4
9	4	1	8	5	3	6	7	2
5	9	2	3	7	4	1	6	8
1	3	6	9	2	8	5	4	7
4	8	7	6	1	5	9	2	3

SUDOKU - 335 (Solution)

Hard

9	5	3	6	4	1	8	7	2
2	7	4	3	9	8	1	5	6
8	1	6	7	2	5	4	3	9
5	6	9	1	7	2	3	4	8
3	2	1	9	8	4	5	6	7
4	8	7	5	6	3	9	2	1
6	3	8	4	1	7	2	9	5
1	9	5	2	3	6	7	8	4
7	4	2	8	5	9	6	1	3

SUDOKU - 336 (Solution)

Hard

6	5	1	7	3	4	2	9	8
7	2	4	5	9	8	3	6	1
3	8	9	2	6	1	4	5	7
9	1	3	6	2	5	8	7	4
5	4	8	1	7	3	6	2	9
2	7	6	4	8	9	5	1	3
4	6	2	3	1	7	9	8	5
1	9	5	8	4	2	7	3	6
8	3	7	9	5	6	1	4	2

SUDOKU - 337 (Solution)

Hard

7	3	8	9	4	6	5	1	2
2	5	6	1	8	3	7	9	4
4	9	1	7	2	5	8	3	6
5	4	2	3	7	8	1	6	9
1	7	9	5	6	4	3	2	8
8	6	3	2	9	1	4	5	7
3	2	7	8	5	9	6	4	1
6	8	5	4	1	2	9	7	3
9	1	4	6	3	7	2	8	5

SUDOKU - 338 (Solution)

Hard

4	1	6	2	5	3	8	7	9
8	5	7	1	4	9	2	3	6
9	2	3	7	6	8	4	1	5
5	9	4	6	8	7	1	2	3
7	6	8	3	1	2	5	9	4
1	3	2	5	9	4	6	8	7
2	7	5	8	3	6	9	4	1
6	8	9	4	7	1	3	5	2
3	4	1	9	2	5	7	6	8

SUDOKU - 339 (Solution)

Hard

9	3	7	8	5	4	6	2	1
1	2	5	7	6	3	4	8	9
6	8	4	2	1	9	7	5	3
3	7	1	5	2	6	9	4	8
8	4	2	3	9	7	5	1	6
5	9	6	1	4	8	3	7	2
2	1	9	4	3	5	8	6	7
7	5	3	6	8	2	1	9	4
4	6	8	9	7	1	2	3	5

SUDOKU - 340 (Solution)

Hard

9	1	4	5	3	2	8	7	6
8	7	2	1	9	6	5	4	3
5	3	6	4	7	8	2	1	9
4	8	3	2	5	9	7	6	1
7	5	9	6	8	1	4	3	2
2	6	1	7	4	3	9	8	5
6	2	5	8	1	7	3	9	4
1	9	8	3	2	4	6	5	7
3	4	7	9	6	5	1	2	8

SUDOKU - 341 (Solution)

Hard

2	5	6	1	3	8	7	9	4
3	7	1	5	4	9	6	2	8
9	4	8	7	2	6	3	5	1
7	3	5	2	8	1	4	6	9
1	6	2	9	7	4	8	3	5
4	8	9	6	5	3	2	1	7
8	2	3	4	1	5	9	7	6
6	1	4	3	9	7	5	8	2
5	9	7	8	6	2	1	4	3

SUDOKU - 342 (Solution)

Hard

9	6	1	7	2	3	8	4	5
2	8	3	4	6	5	1	7	9
5	7	4	9	1	8	2	3	6
6	9	2	8	5	7	4	1	3
7	1	5	3	4	6	9	8	2
3	4	8	1	9	2	5	6	7
8	3	9	2	7	1	6	5	4
1	2	6	5	3	4	7	9	8
4	5	7	6	8	9	3	2	1

SUDOKU - 343 (Solution)

Hard

4	2	1	3	7	8	9	6	5
9	8	6	5	4	2	1	3	7
5	7	3	6	9	1	4	8	2
7	5	2	1	6	3	8	4	9
6	4	8	2	5	9	7	1	3
3	1	9	4	8	7	2	5	6
1	9	7	8	3	5	6	2	4
8	3	4	9	2	6	5	7	1
2	6	5	7	1	4	3	9	8

SUDOKU - 344 (Solution)

Hard

9	3	8	2	1	6	4	5	7
1	5	2	3	7	4	8	6	9
6	7	4	8	5	9	1	2	3
3	1	6	7	8	5	2	9	4
8	4	7	6	9	2	3	1	5
5	2	9	4	3	1	7	8	6
7	6	3	5	2	8	9	4	1
2	9	5	1	4	3	6	7	8
4	8	1	9	6	7	5	3	2

SUDOKU - 345 (Solution)

Hard

7	4	1	2	5	3	9	6	8
8	9	3	7	6	4	2	1	5
5	2	6	8	9	1	3	7	4
2	6	5	9	7	8	4	3	1
4	7	9	3	1	2	5	8	6
3	1	8	6	4	5	7	2	9
9	3	4	1	2	6	8	5	7
1	8	7	5	3	9	6	4	2
6	5	2	4	8	7	1	9	3

SUDOKU - 346 (Solution)

Hard

9	7	3	6	5	2	8	1	4
6	5	1	4	9	8	2	3	7
8	2	4	3	7	1	5	6	9
1	9	2	5	8	6	4	7	3
5	3	6	9	4	7	1	2	8
4	8	7	2	1	3	6	9	5
3	6	8	7	2	5	9	4	1
7	4	5	1	6	9	3	8	2
2	1	9	8	3	4	7	5	6

SUDOKU - 347 (Solution)

Hard

3	5	7	1	4	2	8	9	6
2	6	9	8	7	5	3	4	1
8	4	1	3	9	6	7	5	2
5	8	4	7	2	1	6	3	9
7	9	2	5	6	3	4	1	8
1	3	6	9	8	4	5	2	7
9	2	5	6	3	7	1	8	4
6	1	8	4	5	9	2	7	3
4	7	3	2	1	8	9	6	5

SUDOKU - 348 (Solution)

Hard

1	5	6	8	4	9	3	7	2
8	3	4	6	2	7	5	9	1
9	7	2	1	3	5	4	8	6
6	8	7	2	1	3	9	5	4
4	9	3	7	5	6	1	2	8
2	1	5	4	9	8	7	6	3
3	4	9	5	6	2	8	1	7
7	6	1	9	8	4	2	3	5
5	2	8	3	7	1	6	4	9

SUDOKU - 349 (Solution)

Hard

5	7	3	6	1	4	2	8	9
2	8	4	5	9	3	1	7	6
9	6	1	7	8	2	5	4	3
3	9	7	1	2	5	4	6	8
4	5	8	9	6	7	3	2	1
1	2	6	3	4	8	9	5	7
6	4	2	8	3	1	7	9	5
8	3	5	4	7	9	6	1	2
7	1	9	2	5	6	8	3	4

SUDOKU - 350 (Solution)

Hard

5	9	4	8	6	3	1	7	2
1	3	7	5	4	2	6	8	9
2	8	6	1	7	9	4	5	3
7	5	3	6	9	4	8	2	1
8	6	2	3	1	5	9	4	7
9	4	1	2	8	7	3	6	5
4	1	5	7	3	6	2	9	8
6	7	8	9	2	1	5	3	4
3	2	9	4	5	8	7	1	6

SUDOKU - 351 (Solution)

Hard

4	6	9	3	1	7	2	8	5
7	1	2	6	8	5	4	3	9
8	5	3	4	9	2	7	6	1
2	9	6	7	4	1	3	5	8
5	8	4	9	6	3	1	2	7
3	7	1	5	2	8	9	4	6
1	2	7	8	5	4	6	9	3
9	4	5	1	3	6	8	7	2
6	3	8	2	7	9	5	1	4

SUDOKU - 352 (Solution)

Hard

6	3	5	1	8	9	4	7	2
7	8	1	4	6	2	9	5	3
9	2	4	7	5	3	6	1	8
1	5	3	8	2	6	7	4	9
8	6	2	9	4	7	1	3	5
4	9	7	5	3	1	8	2	6
2	1	8	3	9	4	5	6	7
5	4	6	2	7	8	3	9	1
3	7	9	6	1	5	2	8	4

SUDOKU - 353 (Solution)

Hard

9	6	1	7	8	2	5	4	3
8	7	3	6	4	5	1	2	9
2	4	5	3	9	1	7	8	6
6	8	7	2	3	9	4	5	1
1	2	4	8	5	6	9	3	7
5	3	9	4	1	7	8	6	2
7	5	8	9	2	3	6	1	4
3	1	6	5	7	4	2	9	8
4	9	2	1	6	8	3	7	5

SUDOKU - 354 (Solution)

Hard

2	4	6	3	1	8	9	5	7
7	5	1	2	6	9	3	8	4
8	9	3	4	5	7	2	1	6
4	2	9	8	3	1	7	6	5
5	6	8	9	7	2	4	3	1
3	1	7	6	4	5	8	9	2
1	8	2	7	9	6	5	4	3
6	7	4	5	8	3	1	2	9
9	3	5	1	2	4	6	7	8

SUDOKU - 355 (Solution)

Hard

1	7	5	4	9	6	2	3	8
9	8	4	1	3	2	6	7	5
2	3	6	7	5	8	9	1	4
6	2	8	5	4	1	7	9	3
4	9	1	6	7	3	8	5	2
3	5	7	2	8	9	4	6	1
5	4	2	3	6	7	1	8	9
8	6	3	9	1	4	5	2	7
7	1	9	8	2	5	3	4	6

SUDOKU - 356 (Solution)

Hard

2	5	3	8	6	4	1	7	9
6	9	4	3	1	7	8	5	2
8	1	7	5	9	2	6	3	4
4	6	5	7	2	1	9	8	3
9	7	1	4	8	3	5	2	6
3	8	2	6	5	9	4	1	7
7	4	6	1	3	5	2	9	8
5	2	8	9	7	6	3	4	1
1	3	9	2	4	8	7	6	5

SUDOKU - 357 (Solution)

Hard

5	7	8	6	2	3	1	9	4
9	1	3	8	4	7	6	2	5
2	6	4	1	9	5	7	3	8
7	9	2	5	6	1	8	4	3
8	3	1	9	7	4	5	6	2
6	4	5	3	8	2	9	7	1
1	2	9	7	3	8	4	5	6
4	5	6	2	1	9	3	8	7
3	8	7	4	5	6	2	1	9

SUDOKU - 358 (Solution)

Hard

5	6	8	2	9	4	7	3	1
1	3	7	6	8	5	9	2	4
2	9	4	3	7	1	6	5	8
6	1	2	7	4	3	5	8	9
4	5	3	9	6	8	2	1	7
8	7	9	1	5	2	3	4	6
9	8	1	5	3	7	4	6	2
7	2	5	4	1	6	8	9	3
3	4	6	8	2	9	1	7	5

SUDOKU - 359 (Solution)

Hard

3	6	7	8	1	9	5	2	4
9	2	1	7	5	4	6	3	8
8	5	4	6	3	2	1	9	7
7	3	2	9	4	6	8	1	5
5	1	6	3	8	7	2	4	9
4	9	8	5	2	1	3	7	6
6	4	3	1	7	8	9	5	2
1	7	9	2	6	5	4	8	3
2	8	5	4	9	3	7	6	1

SUDOKU - 360 (Solution)

Hard

8	7	1	2	9	3	5	6	4
2	6	4	1	7	5	8	3	9
5	9	3	6	4	8	1	2	7
1	8	2	4	6	7	3	9	5
4	3	7	5	8	9	6	1	2
9	5	6	3	2	1	4	7	8
6	1	8	7	5	2	9	4	3
3	2	5	9	1	4	7	8	6
7	4	9	8	3	6	2	5	1

SUDOKU - 361 (Solution)

Hard

3	4	5	9	8	1	6	7	2
1	2	8	5	6	7	3	9	4
6	7	9	4	2	3	5	1	8
8	3	1	6	9	4	2	5	7
9	6	4	2	7	5	1	8	3
7	5	2	1	3	8	4	6	9
2	9	7	3	1	6	8	4	5
5	1	3	8	4	9	7	2	6
4	8	6	7	5	2	9	3	1

SUDOKU - 362 (Solution)

Hard

2	3	5	7	9	1	4	6	8
9	1	7	6	4	8	3	5	2
4	6	8	3	5	2	1	7	9
6	5	4	9	1	3	8	2	7
7	8	3	5	2	6	9	4	1
1	2	9	8	7	4	5	3	6
8	7	6	4	3	9	2	1	5
5	4	1	2	8	7	6	9	3
3	9	2	1	6	5	7	8	4

SUDOKU - 363 (Solution)

Hard

7	1	6	2	3	5	4	9	8
5	9	8	7	4	1	6	2	3
3	4	2	6	8	9	7	5	1
6	2	7	8	1	3	9	4	5
9	8	1	4	5	7	2	3	6
4	5	3	9	6	2	8	1	7
8	3	9	5	2	6	1	7	4
2	6	5	1	7	4	3	8	9
1	7	4	3	9	8	5	6	2

SUDOKU - 364 (Solution)

Hard

5	4	6	3	2	9	1	8	7
9	3	1	6	7	8	4	5	2
2	7	8	4	5	1	9	3	6
4	8	7	2	6	3	5	1	9
3	5	9	7	1	4	2	6	8
1	6	2	9	8	5	7	4	3
8	9	5	1	3	7	6	2	4
6	1	4	8	9	2	3	7	5
7	2	3	5	4	6	8	9	1

SUDOKU - 365 (Solution)

Hard

2	7	1	9	3	4	8	6	5
6	8	5	2	7	1	4	3	9
9	3	4	5	8	6	7	2	1
3	6	7	1	4	2	9	5	8
5	2	8	7	6	9	3	1	4
4	1	9	8	5	3	6	7	2
8	4	2	6	1	7	5	9	3
1	5	6	3	9	8	2	4	7
7	9	3	4	2	5	1	8	6

SUDOKU - 366 (Solution)

Hard

9	6	3	4	5	2	1	8	7
8	1	5	3	7	9	4	2	6
7	2	4	8	6	1	3	5	9
3	4	7	5	2	8	9	6	1
1	5	6	7	9	4	8	3	2
2	9	8	6	1	3	5	7	4
5	8	2	1	4	6	7	9	3
6	7	1	9	3	5	2	4	8
4	3	9	2	8	7	6	1	5

SUDOKU - 367 (Solution)

Hard

7	2	8	1	5	6	4	9	3
1	4	5	3	9	8	7	6	2
9	6	3	7	4	2	8	5	1
5	8	4	6	2	9	1	3	7
6	9	1	4	7	3	2	8	5
3	7	2	5	8	1	9	4	6
2	5	9	8	6	7	3	1	4
8	1	6	2	3	4	5	7	9
4	3	7	9	1	5	6	2	8

SUDOKU - 368 (Solution)

Hard

8	2	3	5	9	4	1	6	7
5	1	9	8	7	6	3	4	2
6	7	4	3	2	1	5	9	8
3	6	2	4	5	8	7	1	9
4	5	8	9	1	7	2	3	6
1	9	7	2	6	3	8	5	4
9	4	1	7	3	2	6	8	5
7	3	5	6	8	9	4	2	1
2	8	6	1	4	5	9	7	3

SUDOKU - 369 (Solution)

Hard

2	8	1	5	6	9	3	7	4
6	7	4	1	3	8	9	5	2
5	3	9	7	2	4	6	8	1
9	2	5	6	7	3	1	4	8
8	6	3	2	4	1	7	9	5
1	4	7	8	9	5	2	6	3
4	9	6	3	5	2	8	1	7
7	1	2	4	8	6	5	3	9
3	5	8	9	1	7	4	2	6

SUDOKU - 370 (Solution)

Hard

9	1	6	8	2	3	7	5	4
5	7	4	6	9	1	3	8	2
3	8	2	4	7	5	1	9	6
1	5	7	3	8	2	4	6	9
8	6	9	1	5	4	2	7	3
4	2	3	9	6	7	8	1	5
2	4	5	7	1	9	6	3	8
6	9	1	2	3	8	5	4	7
7	3	8	5	4	6	9	2	1

SUDOKU - 371 (Solution)

Hard

7	4	2	6	3	5	9	8	1
5	3	8	1	2	9	7	6	4
1	6	9	4	7	8	2	5	3
9	8	3	7	1	2	5	4	6
2	7	5	8	6	4	3	1	9
4	1	6	5	9	3	8	2	7
6	9	4	2	8	7	1	3	5
3	2	1	9	5	6	4	7	8
8	5	7	3	4	1	6	9	2

SUDOKU - 372 (Solution)

Hard

4	3	1	2	6	5	7	8	9
7	9	5	8	3	1	4	2	6
6	2	8	9	7	4	3	5	1
1	8	4	3	2	6	9	7	5
3	5	7	1	8	9	2	6	4
2	6	9	5	4	7	8	1	3
8	4	2	6	1	3	5	9	7
5	7	6	4	9	2	1	3	8
9	1	3	7	5	8	6	4	2

SUDOKU - 373 (Solution)

Hard

8	7	9	3	6	2	4	1	5
5	6	3	4	8	1	9	7	2
2	1	4	7	9	5	6	8	3
9	4	2	1	3	8	7	5	6
7	5	6	2	4	9	1	3	8
1	3	8	6	5	7	2	9	4
3	8	1	9	2	4	5	6	7
6	2	7	5	1	3	8	4	9
4	9	5	8	7	6	3	2	1

SUDOKU - 374 (Solution)

Hard

4	5	7	9	3	6	1	2	8
8	2	6	1	7	5	4	9	3
1	9	3	2	4	8	6	7	5
9	6	1	4	8	3	7	5	2
2	3	5	6	9	7	8	4	1
7	8	4	5	2	1	3	6	9
6	1	2	3	5	4	9	8	7
5	4	8	7	1	9	2	3	6
3	7	9	8	6	2	5	1	4

SUDOKU - 375 (Solution)

Hard

1	4	8	9	5	7	6	3	2
2	9	6	3	4	1	7	8	5
3	7	5	8	6	2	1	4	9
7	1	3	2	9	8	5	6	4
4	8	2	6	7	5	9	1	3
5	6	9	1	3	4	2	7	8
8	2	4	7	1	9	3	5	6
9	3	1	5	8	6	4	2	7
6	5	7	4	2	3	8	9	1

SUDOKU - 376 (Solution)

Hard

7	4	5	1	6	9	3	2	8
1	2	8	4	3	5	6	9	7
9	3	6	7	2	8	1	4	5
2	8	9	3	5	7	4	6	1
3	6	1	9	8	4	7	5	2
4	5	7	2	1	6	8	3	9
8	9	3	5	4	1	2	7	6
5	1	2	6	7	3	9	8	4
6	7	4	8	9	2	5	1	3

SUDOKU - 377 (Solution)

Hard

6	1	7	3	2	4	9	8	5
8	2	3	1	9	5	4	7	6
4	9	5	7	8	6	2	3	1
9	7	2	8	6	3	5	1	4
5	4	6	9	7	1	8	2	3
1	3	8	5	4	2	6	9	7
3	5	9	4	1	8	7	6	2
7	6	4	2	3	9	1	5	8
2	8	1	6	5	7	3	4	9

SUDOKU - 378 (Solution)

Hard

9	5	3	1	6	2	4	8	7
2	6	1	7	4	8	3	9	5
4	7	8	9	3	5	2	6	1
7	9	5	2	1	6	8	3	4
8	2	6	3	5	4	1	7	9
1	3	4	8	9	7	5	2	6
6	4	9	5	8	3	7	1	2
3	1	2	4	7	9	6	5	8
5	8	7	6	2	1	9	4	3

SUDOKU - 379 (Solution)

Hard

1	2	8	5	4	3	9	6	7
5	3	9	8	7	6	4	1	2
4	7	6	2	1	9	5	8	3
9	4	1	3	5	7	6	2	8
2	6	3	9	8	4	7	5	1
8	5	7	1	6	2	3	4	9
3	1	4	6	9	8	2	7	5
6	9	5	7	2	1	8	3	4
7	8	2	4	3	5	1	9	6

SUDOKU - 380 (Solution)

Hard

8	5	6	9	7	2	1	4	3
2	9	3	8	4	1	6	7	5
4	7	1	5	6	3	8	2	9
6	1	2	3	9	5	7	8	4
5	4	7	6	2	8	3	9	1
9	3	8	7	1	4	2	5	6
7	8	4	1	5	6	9	3	2
1	2	9	4	3	7	5	6	8
3	6	5	2	8	9	4	1	7

SUDOKU - 381 (Solution)

Hard

7	9	8	4	5	3	6	2	1
2	6	4	8	9	1	3	7	5
5	1	3	2	7	6	4	9	8
8	5	7	3	4	9	2	1	6
9	4	6	5	1	2	8	3	7
1	3	2	6	8	7	9	5	4
6	8	9	7	3	5	1	4	2
4	7	1	9	2	8	5	6	3
3	2	5	1	6	4	7	8	9

SUDOKU - 382 (Solution)

Hard

7	6	4	8	9	5	3	1	2
5	2	8	6	1	3	9	4	7
9	1	3	4	7	2	6	8	5
4	8	1	9	6	7	5	2	3
6	5	9	3	2	1	4	7	8
3	7	2	5	4	8	1	6	9
8	4	7	1	5	9	2	3	6
1	3	5	2	8	6	7	9	4
2	9	6	7	3	4	8	5	1

SUDOKU - 383 (Solution)

Hard

8	7	4	6	9	1	5	3	2
5	1	6	7	2	3	9	8	4
9	3	2	4	5	8	6	1	7
2	4	5	9	3	7	1	6	8
3	9	1	2	8	6	4	7	5
6	8	7	1	4	5	2	9	3
1	2	3	8	6	4	7	5	9
4	6	8	5	7	9	3	2	1
7	5	9	3	1	2	8	4	6

SUDOKU - 384 (Solution)

Hard

6	3	1	7	9	2	5	4	8
8	7	5	6	4	1	3	2	9
9	2	4	3	5	8	7	1	6
1	6	9	4	8	5	2	7	3
2	4	3	9	1	7	8	6	5
7	5	8	2	6	3	4	9	1
4	1	2	8	3	9	6	5	7
5	8	7	1	2	6	9	3	4
3	9	6	5	7	4	1	8	2

SUDOKU - 385 (Solution)

Hard

1	8	3	9	2	4	6	5	7
9	6	7	3	1	5	8	4	2
4	2	5	8	7	6	1	3	9
3	7	1	5	4	9	2	6	8
5	4	2	6	8	1	7	9	3
8	9	6	2	3	7	4	1	5
6	5	8	4	9	2	3	7	1
2	1	4	7	5	3	9	8	6
7	3	9	1	6	8	5	2	4

SUDOKU - 386 (Solution)

Hard

4	6	3	2	5	9	8	7	1
5	8	1	7	3	4	9	6	2
7	2	9	8	1	6	4	3	5
9	4	8	1	2	3	7	5	6
6	1	7	9	8	5	3	2	4
3	5	2	4	6	7	1	8	9
1	3	6	5	9	8	2	4	7
8	9	4	6	7	2	5	1	3
2	7	5	3	4	1	6	9	8

SUDOKU - 387 (Solution)

Hard

6	2	9	8	7	4	1	3	5
7	1	4	5	3	2	8	6	9
8	3	5	6	9	1	7	2	4
9	4	6	2	5	7	3	1	8
1	5	8	4	6	3	2	9	7
3	7	2	9	1	8	5	4	6
2	6	1	7	8	9	4	5	3
4	9	7	3	2	5	6	8	1
5	8	3	1	4	6	9	7	2

SUDOKU - 388 (Solution)

Hard

4	8	2	7	5	3	6	9	1
7	5	6	9	2	1	8	4	3
9	3	1	8	6	4	5	7	2
3	9	7	6	4	2	1	5	8
5	2	4	1	3	8	7	6	9
1	6	8	5	9	7	2	3	4
8	1	3	4	7	6	9	2	5
6	4	5	2	8	9	3	1	7
2	7	9	3	1	5	4	8	6

SUDOKU - 389 (Solution)

Hard

2	5	8	9	1	3	7	6	4
3	6	7	5	4	2	8	9	1
4	9	1	8	7	6	5	2	3
8	1	9	7	6	4	3	5	2
7	3	6	1	2	5	4	8	9
5	2	4	3	8	9	1	7	6
9	4	3	2	5	8	6	1	7
1	8	2	6	3	7	9	4	5
6	7	5	4	9	1	2	3	8

SUDOKU - 390 (Solution)

Hard

7	4	2	3	5	6	1	9	8
3	8	6	9	2	1	7	5	4
9	1	5	8	4	7	6	3	2
8	6	9	2	7	5	3	4	1
4	3	1	6	9	8	5	2	7
5	2	7	1	3	4	9	8	6
6	9	3	4	1	2	8	7	5
1	7	4	5	8	3	2	6	9
2	5	8	7	6	9	4	1	3

SUDOKU - 391 (Solution)

Hard

3	5	1	4	8	9	6	7	2
6	7	2	1	3	5	9	4	8
4	8	9	6	7	2	5	1	3
5	2	3	8	6	1	4	9	7
9	1	7	2	5	4	3	8	6
8	4	6	7	9	3	1	2	5
2	9	8	3	1	6	7	5	4
1	3	4	5	2	7	8	6	9
7	6	5	9	4	8	2	3	1

SUDOKU - 392 (Solution)

Hard

2	7	3	1	9	6	8	5	4
8	5	6	2	4	7	1	3	9
1	4	9	8	5	3	7	6	2
7	8	1	3	2	4	5	9	6
3	2	5	7	6	9	4	8	1
9	6	4	5	1	8	2	7	3
6	9	8	4	7	1	3	2	5
5	1	7	6	3	2	9	4	8
4	3	2	9	8	5	6	1	7

SUDOKU - 393 (Solution)

Hard

5	8	9	7	3	1	2	6	4
2	7	1	6	9	4	5	8	3
4	3	6	5	8	2	1	7	9
7	6	8	1	4	5	9	3	2
9	2	5	3	7	8	4	1	6
3	1	4	2	6	9	8	5	7
6	5	2	9	1	3	7	4	8
8	9	3	4	5	7	6	2	1
1	4	7	8	2	6	3	9	5

SUDOKU - 394 (Solution)

Hard

7	8	5	9	6	4	1	2	3
6	9	4	1	3	2	5	7	8
3	2	1	7	5	8	6	4	9
1	4	8	3	2	7	9	5	6
9	3	2	6	8	5	7	1	4
5	6	7	4	9	1	8	3	2
4	1	6	8	7	3	2	9	5
2	7	9	5	4	6	3	8	1
8	5	3	2	1	9	4	6	7

SUDOKU - 395 (Solution)

Hard

4	1	3	2	6	9	7	8	5
8	7	6	5	4	1	3	2	9
9	2	5	7	8	3	4	6	1
1	3	4	9	2	6	8	5	7
7	6	8	3	5	4	1	9	2
2	5	9	8	1	7	6	3	4
3	8	7	1	9	5	2	4	6
5	4	1	6	3	2	9	7	8
6	9	2	4	7	8	5	1	3

SUDOKU - 396 (Solution)

Hard

9	1	7	8	3	6	5	2	4
8	4	5	1	2	9	3	7	6
3	2	6	5	4	7	8	9	1
4	9	2	7	1	3	6	5	8
6	8	1	9	5	4	7	3	2
5	7	3	6	8	2	1	4	9
7	5	9	4	6	8	2	1	3
2	6	4	3	7	1	9	8	5
1	3	8	2	9	5	4	6	7

SUDOKU - 397 (Solution)

Hard

4	1	8	2	9	3	5	7	6
2	6	9	8	7	5	1	3	4
3	7	5	6	1	4	2	8	9
7	3	4	9	2	1	6	5	8
5	2	6	4	3	8	9	1	7
9	8	1	5	6	7	4	2	3
6	5	2	7	8	9	3	4	1
8	4	3	1	5	6	7	9	2
1	9	7	3	4	2	8	6	5

SUDOKU - 398 (Solution)

Hard

7	3	8	1	4	6	5	9	2
5	2	9	8	3	7	4	6	1
4	6	1	5	2	9	8	3	7
3	4	2	6	1	5	9	7	8
9	7	6	4	8	3	2	1	5
8	1	5	9	7	2	3	4	6
1	9	7	3	5	8	6	2	4
2	8	3	7	6	4	1	5	9
6	5	4	2	9	1	7	8	3

SUDOKU - 399 (Solution)

Hard

7	5	3	2	8	4	1	6	9
9	4	2	3	6	1	8	7	5
6	8	1	5	7	9	3	4	2
3	2	6	8	4	5	9	1	7
8	9	7	1	3	6	2	5	4
5	1	4	7	9	2	6	3	8
2	3	8	6	5	7	4	9	1
4	6	5	9	1	8	7	2	3
1	7	9	4	2	3	5	8	6

SUDOKU - 400 (Solution)

Hard

4	5	6	3	1	8	2	9	7
1	7	9	2	6	4	5	8	3
8	2	3	9	5	7	4	1	6
6	4	1	7	8	3	9	2	5
3	8	5	1	2	9	6	7	4
7	9	2	6	4	5	8	3	1
2	3	7	5	9	6	1	4	8
5	1	4	8	7	2	3	6	9
9	6	8	4	3	1	7	5	2

SUDOKU - 401 (Solution)

Hard

5	4	3	6	8	7	2	9	1
8	9	2	3	5	1	6	7	4
1	7	6	9	2	4	5	8	3
4	1	7	5	9	3	8	6	2
2	6	5	4	1	8	9	3	7
3	8	9	2	7	6	1	4	5
9	3	4	1	6	5	7	2	8
7	2	1	8	3	9	4	5	6
6	5	8	7	4	2	3	1	9

SUDOKU - 402 (Solution)

Hard

7	3	6	8	9	5	2	1	4
1	5	9	6	4	2	8	7	3
8	2	4	3	7	1	6	9	5
6	4	1	9	8	7	5	3	2
9	8	3	5	2	6	7	4	1
2	7	5	4	1	3	9	6	8
4	9	7	1	5	8	3	2	6
3	1	8	2	6	9	4	5	7
5	6	2	7	3	4	1	8	9

SUDOKU - 403 (Solution)

Hard

3	6	7	5	1	4	9	8	2
2	4	5	6	8	9	3	1	7
8	1	9	2	3	7	6	4	5
9	8	6	4	5	2	1	7	3
5	3	4	7	6	1	8	2	9
1	7	2	8	9	3	4	5	6
7	9	3	1	2	8	5	6	4
6	2	8	9	4	5	7	3	1
4	5	1	3	7	6	2	9	8

SUDOKU - 405 (Solution)

Hard

7	9	5	6	1	3	4	2	8
4	2	8	5	7	9	1	3	6
1	6	3	4	8	2	9	5	7
5	7	1	3	6	4	8	9	2
9	3	4	2	5	8	7	6	1
6	8	2	1	9	7	3	4	5
8	5	9	7	4	6	2	1	3
2	4	6	8	3	1	5	7	9
3	1	7	9	2	5	6	8	4

SUDOKU - 407 (Solution)

Hard

7	5	9	3	1	2	4	8	6
1	4	3	5	8	6	7	2	9
2	8	6	9	7	4	3	1	5
3	2	4	6	5	7	8	9	1
6	9	7	1	3	8	2	5	4
8	1	5	2	4	9	6	3	7
9	7	1	8	6	3	5	4	2
5	6	8	4	2	1	9	7	3
4	3	2	7	9	5	1	6	8

SUDOKU - 404 (Solution)

Hard

5	3	8	9	2	7	1	4	6
1	7	9	4	6	3	8	2	5
2	4	6	1	5	8	9	3	7
8	9	1	3	7	4	6	5	2
3	5	7	2	9	6	4	1	8
6	2	4	5	8	1	7	9	3
7	1	3	6	4	5	2	8	9
9	6	5	8	1	2	3	7	4
4	8	2	7	3	9	5	6	1

SUDOKU - 406 (Solution)

Hard

6	3	1	9	7	5	4	2	8
4	8	5	3	1	2	7	9	6
2	9	7	4	8	6	5	1	3
8	7	4	2	3	1	9	6	5
3	1	2	6	5	9	8	7	4
9	5	6	8	4	7	2	3	1
7	2	8	5	6	3	1	4	9
5	6	9	1	2	4	3	8	7
1	4	3	7	9	8	6	5	2

SUDOKU - 408 (Solution)

Hard

4	7	8	6	2	5	1	3	9
6	9	3	8	4	1	2	7	5
5	2	1	3	7	9	8	4	6
2	3	6	7	1	8	5	9	4
1	8	4	5	9	3	7	6	2
9	5	7	2	6	4	3	8	1
3	1	5	4	8	6	9	2	7
8	4	2	9	5	7	6	1	3
7	6	9	1	3	2	4	5	8

SUDOKU - 409 (Solution)

Hard

8	6	4	3	5	1	2	7	9
1	3	7	6	2	9	8	4	5
2	9	5	7	8	4	6	3	1
5	8	2	9	6	7	4	1	3
4	1	9	8	3	2	7	5	6
3	7	6	4	1	5	9	2	8
9	4	8	1	7	3	5	6	2
6	2	3	5	4	8	1	9	7
7	5	1	2	9	6	3	8	4

SUDOKU - 410 (Solution)

Hard

4	7	8	6	2	5	3	1	9
6	5	2	3	1	9	4	8	7
9	1	3	8	4	7	2	5	6
3	2	6	9	8	4	5	7	1
5	8	7	1	3	2	9	6	4
1	4	9	7	5	6	8	2	3
7	3	5	4	6	8	1	9	2
8	9	4	2	7	1	6	3	5
2	6	1	5	9	3	7	4	8

SUDOKU - 411 (Solution)

Hard

2	7	9	8	6	4	3	1	5
4	6	1	5	9	3	2	7	8
8	3	5	2	7	1	9	6	4
5	4	2	1	3	8	6	9	7
3	9	8	6	2	7	5	4	1
7	1	6	9	4	5	8	3	2
1	8	7	3	5	6	4	2	9
9	5	3	4	1	2	7	8	6
6	2	4	7	8	9	1	5	3

SUDOKU - 412 (Solution)

Hard

2	9	4	8	1	5	3	7	6
1	8	3	9	7	6	2	5	4
7	5	6	3	2	4	8	9	1
8	7	2	5	4	3	6	1	9
5	6	9	7	8	1	4	3	2
4	3	1	2	6	9	7	8	5
6	1	5	4	3	8	9	2	7
9	2	8	6	5	7	1	4	3
3	4	7	1	9	2	5	6	8

SUDOKU - 413 (Solution)

Hard

1	7	5	3	4	9	8	6	2
4	3	8	2	5	6	7	9	1
6	2	9	7	1	8	4	3	5
9	4	3	8	7	1	2	5	6
2	5	6	9	3	4	1	7	8
8	1	7	5	6	2	3	4	9
3	8	1	4	9	5	6	2	7
7	9	2	6	8	3	5	1	4
5	6	4	1	2	7	9	8	3

SUDOKU - 414 (Solution)

Hard

7	5	4	9	6	1	3	8	2
6	9	1	2	8	3	7	4	5
2	3	8	7	4	5	6	9	1
9	8	2	6	7	4	5	1	3
3	4	7	1	5	2	8	6	9
5	1	6	8	3	9	4	2	7
8	6	9	3	2	7	1	5	4
4	2	3	5	1	8	9	7	6
1	7	5	4	9	6	2	3	8

SUDOKU - 415 (Solution)

Hard

8	3	9	2	7	6	1	5	4
6	1	7	3	5	4	2	8	9
4	2	5	8	1	9	7	3	6
3	4	1	9	2	7	8	6	5
9	7	2	5	6	8	3	4	1
5	8	6	4	3	1	9	7	2
1	6	4	7	8	2	5	9	3
7	9	3	1	4	5	6	2	8
2	5	8	6	9	3	4	1	7

SUDOKU - 416 (Solution)

Hard

6	8	9	1	4	7	5	2	3
5	4	7	6	3	2	9	1	8
1	2	3	8	5	9	7	6	4
3	1	5	2	6	4	8	7	9
4	6	2	7	9	8	1	3	5
7	9	8	5	1	3	2	4	6
2	3	1	4	8	5	6	9	7
8	7	4	9	2	6	3	5	1
9	5	6	3	7	1	4	8	2

SUDOKU - 417 (Solution)

Hard

2	6	8	3	9	5	4	1	7
3	9	4	8	7	1	6	5	2
1	7	5	4	2	6	8	3	9
9	3	2	6	4	7	1	8	5
7	4	1	2	5	8	3	9	6
8	5	6	1	3	9	2	7	4
4	8	9	5	1	2	7	6	3
5	1	3	7	6	4	9	2	8
6	2	7	9	8	3	5	4	1

SUDOKU - 418 (Solution)

Hard

9	6	7	1	2	5	4	3	8
4	8	1	9	6	3	5	2	7
3	5	2	4	8	7	6	1	9
1	9	3	5	4	8	2	7	6
6	7	5	3	1	2	9	8	4
8	2	4	7	9	6	1	5	3
7	3	9	2	5	4	8	6	1
5	4	6	8	3	1	7	9	2
2	1	8	6	7	9	3	4	5

SUDOKU - 419 (Solution)

Hard

7	3	1	9	8	2	6	5	4
9	8	4	6	1	5	7	2	3
6	2	5	7	3	4	8	1	9
3	9	2	1	5	6	4	7	8
1	4	7	8	2	3	5	9	6
5	6	8	4	9	7	1	3	2
2	5	6	3	7	8	9	4	1
4	1	3	5	6	9	2	8	7
8	7	9	2	4	1	3	6	5

SUDOKU - 420 (Solution)

Hard

2	5	6	1	3	7	4	9	8
9	7	3	5	8	4	6	1	2
1	4	8	6	2	9	5	7	3
5	8	9	3	6	2	7	4	1
6	1	7	8	4	5	3	2	9
3	2	4	7	9	1	8	5	6
4	3	1	2	7	6	9	8	5
8	9	5	4	1	3	2	6	7
7	6	2	9	5	8	1	3	4

SUDOKU - 421 (Solution)

Hard

8	4	7	1	5	6	3	9	2
2	6	9	8	3	4	1	7	5
3	5	1	9	7	2	8	6	4
9	3	4	6	1	7	5	2	8
6	1	5	3	2	8	9	4	7
7	2	8	5	4	9	6	1	3
1	9	2	7	8	5	4	3	6
4	8	6	2	9	3	7	5	1
5	7	3	4	6	1	2	8	9

SUDOKU - 422 (Solution)

Hard

8	2	4	3	1	5	6	7	9
3	7	9	4	8	6	1	5	2
5	6	1	7	9	2	8	3	4
6	1	8	9	4	3	7	2	5
4	5	7	2	6	8	3	9	1
2	9	3	5	7	1	4	6	8
9	8	6	1	5	7	2	4	3
7	3	5	8	2	4	9	1	6
1	4	2	6	3	9	5	8	7

SUDOKU - 423 (Solution)

Hard

6	7	2	9	1	5	4	8	3
4	1	3	2	6	8	7	5	9
5	8	9	4	3	7	1	2	6
7	3	5	6	2	4	8	9	1
8	2	1	5	9	3	6	4	7
9	6	4	7	8	1	2	3	5
2	4	6	3	7	9	5	1	8
1	9	7	8	5	2	3	6	4
3	5	8	1	4	6	9	7	2

SUDOKU - 424 (Solution)

Hard

8	3	9	2	5	7	4	1	6
4	7	6	3	9	1	5	2	8
1	2	5	6	4	8	7	9	3
3	8	1	9	6	4	2	7	5
7	5	4	8	2	3	9	6	1
9	6	2	1	7	5	8	3	4
5	9	7	4	1	6	3	8	2
6	4	3	7	8	2	1	5	9
2	1	8	5	3	9	6	4	7

SUDOKU - 425 (Solution)

Hard

1	7	8	3	9	2	5	4	6
3	4	5	7	1	6	8	9	2
6	2	9	4	5	8	3	7	1
8	3	6	5	7	9	1	2	4
7	1	2	8	4	3	6	5	9
9	5	4	6	2	1	7	8	3
2	8	1	9	3	5	4	6	7
4	6	3	2	8	7	9	1	5
5	9	7	1	6	4	2	3	8

SUDOKU - 426 (Solution)

Hard

3	9	6	1	8	7	2	4	5
4	2	1	9	3	5	8	6	7
5	8	7	2	6	4	9	1	3
9	3	4	8	2	1	7	5	6
7	6	8	4	5	9	3	2	1
2	1	5	3	7	6	4	9	8
6	7	9	5	4	3	1	8	2
8	4	3	6	1	2	5	7	9
1	5	2	7	9	8	6	3	4

SUDOKU - 427 (Solution)

Hard

1	4	7	6	5	3	2	9	8
2	3	9	7	1	8	5	6	4
5	8	6	2	9	4	3	7	1
4	7	8	1	2	6	9	5	3
9	5	2	4	3	7	8	1	6
3	6	1	9	8	5	7	4	2
6	9	3	5	4	2	1	8	7
8	1	4	3	7	9	6	2	5
7	2	5	8	6	1	4	3	9

SUDOKU - 428 (Solution)

Hard

3	7	2	6	5	4	9	1	8
6	5	4	9	1	8	3	7	2
1	9	8	3	2	7	4	6	5
9	8	6	1	7	5	2	3	4
2	3	7	4	6	9	8	5	1
4	1	5	8	3	2	7	9	6
5	2	1	7	4	3	6	8	9
7	4	9	5	8	6	1	2	3
8	6	3	2	9	1	5	4	7

SUDOKU - 429 (Solution)

Hard

5	1	3	2	8	6	9	4	7
2	7	4	5	9	1	6	8	3
6	8	9	7	4	3	5	2	1
7	2	8	1	3	9	4	6	5
3	5	1	4	6	2	7	9	8
9	4	6	8	7	5	3	1	2
8	9	7	3	1	4	2	5	6
4	3	5	6	2	8	1	7	9
1	6	2	9	5	7	8	3	4

SUDOKU - 430 (Solution)

Hard

3	2	8	5	9	1	6	4	7
4	9	1	3	7	6	5	8	2
5	7	6	2	8	4	1	3	9
2	8	9	7	4	5	3	1	6
1	6	3	8	2	9	4	7	5
7	4	5	6	1	3	2	9	8
6	5	4	9	3	7	8	2	1
8	1	7	4	5	2	9	6	3
9	3	2	1	6	8	7	5	4

SUDOKU - 431 (Solution)

Hard

3	4	8	1	9	6	5	7	2
9	2	1	5	4	7	8	3	6
6	5	7	2	3	8	9	1	4
5	9	4	3	2	1	6	8	7
8	3	6	4	7	9	1	2	5
7	1	2	8	6	5	4	9	3
1	8	3	6	5	2	7	4	9
2	7	5	9	1	4	3	6	8
4	6	9	7	8	3	2	5	1

SUDOKU - 432 (Solution)

Hard

5	2	3	4	8	9	7	1	6
7	4	1	3	6	2	8	5	9
6	8	9	7	1	5	4	2	3
4	7	6	5	3	8	2	9	1
1	5	2	6	9	4	3	7	8
9	3	8	2	7	1	6	4	5
8	1	7	9	2	6	5	3	4
3	6	5	1	4	7	9	8	2
2	9	4	8	5	3	1	6	7

SUDOKU - 433 (Solution)

Hard

4	2	8	9	1	7	6	3	5
9	7	3	6	5	2	8	1	4
1	5	6	8	3	4	7	9	2
3	4	9	1	6	8	2	5	7
7	1	2	3	4	5	9	6	8
6	8	5	2	7	9	1	4	3
5	9	7	4	2	1	3	8	6
2	3	1	5	8	6	4	7	9
8	6	4	7	9	3	5	2	1

SUDOKU - 434 (Solution)

Hard

7	2	5	4	6	1	8	9	3
1	3	9	2	8	5	7	6	4
8	6	4	9	7	3	5	1	2
4	7	3	6	2	8	9	5	1
9	5	8	1	3	4	6	2	7
2	1	6	7	5	9	3	4	8
3	8	2	5	4	6	1	7	9
5	4	1	3	9	7	2	8	6
6	9	7	8	1	2	4	3	5

SUDOKU - 435 (Solution)

Hard

1	9	4	7	5	3	8	2	6
6	2	3	1	9	8	5	4	7
8	5	7	4	6	2	9	3	1
4	3	5	2	7	9	6	1	8
2	6	9	8	3	1	7	5	4
7	8	1	5	4	6	3	9	2
9	1	8	6	2	5	4	7	3
5	7	6	3	1	4	2	8	9
3	4	2	9	8	7	1	6	5

SUDOKU - 436 (Solution)

Hard

6	5	3	7	8	4	2	9	1
4	1	8	5	2	9	3	7	6
7	9	2	1	6	3	8	4	5
5	2	9	3	1	8	7	6	4
8	3	6	9	4	7	1	5	2
1	4	7	6	5	2	9	8	3
3	7	5	4	9	1	6	2	8
9	8	4	2	3	6	5	1	7
2	6	1	8	7	5	4	3	9

SUDOKU - 437 (Solution)

Hard

5	9	2	6	3	8	1	7	4
8	7	6	4	5	1	3	2	9
4	1	3	7	9	2	6	8	5
2	4	8	5	1	9	7	6	3
6	5	9	3	8	7	4	1	2
1	3	7	2	6	4	5	9	8
3	8	1	9	7	5	2	4	6
7	6	4	8	2	3	9	5	1
9	2	5	1	4	6	8	3	7

SUDOKU - 438 (Solution)

Hard

3	5	1	4	9	8	7	6	2
8	4	9	6	2	7	1	3	5
6	7	2	1	5	3	9	8	4
1	2	7	8	3	4	6	5	9
4	6	3	5	7	9	8	2	1
9	8	5	2	1	6	4	7	3
2	9	8	3	6	1	5	4	7
5	1	6	7	4	2	3	9	8
7	3	4	9	8	5	2	1	6

SUDOKU - 439 (Solution)
Hard

6	1	5	7	8	3	9	2	4
4	9	2	6	1	5	8	3	7
3	8	7	2	9	4	6	1	5
7	4	6	9	2	1	5	8	3
5	2	8	4	3	7	1	9	6
1	3	9	8	5	6	7	4	2
8	7	1	3	6	2	4	5	9
9	6	3	5	4	8	2	7	1
2	5	4	1	7	9	3	6	8

SUDOKU - 440 (Solution)
Hard

9	1	7	6	3	5	8	4	2
8	3	2	4	1	9	6	7	5
5	4	6	8	2	7	9	1	3
6	9	1	3	4	2	7	5	8
3	8	4	7	5	1	2	9	6
7	2	5	9	6	8	1	3	4
1	6	8	5	9	4	3	2	7
4	7	9	2	8	3	5	6	1
2	5	3	1	7	6	4	8	9

SUDOKU - 441 (Solution)
Hard

6	2	3	1	9	5	4	7	8
5	8	4	7	2	3	1	9	6
7	9	1	4	6	8	3	5	2
4	7	5	8	1	6	2	3	9
9	1	2	5	3	7	6	8	4
3	6	8	9	4	2	7	1	5
1	4	7	2	5	9	8	6	3
8	3	9	6	7	4	5	2	1
2	5	6	3	8	1	9	4	7

SUDOKU - 442 (Solution)
Hard

8	6	1	5	7	3	9	2	4
3	5	2	6	4	9	8	1	7
9	7	4	2	1	8	3	5	6
7	1	6	4	3	2	5	8	9
4	3	5	9	8	7	1	6	2
2	8	9	1	5	6	4	7	3
5	9	8	7	2	4	6	3	1
1	4	7	3	6	5	2	9	8
6	2	3	8	9	1	7	4	5

SUDOKU - 443 (Solution)
Hard

6	7	4	5	9	8	3	1	2
3	9	1	4	2	7	6	5	8
8	2	5	1	3	6	4	9	7
7	6	3	8	5	9	2	4	1
2	1	8	6	4	3	9	7	5
5	4	9	2	7	1	8	3	6
1	3	7	9	6	2	5	8	4
9	5	6	7	8	4	1	2	3
4	8	2	3	1	5	7	6	9

SUDOKU - 444 (Solution)
Hard

1	5	2	4	7	9	6	3	8
8	6	3	2	5	1	7	4	9
4	9	7	3	6	8	5	2	1
3	8	6	9	1	7	2	5	4
5	1	4	8	2	6	9	7	3
7	2	9	5	4	3	1	8	6
9	3	1	7	8	2	4	6	5
6	7	5	1	3	4	8	9	2
2	4	8	6	9	5	3	1	7

SUDOKU - 445 (Solution)

Hard

9	6	3	7	4	5	2	8	1
7	5	4	8	1	2	6	3	9
1	2	8	6	3	9	5	7	4
4	9	2	5	6	8	3	1	7
5	7	6	3	9	1	8	4	2
3	8	1	2	7	4	9	5	6
6	4	7	9	8	3	1	2	5
8	1	5	4	2	6	7	9	3
2	3	9	1	5	7	4	6	8

SUDOKU - 446 (Solution)

Hard

9	8	4	3	5	1	7	2	6
2	7	3	8	4	6	5	1	9
6	1	5	2	9	7	8	3	4
1	5	6	7	3	4	9	8	2
8	4	2	6	1	9	3	7	5
7	3	9	5	2	8	6	4	1
5	2	7	1	6	3	4	9	8
4	6	8	9	7	2	1	5	3
3	9	1	4	8	5	2	6	7

SUDOKU - 447 (Solution)

Hard

7	6	3	1	8	9	5	2	4
4	9	8	7	5	2	6	3	1
5	1	2	4	3	6	7	8	9
1	3	4	6	2	5	9	7	8
8	5	6	9	4	7	3	1	2
2	7	9	8	1	3	4	6	5
6	2	5	3	9	1	8	4	7
3	4	1	5	7	8	2	9	6
9	8	7	2	6	4	1	5	3

SUDOKU - 448 (Solution)

Hard

4	6	9	2	3	5	8	1	7
3	8	1	7	9	4	2	5	6
2	5	7	6	8	1	4	9	3
1	7	6	5	4	9	3	2	8
9	3	4	1	2	8	7	6	5
8	2	5	3	6	7	9	4	1
5	9	8	4	1	3	6	7	2
7	4	2	8	5	6	1	3	9
6	1	3	9	7	2	5	8	4

SUDOKU - 449 (Solution)

Hard

7	9	2	1	6	3	4	5	8
5	3	8	2	7	4	9	6	1
6	4	1	5	9	8	7	3	2
1	6	7	8	3	5	2	4	9
2	5	3	7	4	9	1	8	6
4	8	9	6	2	1	3	7	5
9	1	5	4	8	7	6	2	3
8	7	6	3	1	2	5	9	4
3	2	4	9	5	6	8	1	7

SUDOKU - 450 (Solution)

Hard

1	9	3	7	4	6	8	2	5
4	5	7	3	8	2	9	1	6
8	6	2	9	1	5	3	4	7
3	4	1	5	6	8	2	7	9
7	8	6	1	2	9	4	5	3
5	2	9	4	3	7	1	6	8
2	3	5	6	9	1	7	8	4
6	1	4	8	7	3	5	9	2
9	7	8	2	5	4	6	3	1

SUDOKU - 451 (Solution)

Hard

5	7	6	2	4	1	3	8	9
9	3	2	8	7	6	1	5	4
1	4	8	9	3	5	2	7	6
8	5	1	6	9	7	4	3	2
4	2	7	1	5	3	9	6	8
3	6	9	4	8	2	7	1	5
2	8	5	3	1	4	6	9	7
7	1	4	5	6	9	8	2	3
6	9	3	7	2	8	5	4	1

SUDOKU - 452 (Solution)

Hard

2	4	8	7	3	9	1	5	6
1	9	6	8	5	4	3	2	7
3	5	7	6	2	1	9	8	4
5	6	1	2	8	7	4	3	9
8	3	4	5	9	6	2	7	1
7	2	9	1	4	3	8	6	5
9	1	2	3	6	5	7	4	8
6	7	3	4	1	8	5	9	2
4	8	5	9	7	2	6	1	3

SUDOKU - 453 (Solution)

Hard

8	2	4	7	6	3	9	5	1
6	5	3	4	9	1	7	2	8
1	9	7	2	8	5	3	6	4
4	8	2	1	7	9	5	3	6
9	3	6	8	5	4	1	7	2
5	7	1	3	2	6	8	4	9
2	6	9	5	3	8	4	1	7
3	4	8	6	1	7	2	9	5
7	1	5	9	4	2	6	8	3

SUDOKU - 454 (Solution)

Hard

9	4	1	3	6	8	2	5	7
2	8	7	1	9	5	4	3	6
5	3	6	4	2	7	8	9	1
3	5	9	7	1	4	6	8	2
1	2	8	5	3	6	7	4	9
6	7	4	9	8	2	3	1	5
8	1	2	6	4	9	5	7	3
7	6	3	8	5	1	9	2	4
4	9	5	2	7	3	1	6	8

SUDOKU - 455 (Solution)

Hard

3	7	2	6	5	4	9	1	8
6	5	4	9	1	8	7	2	3
8	1	9	3	7	2	5	6	4
2	4	3	8	9	1	6	5	7
7	9	8	2	6	5	4	3	1
5	6	1	4	3	7	8	9	2
1	3	6	7	8	9	2	4	5
9	2	7	5	4	3	1	8	6
4	8	5	1	2	6	3	7	9

SUDOKU - 456 (Solution)

Hard

7	5	9	4	8	6	2	1	3
2	4	1	5	7	3	9	6	8
6	3	8	1	9	2	4	5	7
5	2	4	7	1	8	6	3	9
3	9	6	2	4	5	8	7	1
1	8	7	3	6	9	5	4	2
8	7	3	6	2	4	1	9	5
4	1	2	9	5	7	3	8	6
9	6	5	8	3	1	7	2	4

SUDOKU - 457 (Solution)

Hard

6	8	2	3	7	9	4	1	5
1	3	4	6	2	5	7	9	8
5	7	9	8	4	1	3	2	6
4	9	3	1	8	6	5	7	2
8	5	6	2	3	7	9	4	1
7	2	1	9	5	4	8	6	3
3	4	7	5	1	2	6	8	9
2	6	5	7	9	8	1	3	4
9	1	8	4	6	3	2	5	7

SUDOKU - 458 (Solution)

Hard

8	4	3	6	5	1	2	7	9
5	6	9	7	8	2	4	1	3
2	7	1	3	4	9	8	6	5
1	2	7	5	3	6	9	8	4
3	5	8	1	9	4	6	2	7
4	9	6	2	7	8	3	5	1
6	3	4	8	1	7	5	9	2
9	1	2	4	6	5	7	3	8
7	8	5	9	2	3	1	4	6

SUDOKU - 459 (Solution)

Hard

4	1	8	5	3	7	6	2	9
6	2	5	8	4	9	1	3	7
7	3	9	2	6	1	5	4	8
1	9	2	4	8	6	7	5	3
5	6	3	7	9	2	4	8	1
8	7	4	1	5	3	9	6	2
3	8	6	9	7	5	2	1	4
9	5	1	3	2	4	8	7	6
2	4	7	6	1	8	3	9	5

SUDOKU - 460 (Solution)

Hard

7	5	1	6	2	8	9	3	4
9	4	6	7	3	1	2	5	8
8	3	2	4	9	5	1	7	6
1	8	5	2	7	3	4	6	9
2	6	9	8	5	4	7	1	3
4	7	3	9	1	6	8	2	5
3	2	4	5	8	7	6	9	1
5	9	8	1	6	2	3	4	7
6	1	7	3	4	9	5	8	2

SUDOKU - 461 (Solution)

Hard

4	3	1	7	9	8	5	6	2
5	8	2	1	3	6	4	7	9
9	7	6	2	4	5	1	3	8
7	4	9	5	6	1	8	2	3
8	2	3	4	7	9	6	5	1
1	6	5	3	8	2	7	9	4
3	9	4	8	5	7	2	1	6
2	5	8	6	1	3	9	4	7
6	1	7	9	2	4	3	8	5

SUDOKU - 462 (Solution)

Hard

7	6	3	8	9	1	4	2	5
1	8	5	2	6	4	7	3	9
9	2	4	7	3	5	6	1	8
6	3	9	1	4	8	5	7	2
4	5	1	3	2	7	9	8	6
8	7	2	6	5	9	1	4	3
2	9	8	4	1	6	3	5	7
5	1	7	9	8	3	2	6	4
3	4	6	5	7	2	8	9	1

SUDOKU - 463 (Solution)

Hard

5	8	1	4	3	9	2	7	6
4	3	6	8	7	2	9	5	1
7	2	9	1	6	5	8	3	4
2	7	3	5	4	6	1	9	8
9	6	8	3	1	7	4	2	5
1	5	4	9	2	8	7	6	3
6	1	7	2	5	4	3	8	9
3	9	5	7	8	1	6	4	2
8	4	2	6	9	3	5	1	7

SUDOKU - 464 (Solution)

Hard

3	4	6	5	1	7	9	8	2
7	5	8	6	9	2	4	1	3
2	9	1	8	4	3	6	7	5
4	7	5	2	3	1	8	6	9
8	6	2	7	5	9	1	3	4
1	3	9	4	8	6	5	2	7
6	1	4	3	2	5	7	9	8
5	2	7	9	6	8	3	4	1
9	8	3	1	7	4	2	5	6

SUDOKU - 465 (Solution)

Hard

9	8	3	4	1	2	7	6	5
6	7	2	9	5	3	8	1	4
5	4	1	6	8	7	3	2	9
3	6	9	2	4	5	1	7	8
1	5	8	3	7	6	9	4	2
4	2	7	8	9	1	6	5	3
8	3	5	7	6	4	2	9	1
2	1	6	5	3	9	4	8	7
7	9	4	1	2	8	5	3	6

SUDOKU - 466 (Solution)

Hard

5	4	3	2	8	6	9	7	1
2	7	8	1	5	9	6	4	3
6	1	9	3	7	4	5	8	2
4	3	1	9	6	8	7	2	5
8	9	2	7	3	5	1	6	4
7	5	6	4	1	2	3	9	8
3	2	5	8	9	7	4	1	6
9	6	4	5	2	1	8	3	7
1	8	7	6	4	3	2	5	9

SUDOKU - 467 (Solution)

Hard

6	3	9	4	1	5	2	8	7
1	2	5	9	7	8	3	4	6
4	8	7	6	2	3	1	9	5
7	5	6	2	9	1	4	3	8
8	4	2	3	6	7	5	1	9
3	9	1	5	8	4	7	6	2
2	1	3	8	5	9	6	7	4
5	7	8	1	4	6	9	2	3
9	6	4	7	3	2	8	5	1

SUDOKU - 468 (Solution)

Hard

3	2	5	9	4	8	6	1	7
7	8	1	6	5	3	4	9	2
6	4	9	1	7	2	8	5	3
9	6	8	4	1	7	2	3	5
2	1	4	8	3	5	9	7	6
5	3	7	2	6	9	1	8	4
8	9	3	5	2	6	7	4	1
1	5	6	7	8	4	3	2	9
4	7	2	3	9	1	5	6	8

SUDOKU - 469 (Solution)

Hard

2	7	9	8	5	3	6	1	4
8	4	6	7	1	2	3	5	9
3	5	1	4	6	9	7	2	8
4	2	7	1	8	5	9	3	6
9	6	3	2	7	4	1	8	5
1	8	5	3	9	6	4	7	2
7	1	4	9	2	8	5	6	3
5	9	8	6	3	1	2	4	7
6	3	2	5	4	7	8	9	1

SUDOKU - 470 (Solution)

Hard

2	8	7	6	4	5	1	3	9
5	3	4	8	9	1	7	2	6
9	6	1	3	7	2	4	8	5
8	9	5	4	1	3	6	7	2
3	7	2	9	5	6	8	1	4
4	1	6	2	8	7	9	5	3
6	4	3	1	2	8	5	9	7
1	5	9	7	3	4	2	6	8
7	2	8	5	6	9	3	4	1

SUDOKU - 471 (Solution)

Hard

4	7	8	9	1	6	5	3	2
2	3	9	4	5	8	6	7	1
6	1	5	3	2	7	4	9	8
8	4	6	2	7	5	9	1	3
3	5	1	6	8	9	2	4	7
9	2	7	1	3	4	8	6	5
1	6	2	5	4	3	7	8	9
5	8	4	7	9	1	3	2	6
7	9	3	8	6	2	1	5	4

SUDOKU - 472 (Solution)

Hard

5	8	2	6	9	1	7	3	4
7	9	3	5	8	4	6	1	2
1	6	4	3	2	7	5	8	9
8	2	6	7	5	3	4	9	1
9	1	5	2	4	6	3	7	8
3	4	7	9	1	8	2	6	5
6	5	8	4	3	9	1	2	7
4	7	9	1	6	2	8	5	3
2	3	1	8	7	5	9	4	6

SUDOKU - 473 (Solution)

Hard

4	6	9	2	7	1	5	8	3
5	1	2	9	3	8	6	4	7
8	3	7	4	5	6	9	2	1
9	8	1	5	4	7	3	6	2
6	5	4	1	2	3	8	7	9
7	2	3	6	8	9	1	5	4
3	7	5	8	9	2	4	1	6
2	4	6	3	1	5	7	9	8
1	9	8	7	6	4	2	3	5

SUDOKU - 474 (Solution)

Hard

2	5	7	3	4	8	6	1	9
9	8	4	2	1	6	7	3	5
6	3	1	9	5	7	4	8	2
7	2	3	6	9	4	8	5	1
4	1	5	8	7	3	9	2	6
8	9	6	1	2	5	3	4	7
1	7	9	4	3	2	5	6	8
3	6	2	5	8	9	1	7	4
5	4	8	7	6	1	2	9	3

SUDOKU - 475 (Solution)

Hard

5	1	3	7	6	4	2	9	8
9	8	2	3	1	5	6	7	4
6	4	7	2	8	9	3	5	1
7	9	8	6	2	3	1	4	5
1	3	4	9	5	8	7	6	2
2	6	5	1	4	7	8	3	9
4	7	6	8	9	2	5	1	3
3	2	9	5	7	1	4	8	6
8	5	1	4	3	6	9	2	7

SUDOKU - 476 (Solution)

Hard

1	6	3	7	5	9	8	4	2
7	2	4	3	6	8	5	9	1
8	9	5	4	1	2	6	3	7
3	8	1	9	2	6	4	7	5
2	4	9	1	7	5	3	8	6
5	7	6	8	3	4	1	2	9
4	5	8	2	9	1	7	6	3
6	3	2	5	8	7	9	1	4
9	1	7	6	4	3	2	5	8

SUDOKU - 477 (Solution)

Hard

9	5	3	8	1	2	4	7	6
7	1	2	4	9	6	8	3	5
6	4	8	3	5	7	2	1	9
5	7	1	6	2	3	9	4	8
2	3	4	7	8	9	5	6	1
8	9	6	5	4	1	7	2	3
4	8	7	1	6	5	3	9	2
3	6	9	2	7	8	1	5	4
1	2	5	9	3	4	6	8	7

SUDOKU - 478 (Solution)

Hard

1	5	9	3	6	8	2	4	7
6	2	4	1	5	7	8	3	9
7	8	3	9	2	4	6	5	1
2	6	7	8	3	9	5	1	4
9	4	1	5	7	6	3	2	8
5	3	8	2	4	1	7	9	6
3	1	6	7	9	2	4	8	5
8	7	5	4	1	3	9	6	2
4	9	2	6	8	5	1	7	3

SUDOKU - 479 (Solution)

Hard

1	3	6	2	7	9	8	5	4
2	4	7	8	6	5	1	9	3
8	5	9	4	3	1	6	2	7
3	8	4	7	1	2	9	6	5
5	6	1	3	9	4	7	8	2
7	9	2	6	5	8	4	3	1
9	2	8	5	4	7	3	1	6
4	1	3	9	2	6	5	7	8
6	7	5	1	8	3	2	4	9

SUDOKU - 480 (Solution)

Hard

3	6	4	5	8	9	7	2	1
1	5	7	4	3	2	8	9	6
9	8	2	6	7	1	4	5	3
8	3	6	9	1	5	2	7	4
7	1	5	8	2	4	6	3	9
4	2	9	3	6	7	1	8	5
2	9	3	1	4	8	5	6	7
6	7	1	2	5	3	9	4	8
5	4	8	7	9	6	3	1	2

SUDOKU - 481 (Solution)

Hard

9	8	1	2	4	7	3	6	5
6	5	3	9	8	1	4	7	2
7	4	2	6	5	3	1	8	9
8	9	4	5	7	6	2	1	3
3	2	6	1	9	4	7	5	8
5	1	7	3	2	8	6	9	4
4	3	9	7	1	5	8	2	6
2	7	8	4	6	9	5	3	1
1	6	5	8	3	2	9	4	7

SUDOKU - 482 (Solution)

Hard

4	7	8	2	3	9	6	1	5
6	3	5	8	4	1	7	9	2
9	1	2	6	5	7	4	3	8
1	4	9	5	2	6	8	7	3
3	2	6	9	7	8	1	5	4
8	5	7	3	1	4	2	6	9
2	6	3	7	8	5	9	4	1
5	9	1	4	6	2	3	8	7
7	8	4	1	9	3	5	2	6

SUDOKU - 483 (Solution)

Hard

3	2	1	5	7	6	4	9	8
4	8	5	2	1	9	3	7	6
9	6	7	3	4	8	5	1	2
5	9	4	7	3	2	8	6	1
7	3	2	6	8	1	9	4	5
6	1	8	4	9	5	7	2	3
2	5	9	8	6	7	1	3	4
1	4	6	9	5	3	2	8	7
8	7	3	1	2	4	6	5	9

SUDOKU - 484 (Solution)

Hard

2	5	6	4	9	1	7	8	3
1	7	3	8	6	5	2	9	4
9	4	8	2	3	7	6	5	1
5	1	7	6	8	9	3	4	2
6	2	9	7	4	3	8	1	5
3	8	4	5	1	2	9	6	7
4	6	1	3	2	8	5	7	9
7	9	2	1	5	6	4	3	8
8	3	5	9	7	4	1	2	6

SUDOKU - 485 (Solution)

Hard

9	1	5	6	7	4	8	2	3
8	6	3	5	1	2	9	7	4
4	7	2	8	3	9	5	1	6
2	3	6	9	4	7	1	5	8
1	9	7	3	5	8	4	6	2
5	4	8	1	2	6	7	3	9
3	2	4	7	9	5	6	8	1
7	8	1	4	6	3	2	9	5
6	5	9	2	8	1	3	4	7

SUDOKU - 486 (Solution)

Hard

2	1	8	3	9	4	6	5	7
9	6	7	1	2	5	8	4	3
3	5	4	6	7	8	1	2	9
7	2	9	4	5	6	3	8	1
4	8	1	7	3	2	5	9	6
5	3	6	9	8	1	2	7	4
8	4	3	2	1	7	9	6	5
6	9	2	5	4	3	7	1	8
1	7	5	8	6	9	4	3	2

SUDOKU - 487 (Solution)

Hard

9	2	5	8	1	6	7	4	3
3	4	1	5	7	2	8	9	6
7	8	6	9	4	3	2	1	5
6	5	8	2	9	1	3	7	4
2	1	3	7	5	4	9	6	8
4	9	7	6	3	8	1	5	2
1	3	2	4	6	7	5	8	9
8	6	9	1	2	5	4	3	7
5	7	4	3	8	9	6	2	1

SUDOKU - 488 (Solution)

Hard

4	1	9	6	8	7	5	3	2
7	3	6	5	4	2	1	8	9
5	8	2	9	1	3	4	7	6
1	9	5	2	6	8	3	4	7
6	4	7	3	5	9	8	2	1
8	2	3	4	7	1	9	6	5
3	6	1	7	9	4	2	5	8
2	7	8	1	3	5	6	9	4
9	5	4	8	2	6	7	1	3

SUDOKU - 489 (Solution)

Hard

9	2	5	8	6	3	1	7	4
8	7	6	4	5	1	3	2	9
4	1	3	7	9	2	6	8	5
2	4	8	6	1	9	7	5	3
5	6	1	3	8	7	4	9	2
3	9	7	2	4	5	8	1	6
1	3	4	5	2	8	9	6	7
7	5	9	1	3	6	2	4	8
6	8	2	9	7	4	5	3	1

SUDOKU - 490 (Solution)

Hard

8	7	1	9	3	4	2	5	6
2	6	9	8	1	5	3	4	7
5	3	4	7	6	2	8	9	1
1	8	2	4	9	6	5	7	3
7	5	3	1	2	8	4	6	9
9	4	6	3	5	7	1	8	2
6	9	8	2	4	3	7	1	5
3	1	7	5	8	9	6	2	4
4	2	5	6	7	1	9	3	8

SUDOKU - 491 (Solution)

Hard

8	1	6	9	7	2	4	5	3
4	7	2	3	8	5	9	6	1
9	3	5	1	6	4	8	2	7
7	9	4	6	2	3	1	8	5
6	2	1	5	9	8	3	7	4
5	8	3	4	1	7	2	9	6
3	6	7	2	4	9	5	1	8
2	5	8	7	3	1	6	4	9
1	4	9	8	5	6	7	3	2

SUDOKU - 492 (Solution)

Hard

2	3	5	4	9	7	1	8	6
9	6	7	3	1	8	2	4	5
4	1	8	2	5	6	9	3	7
5	2	4	1	7	3	6	9	8
3	9	1	8	6	5	7	2	4
8	7	6	9	2	4	3	5	1
7	8	2	6	4	9	5	1	3
1	5	3	7	8	2	4	6	9
6	4	9	5	3	1	8	7	2

SUDOKU - 493 (Solution)

Hard

6	2	4	3	7	5	8	9	1
8	5	3	2	9	1	7	6	4
9	1	7	8	4	6	5	2	3
1	9	2	6	3	8	4	5	7
4	6	5	9	1	7	2	3	8
3	7	8	4	5	2	9	1	6
5	4	9	1	8	3	6	7	2
2	8	1	7	6	9	3	4	5
7	3	6	5	2	4	1	8	9

SUDOKU - 494 (Solution)

Hard

7	1	8	6	9	4	5	3	2
3	6	5	2	1	7	8	9	4
2	9	4	5	3	8	1	6	7
8	7	9	1	5	2	6	4	3
1	4	3	7	6	9	2	5	8
5	2	6	8	4	3	7	1	9
9	5	2	3	8	1	4	7	6
6	3	7	4	2	5	9	8	1
4	8	1	9	7	6	3	2	5

SUDOKU - 495 (Solution)

Hard

8	5	4	3	7	6	1	9	2
1	3	7	2	5	9	4	6	8
2	6	9	4	1	8	5	3	7
6	2	3	9	4	1	7	8	5
5	7	1	8	3	2	9	4	6
9	4	8	5	6	7	3	2	1
3	1	2	7	8	4	6	5	9
4	9	6	1	2	5	8	7	3
7	8	5	6	9	3	2	1	4

SUDOKU - 496 (Solution)

Hard

3	7	9	4	1	6	5	2	8
5	4	8	7	3	2	9	1	6
2	6	1	9	8	5	7	4	3
4	9	2	3	7	1	8	6	5
8	1	3	5	6	4	2	9	7
6	5	7	2	9	8	4	3	1
1	3	5	8	2	9	6	7	4
7	2	4	6	5	3	1	8	9
9	8	6	1	4	7	3	5	2

SUDOKU - 497 (Solution)

Hard

6	8	2	5	9	7	3	4	1
4	7	3	1	6	2	8	5	9
5	1	9	3	4	8	6	7	2
7	9	1	6	5	3	4	2	8
8	6	5	2	7	4	9	1	3
2	3	4	9	8	1	5	6	7
9	4	7	8	1	6	2	3	5
3	5	6	7	2	9	1	8	4
1	2	8	4	3	5	7	9	6

SUDOKU - 498 (Solution)

Hard

6	8	5	1	9	7	2	4	3
2	9	3	5	4	8	6	7	1
1	7	4	6	2	3	8	5	9
7	6	8	9	3	5	4	1	2
4	5	1	7	6	2	9	3	8
9	3	2	4	8	1	5	6	7
5	2	6	3	7	9	1	8	4
3	4	9	8	1	6	7	2	5
8	1	7	2	5	4	3	9	6

SUDOKU - 499 (Solution)

Hard

4	7	5	9	6	8	3	2	1
9	2	8	3	1	7	5	6	4
6	1	3	5	2	4	7	9	8
3	8	1	4	5	6	2	7	9
7	9	4	2	3	1	8	5	6
2	5	6	7	8	9	1	4	3
1	3	2	6	9	5	4	8	7
5	6	7	8	4	3	9	1	2
8	4	9	1	7	2	6	3	5

SUDOKU - 500 (Solution)

Hard

4	3	8	7	6	5	1	9	2
6	1	9	2	8	3	5	7	4
5	7	2	4	1	9	8	6	3
9	5	3	1	2	4	6	8	7
1	8	4	6	5	7	2	3	9
2	6	7	9	3	8	4	5	1
7	2	1	5	9	6	3	4	8
8	9	6	3	4	1	7	2	5
3	4	5	8	7	2	9	1	6

SUDOKU - 501 (Solution)

Hard

5	9	4	7	3	6	8	2	1
2	3	7	9	1	8	4	5	6
1	8	6	4	5	2	7	3	9
3	2	8	6	7	1	9	4	5
9	6	1	8	4	5	3	7	2
4	7	5	2	9	3	6	1	8
6	4	3	1	2	9	5	8	7
7	1	9	5	8	4	2	6	3
8	5	2	3	6	7	1	9	4

SUDOKU - 502 (Solution)

Hard

3	1	2	6	5	8	4	9	7
8	4	6	9	1	7	5	2	3
9	5	7	4	2	3	1	8	6
7	3	8	2	4	1	9	6	5
1	2	5	8	6	9	7	3	4
6	9	4	3	7	5	2	1	8
4	6	1	5	8	2	3	7	9
2	8	9	7	3	4	6	5	1
5	7	3	1	9	6	8	4	2

SUDOKU - 503 (Solution)

Hard

2	4	1	8	3	5	7	6	9
8	3	6	7	1	9	4	5	2
7	5	9	4	6	2	8	1	3
1	2	3	9	8	4	6	7	5
9	7	4	2	5	6	1	3	8
6	8	5	1	7	3	9	2	4
5	9	7	3	4	1	2	8	6
4	6	8	5	2	7	3	9	1
3	1	2	6	9	8	5	4	7

SUDOKU - 504 (Solution)

Hard

3	7	8	9	1	2	6	5	4
5	1	2	4	6	8	9	7	3
4	9	6	3	5	7	2	1	8
8	4	9	2	3	5	7	6	1
6	5	3	8	7	1	4	2	9
7	2	1	6	9	4	3	8	5
1	3	4	7	8	6	5	9	2
9	6	5	1	2	3	8	4	7
2	8	7	5	4	9	1	3	6

www.ingramcontent.com/pod-product-compliance
Lightning Source LLC
Chambersburg PA
CBHW060410220526
45465CB00008B/2823

9798593547699